面向新文科、新工科融合数据管理与创新应用

Data Analysis Principles and
Application Basis

数据分析原理与应用基础

吴海东　陈可嘉　骈文景 ◎主　编
陈东清　田丽君 ◎副主编

北京大学出版社
PEKING UNIVERSITY PRESS

图书在版编目（CIP）数据

数据分析原理与应用基础/吴海东，陈可嘉，骈文景主编. —北京:北京大学出版社,2023.1
ISBN 978-7-301-33526-0

Ⅰ．①数… Ⅱ．①吴… ②陈… ③骈… Ⅲ．①数据库系统—系统分析—高等学校—教材
Ⅳ．①TP311.13

中国版本图书馆 CIP 数据核字(2022)第 197790 号

书　　　　名	数据分析原理与应用基础
	SHUJU FENXI YUANLI YU YINGYONG JICHU
著作责任者	吴海东　陈可嘉　骈文景　主编
责任编辑	杨丽明
标准书号	ISBN 978-7-301-33526-0
出版发行	北京大学出版社
地　　　　址	北京市海淀区成府路 205 号　100871
网　　　　址	http://www.pup.cn　　新浪微博：@北京大学出版社
电子信箱	sdyy_2005@126.com
电　　　　话	邮购部 010-62752015　发行部 010-62750672　编辑部 021-62071998
印刷者	河北滦县鑫华书刊印刷厂
经销者	新华书店
	787 毫米×1092 毫米　16 开本　22 印张　495 千字
	2023 年 1 月第 1 版　2023 年 1 月第 1 次印刷
定　　　　价	78.00 元

序

2018 年 8 月 24 日，中央文件提出高等教育要发展新工科、新医科、新农科、新文科。

"新文科"是在传统文科的基础上进行学科中各专业课程的重组，形成文理交叉，即把现代信息技术融入哲学、文学、语言学、经济学、管理学等课程中，使学生进行综合性的跨学科学习，从而达到知识扩展和创新思维培养的目标。

"新商科"是在"新文科"理念下开展经济管理类教育的新概念。"新商科"以行业为导向培养跨学科复合型人才，如财富管理、金融科技、新营销等领域人才。"新商科"本质上更应主动拥抱技术创新和社会变革，也与传统文科有比较明显的区别，因此，本教材将"新文科"与"新商科"区别表述。

伴随产业结构的调整、发展方式的转换，社会对文科类、商科类高级专门人才的知识、能力、素质结构提出了全新要求。特别是 2020 年年初开始在全球爆发的新冠疫情，使得"新文科"特别是商科与 IT、DT 融合的紧迫性更强了。

本书立足于大数据背景，面向"新文科""新商科"相关专业，探析各行业专业人士在数据处理、管理、分析应用等方面的不同要求，整合统计学、数据分析与挖掘基本原理，利用主流数据处理工具讲解数据的管理和应用，既有文科、商科教学过程中常用的 Excel 工具，也有与其相关联的 Power Query、Power Pivot 等加载项，也包括利用 Python 进行数据获取等基础工作，等等。本书对内容的难易程度进行了分层，在实践中对原理进一步糅合，如结构化数据和非结构化数据的提取，从单表数据、关联数据到数据模型构建等；从体系上给各专业学生以立体的数据分析理论与应用全貌；从业务需求理解、多元数据获取、异构数据整理、分析和决策支持探讨方面，做到"浅入而深出"，梯次推进。这对培养大学生数据思维、数据管理能力有很好的帮助，特别是在创新创业活动过程中融合数据驱动，能够帮助团队更加精准地进行组织架构、高效运营、成本控制、产品定位、风险管控、投资决策等。

在编写过程中，笔者对本书所体现的教学思想、教学观念和教学方法与手段进行了一定的创新性探讨，但由于笔者水平有限，还有很多内容需要进一步的充实和完善，希望读者不吝赐教、批评指正，以使本书将来能够以更加崭新的面貌呈现在广大读者面前。

本书由"福州大学教材建设基金"项目支持，由福州大学经济与管理学院长期从事数据管理、数据挖掘与商务智能课程教学的一线教师共同编写。本书由陈可嘉负责总体规划、项目进程检查，由吴海东负责全书内容衔接与质量把控，具体分工如下：第一章、第二章由吴海东、骈文景、陈可嘉撰写；第三章由陈东清、吴海东撰写；第四章、第五章由骈文景、吴海东、田丽君撰写；第六章、第七章由吴海东、骈文景、田丽君撰写；第八章由陈东清、田丽君撰写。

在本书编写过程中，福州大学教务处、经济与管理学院以及管理科学与工程研究院等给予了大力支持；作为产学合作协同育人项目伙伴，北京新故乡文化产业有限公司、福州联迅信息科技有限公司也提供了大力协助，包括案例数据、计算平台等支持；国家级企业经济活动虚拟仿真实验教学中心提供了强有力的私有云基础平台支持；在书稿的校对过程中还得到了福州大学信息管理与信息系统、电子商务、工业工程、经济统计学等相关专业学生的协助，在此表示诚挚的谢意！

吴海东

2022 年 7 月于福州

目录
CONTENTS

## 第 1 章

数据分析理论

1.1 数据、信息与大数据

数据和信息是数据分析工作的基础对象,在不同的研究领域对两者有严格的区分。信息是数据的更高级状态,或者是抽象状态。数据经过解释并被赋予一定的意义之后,便成为信息。信息分析的基础应该是数据分析。所以,本书不以"信息分析"为起始点,而是从"数据"开始讲解。

1.1.1 数据

数据(data),又称"资料",是指未经过处理的原始记录。一般而言,数据缺乏组织及分类,无法明确表达事物代表的意义,它可能是传统数据格式,如杂志、报纸、进销存表格、医院患者就诊病例,也可能是电子化格式,如视频、图形图像、声音等。

数据是描述事物的符号记录,可定义为有意义的实体,涉及事物的存在形式,是关于事件的客观描述,是构成信息和知识的原始资料。

数据可分为模拟数据(连续的值)和数字数据(离散的值),前者如影像、声音,后者如文字、数字、字符和符号等,它们是可以被加工的"原料"。

1.1.2 信息

信息(information),是一个严谨的科学术语,其定义不统一,这是由它的极端复杂性决定的。1948 年,数学家香农在题为《通讯的数学理论》一文中指出:"信息是用来消除随机不定性的东西。"创建宇宙万物的最基本的万能单位是信息。

本书认为,信息指音讯、消息、通信系统传输和处理的对象,泛指人类社会传播的一切内容。人们通过获得、识别自然界和社会的不同信息来区别不同的事物,得以认识和改造世界。在一切通信和控制系统中,信息是一种普遍联系的形式,是经过加工处理后的数据,并与人的主观认识有关,依赖于一定的物质形式而存在。

信息的表现形式包括声音、图片、温度、体积、颜色等。

信息的分类包括电子信息、财经信息、天气信息、生物信息、商务信息等。

信息可以减少不确定性。事件的不确定性以其发生概率来量测,发生概率越高,不确定性越低，事件的不确定性越高，越需要额外的信息以减少其不确定性。比如，经济管理学家认为，"信息是提供决策的有效数据"。如图 1-1 所示的照片，不仅包含拍摄该照片的器材信息、照片的可交换图像文件格式（EXIF）信息，还包括照片中附带的 GPS（经纬度、海拔高度等）信息，以及该经纬度在 Bing 地图上的具体位置信息。

图 1-1

1.1.3　大数据

大数据（big data，或称"巨量数据""海量数据""大资料"）指的是所涉及的数据量规模巨大到无法通过人工甚至传统计算机，在合理的时间内达到提取、管理、处理并整理成为人类所能解读的形式的信息。在总数据量相同的情况下，与个别分析独立的小型数据集（data set）相比，将各个小型数据集合并后进行分析可得到许多额外的信息和数据关系，可用来察觉商业趋势、判定研究质量、避免疾病扩散、打击犯罪或测定即时交通路况等，以提升社会管理水平，辅助管理决策，这正是大型数据集盛行的主要原因。

大数据的发展主要源于三个方面：理论、实践和技术的相互影响和提升，具体如图 1-2 所示。

截至 2012 年，技术上可在合理时间内分析处理的数据集单位为艾字节（exabytes，EB）。在许多领域，由于数据集过于庞大，数据科学家经常在分析处理上遭遇限制和阻碍。这些领域包括气象学、基因组学、神经网络研究、复杂的物理模拟，以及生物和环境研究。这样的限制也对网络搜索、金融与经济信息学造成影响。数据

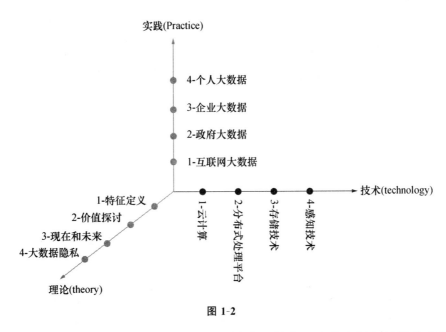

图 1-2

集增长的部分原因在于信息持续从各种来源被广泛收集，这些来源包括搭载感测装置的移动设备、高空感测科技（遥感）、软件记录、相机、麦克风、无线射频识别（RFID）和无线感测网络。自 20 世纪 80 年代起，现代科技可存储数据的容量每 40 个月即增加一倍；截至 2012 年，全世界每天产生 2.5 EB 的数据。

数据存储单位如表 1-1 所示。

表 1-1　数据存储单位

中文单位	中文简称	英文单位	英文简称	进率（Byte＝1）
位	比特	bit	b	0.125
字节	字节	Byte	B	1
千字节	千字节	KiloByte	KB	2^{10}
兆字节	兆	MegaByte	MB	2^{20}
吉字节	吉	GigaByte	GB	2^{30}
太字节	太	TeraByte	TB	2^{40}
拍字节	拍	PetaByte	PB	2^{50}
艾字节	艾	ExaByte	EB	2^{60}
泽字节	泽	ZettaByte	ZB	2^{70}
尧字节	尧	YottaByte	YB	2^{80}
千亿亿亿字节	千亿亿亿字节	BrontByte	BB	2^{90}

在因特网上，以 2019 年的数据为例，1 分钟内可能发生的活动如图 1-3 所示。它代表着随着互联网速度、安全和接入设备计算、传输、存储性能的提升，数据的爆发性增长是不可避免的。

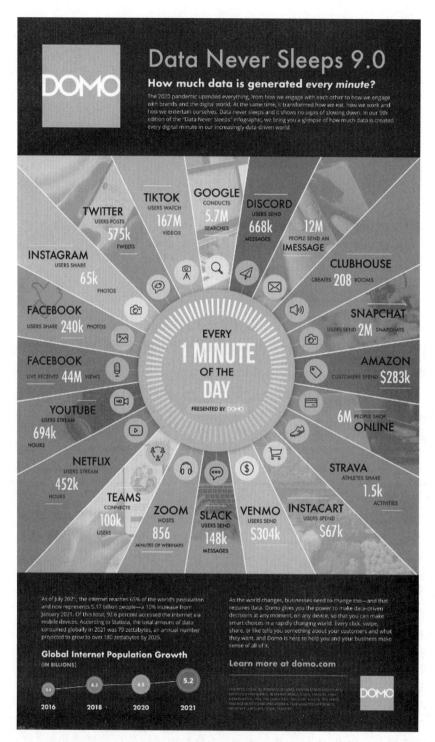

图 1-3

资料来源：https://www.domo.com/learn/data-never-sleeps-q，2021 年 10 月 20 日访问。

大数据处理对大多数数据库管理系统提出新的挑战，必须"在数十、数百甚至数千台服务器上同时平行运行软件"（计算机集群是其中的一种常用方式）。大数据的定义取决于持有数据组的机构的能力，及其平常用来处理分析数据的软件的能力。对某些组织来说，第一次面对数百 GB 的数据集可能会让它们需要重新思考数据管理的选项；对于其他组织来说，数据集可能需要达到数十或数百 TB 才会对它们造成困扰。

随着大数据被越来越多地提及，有些人惊呼大数据时代已经到来了，2012 年《纽约时报》的一篇专栏中写道："大数据"时代已经来临，在商业、经济及其他领域，决策将日益基于数据和分析作出，而并非基于经验和直觉。但并不是所有人都对大数据感兴趣，有些人甚至认为这是商学院或咨询公司用来哗众取宠的时髦用语，看起来很新颖，但它只是将传统事物重新包装，之前在学术研究或者政策决策中也有海量数据的支撑，大数据并不是一件新兴事物。

由阿姆斯特丹大学 Yuri Demchenko 等人提出的大数据体系框架如图 1-4 所示。

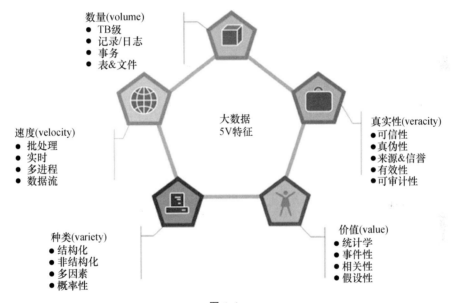

图 1-4

大数据时代的来临带来无数机遇，但是与此同时，个人或机构的隐私权也极有可能受到冲击，大数据包含各种个人信息数据，现有的隐私保护相关法律或政策无力解决这些新出现的问题。有人提出，大数据时代，个人应拥有"被遗忘权"（right to be forgotten）（即有权利要求数据商不保留自己的某些信息），个人信息为某些互联网巨头所控制，但是数据商收集任何数据未必都获得用户的许可，其对数据的控制权不具有合法性。2014 年 5 月 13 日，欧盟法院就"被遗忘权"一案作出裁定，判决谷歌应根据用户请求删除不完整的、无关紧要的、不相关的数据以保证数据不出现在搜索结果中。

无独有偶，2018 年 3 月，Facebook（现更名为"Meta"）的 5000 万用户的资料被利用，一家名为"剑桥分析"的公司使用这些信息帮助特朗普赢得大选，这家公司是 SCL 集团的子公司，而 SCL 集团专门为世界各国选举提供服务，其业务范围涉及美洲、非洲和欧洲。这一消息披露之后，人们似乎理解了为什么特朗普不被主流媒体看好，但却能够打败希拉里。这也让"通俄门"风波的调查出现方向性的调整。扎克伯格遭遇自创建公司以来的第一次滑铁卢，图 1-5 是 Meta 数据外泄事件整个过程。这说明在大数据时代，应加强对用户个人权利的保护。

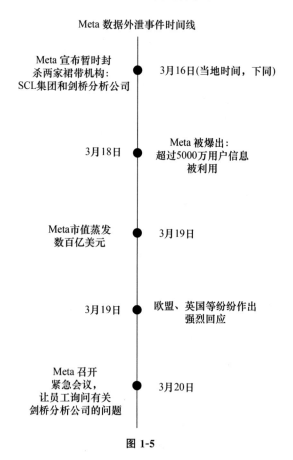

图 1-5

1.1.4　商务智能

商务智能，又称"商业智能"，指用现代数据仓库技术、在线分析技术、数据挖掘和数据展现技术进行数据分析以实现商业价值。

商务智能概念经由 Howard Dresner 的通俗化而被人们广泛了解，当时将商务智能定义为一类由数据仓库（或数据集市）、查询报表、数据分析、数据挖掘、数据备份和恢复等部分组成的，以帮助企业决策为目的的技术及其应用。

目前，商务智能通常被理解为将企业中现有的数据转化为知识，帮助企业作出明智的业务经营决策的工具。这里的数据包括来自企业业务系统的订单、库存、交易账目、客户和供应商数据，来自企业所处行业和竞争对手的数据，以及来自企业所处其他外部环境中的各种数据。而商务智能能够辅助的业务经营决策既可以是作业层的，也可以是管理层和战略层的。

为了将数据转化为知识，需要利用数据仓库、联机分析处理（OLAP）和数据挖掘等技术。因此，从技术层面上讲，商务智能不是什么新技术，只是数据仓库、OLAP、数据挖掘、数据展现等技术的综合运用。

OLAP 展现在用户面前的是一幅幅多维视图。维（dimension）是人们观察数据的特定角度，是考虑问题时的一类属性，属性集合构成一个维（如时间维、地理维、类别维等）。图 1-6 为不同产品于 2010 年前三季度在不同地区的销售情况。

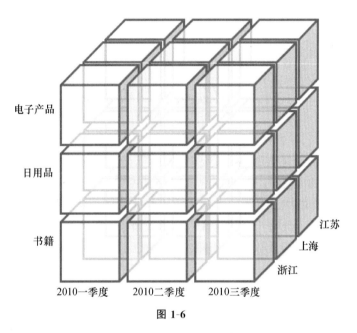

图 1-6

把商务智能看作一种解决方案应该比较恰当。商务智能的关键是从许多来自不同企业运作系统的数据中提取出有用的数据并进行清洗，以保证数据的准确性，然后经过抽取（extract）、转换（transform）和装载（load），即 ETL 过程，合并到一个企业级的数据仓库里，从而得到企业数据的一个全局视图，在此基础上利用合适的查询和分析工具、OLAP 工具、数据挖掘工具等对其进行分析和处理（这时信息转换为辅助决策的知识），最后将知识呈现给管理者，为管理者的决策过程提供支持。商务智能数据处理过程如图 1-7 所示。关于数据挖掘、ETL 及相关概念请参阅本书其他章节或其他相关教程。

商务智能也可以被看作一系列商业活动行为的数据收集与信息转化作业，它通过持续性的过程，搭配技术进行测量、管理与监测，即时且交互地对企业的关键性衡量指针进行评估，进而识别企业面临的潜在问题或机会，促使用户运用大量且完整的信息进行交叉分析并了解其中的趋势，协助企业制定出最佳的策略主题与策略目标。

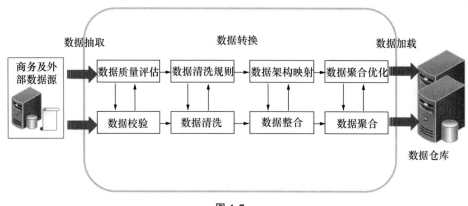

图 1-7

1.2 数据分析的重要性

"互联网＋"时代，大多数市场是典型的买方市场，竞争异常激烈，作为企业只有更好地满足用户需求才能获得生存和发展的机会。另外，随着用户需求日益多元化，满足用户需求的难度也不断提高。互联网技术（IT）和数字技术（DT）可以帮助企业更加深入地把握大多数消费者总体需求变化趋势，对消费者个体也能够进行精准画像，并按需驱动，促使产品快速灵活地适应市场，提升企业效益。

谁在其中充当"关键先生"的作用？毫无疑问，是数据和数据分析。数据分析（data analysis）是指在获取适当的数据后，用适当的分析方法对其进行描述统计、推断统计、规则发现、影响因素研究等工作，提取有用信息和形成结论并对数据加以详细研究和概括总结的过程。在实用中，数据分析可帮助识别机会、规避风险、判断问题、防患于未然、评估效果、优化流程、提高效率、强化运营。

数据分析的数学基础在 20 世纪早期就已确立，但直到计算机的出现才使得大规模实际操作成为可能，并使得数据分析得以推广。数据分析是数学与计算机科学相结合的产物。

数据分析对个人或组织而言都是至关重要的，主要表现在以下几个方面：

（1）数据无处不在。因为互联网传输速度、移动计算能力、存储技术的突飞猛进，使得个人或组织（包括企业、政府等）产生数据的速度快、体量大，个人或组织无时无刻不被各类数据包围着。

（2）数据将成为个人或组织的重要资产。当个人或组织通过平台获取大量的数据后，这些数据越来越受重视，通过分析、挖掘后，不仅会对风险进行预警，还能够发掘更多的机会。个人或组织也越来越重视数据的产生、分享和保护的方式。

（3）数据分析成为热门职业方向。数据分析是一个广义的概念，个人通过学习数据分析，不仅能够提升自身素养，还能够在数据分析顾问、数据工程师、数据分析师、数据科学家等不同层次的岗位上找到适合自己的就业机会。

（4）数据分析使生活更加智能化。数据分析能够带来移动设备的升级、互联网的升级、计算和存储能力的提升，用户只要借助移动计算设备，以及第三方提供的大量免费数据分析工具，就能实现数据分析。数据分析的作用甚至超出了人们的预期。

（5）数据分析将成为组织决策支持的核心。在公司的商务决策、发展战略，以及政府的日常管理和应急管理等方面，数据分析将承担重要的角色。

1.3　数据分析的基本流程

数据分析过程主要包括以下方面：

1. 识别信息需求

识别信息需求是确保数据分析过程有效性的首要条件，可以为收集与分析数据提供清晰的目标。识别信息需求指各层面、各岗位上的用户，根据决策和过程控制的需求，提出对信息的需求。

2. 数据收集

有目的地收集数据，是确保数据分析过程有效的基础。组织需要对数据收集的内容、渠道、方法进行策划。策划时应考虑：

（1）将识别的需求转化为具体的要求，如评价供方时，需要收集的数据可能包括其过程能力、测量不确定度等相关数据；

（2）明确由谁在何时何处通过何种渠道和方法收集数据；

（3）记录表应便于使用；

（4）采取有效措施，防止数据丢失和虚假数据对系统的干扰。

具体如何收集数据，请参考本书第 2 章相关内容。

3. 数据清理

数据清理，也可称为"数据整理""数据处理"。由于数据分析的数据来源相比数据挖掘直接从数据库调取，更加杂乱无章，甚至可能需要从别人的分析报告里找数据，从互联网上爬取数据，这些数据的格式、属性等都可能不统一，需要根据数据分析的目的进行归类、整合。

具体如何进行数据清理，请参考本书第 3 章、第 4 章相关内容。

4. 数据分析

数据分析是指通过分析手段、方法和技术对准备好的数据进行探索、挖掘，从中发现因果关系、内部联系和业务规律，为未来的行动提供决策参考。

数据分析阶段，要能驾驭数据、开展数据分析，就要涉及工具和方法的使用。其一要熟悉常规数据分析方法，最基本的就是要了解如方差、回归、因子、聚类、分类、时间序列等多元数据分析方法的原理、使用范围、优缺点和结果的解释；其二是熟悉数据分析工具，本书以较为常见的 Excel 及相关工具为依托，对数据进行一定程度的分析。

具体如何进行数据分析，请参考本书第 5 章至第 7 章相关内容。

5. 模型评估及过程优化

数据分析能够帮助组织机构进行管理运营优化，为了提高这一过程的有效性，如果模型不能满足业务需求，需要重新回到上述过程，开展新一轮建模过程。管理者应当及时对以下问题进行思考，优化数据分析过程：

（1）所构建的数据分析模型是否满足相关的检验（如统计学中的显著性检验）或者建模标准（如预测误差、判别准确率）？只有一个通过科学评估的模型才能够发挥数据分析效果。

（2）决策所依赖的信息可信度如何？信息量能否满足？信息是否存在缺失、失真、实时性不足等问题？作出的决策是否准确？

（3）数据分析是否真正发挥了指导作用？在产品改进、生产过程优化中是否有效利用了信息？信息的作用是否得以充分发挥？

（4）是否明确数据采集的目的？获取的数据质量如何？信息渠道是否畅通？

（5）采用的数据分析方法实践性如何？安全性是否能够得到保障？

（6）数据分析所需的人力、物力、财力等资源是否得到有效配置？

6. 数据分析结果分享及模型部署

在互联网时代，数据分析结果不仅仅需要通过离线的方式呈现给相关需求方，还需要通过各种网络平台进行在线的呈现，这就需要在生成分享结果的格式、安全控制、压缩方式等方面全面考虑在线分享与呈现的效果。

对于已经构建好的模型，只需要输入数据，即可直接输出数据分析结果，这一过程在判别分析、预测分析、模式识别、深度学习等机器学习算法中得到广泛应用，该阶段需要将模型的训练结果、参数选择结果、模型结构等信息合理保存并部署应用，以节省数据分析资源。

具体如何分享数据分析结果，请参考本书第 8 章相关内容。

1.4 数据分析的发展趋势

随着大数据及相关技术的发展，数据分析在发展过程中也呈现出一些新特点，主要包括：

（1）由处理随机样本转变为处理全体数据；

（2）由追求数据精确性转变为接受数据混杂性；

（3）由注重因果关系转变为注重相关关系；

（4）由数据处理时间、空间与设备的限制性发展到"3ANY"阶段，即任何时间（any time）、任何地点（any place）、任何设备（any devices）都能够参与数据的收集、整理、转换等工作。

小数据时代与大数据时代对于数据的管理方式、分析方式和应用方式都发生了较大的变化。不同数据分析时代的比较如图 1-8 所示。

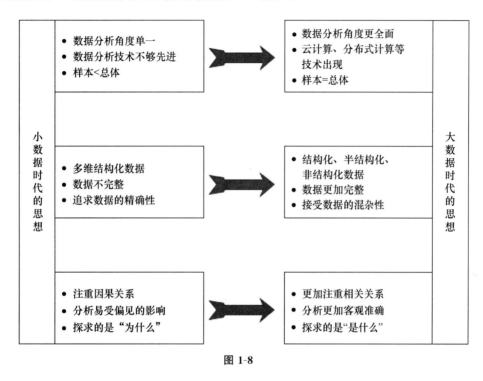

图 1-8

1.5 小 结

本章结合一些实际场景，探讨数据、信息和大数据之间的关系，并阐释大数据的概念、特征及来源，同时对数据分析的重要性、基本流程和发展趋势进行阐述。

随着技术与社会需求的发展，数据的产生来源将会更加多样化，虚拟世界和现实世界的连接越发广泛、深入和快捷，必将对数据的产生、管理和应用提出新的挑战，我们有必要认真对待。

## 第 2 章

数 据 获 取

本书第 1 章对数据的概念、类型和特性及其与信息、大数据和商务智能的关系进行了阐述。本章将探讨如何获取不同的数据，包括了解数据存放的位置、数据的格式，以及获取数据所使用的方法、技术和工具等。

本章不讨论数据是如何产生的。随着"互联网＋"的不断推进，工业 4.0 时代数据的产生源将会越来越多。了解数据的产生技术、方法与模式对高效率的数据获取具有更深远的指导意义，具体请参考相关书籍。

2.1 数据存储位置

数据存储位置按不同的时间、空间、归属权、机密等级等标准，可分为实际的物理位置与基于网络空间的虚拟位置，以及私有数据与公共数据、可访问数据与不可访问数据等。

进行数据分析之前，首先要了解数据的存储位置，这样才能决定获取数据的途径和方法，比如，是离线采集还是在线采集数据，是通过持续方式还是间歇方式获取数据。

2.1.1 按应用范围划分

应用范围指的是数据发散影响力的主要受众是在组织边界内还是在组织边界外。

（1）组织内部数据存储，即数据的存储范围仅限于组织内部，同时不可使用网络等介质从外部进行数据访问。比如，一个学校、一个公司的局域网数据只为局域网用户（一般指内部用户）提供数据服务。

（2）组织外部数据存储，即数据的存储范围可扩展到组织外。例如，可将企业数据存到公有云端，通过互联网的特定请求方式实现数据交互。

（3）在外组织的内部数据存储。一些组织机构，如大型跨国、跨区域集团公司，在不同区域都有业务，那么公司的数据存储架构将考虑以异地存储、专线连接、服务同步的方式进行。

数据存储的组织边界决定了获取数据的权限、方法等存在较大的差别。

2.1.2　按存储空间特性划分

从 IT 和 DT 的角度看，数据存储是将现实世界中的众多模拟数据，经过抽象、转换后以二进制方式存储在计算机世界中，包括磁带、硬盘、ROM、RAM、光盘存储，以及在此基础上发展演变的云存储。根据数据访问方式，数据存储一般分为两种：

（1）在线数据存储，一般指的是通过网络访问数据，主要包括中大型组织使用的各类数据库，如 Microsoft SQL Server、Oracle、MySQL、DB2 等，以及支持各类非结构化数据的 NoSQL 数据库，如 MongoDB、Redis、HBase 等。

（2）离线数据存储，一般指的是基于工作站（work station）的数据存储，主要包括个人 PC 或小微型组织使用的文件型数据库，如 Microsoft 的 Access、Excel 等。

在线数据存储与离线数据存储在访问条件发生变化或者需求发生变更时，一般可以直接或间接的方式相互切换。比如，将 Access 或 Excel 等文件导入各种网络数据库中，或者从网络数据库中将数据导出为 Access 或 Excel 甚至文本格式的文件数据。

2.1.3　按数据所有权划分

数据所有权就是拥有对相关数据进行支配、处置和获益等权力。这些权力具体表现为同意权、知情权、异议权、纠错权和司法救济权。[①]

（1）私有数据存储。拥有数据所有权者，可对与自己直接或间接相关的数据按照自己的意愿进行存储、移动、分享等活动。

（2）公共数据存储。公共数据主要是指政府在行政执法过程中产生的信息，如行政许可、法院诉讼等活动所带来的信息。由于这些信息是因为政府和法律的强制力产生的，对于企业和个人的生产、经营、履约有一定的影响，也涉及公众和他人的利益，因此应该在确保数据安全的基础上，加大公开的力度，减少社会搜寻信息的成本，提高公共数据的价值。

（3）混合数据存储，一般指的是在公共平台上（包括政府、企业、社会各类平台）数据所有权的拥有者（可以是公民个人，也可以是政府、企业等组织机构），通过可控技术和机制，将一部分属于私有（或内部）的可共享数据分享到第三方平台上供他人获取、使用。

---

①　参见吴晓灵 2015 年 12 月 16 日在第二届世界互联网大会"互联网＋"论坛上的演讲。

2.1.4 按数据存储拓扑划分

数据存储拓扑指的是超越物理空间概念，即使空间上改变形态仍能保持数据存储对象之间关系不变的状况。

（1）离散型存储，指数据的存储在物理位置上、管理机制上都处于分散的状态。离散型存储包括多数据源平台、多管理模式、多授权模式，主要表现为以独立文件形式进行的数据存储，以及没有集成管理模式的数据库形式。

（2）集中型存储，指数据存储或管理采用集中方式。它主要分为物理位置和管理机制均集中、物理位置分散但管理机制集中两种方式，主要表现为文件服务器及文件服务器群集、数据库及数据库群集，以及分布式数据库形式。

（3）混合型存储，指物理位置是集中的，但数据的管理分布是离散的，没有建立起数据流通道，主要表现为文件＋数据库形式。

2.2 数据获取流程

根据确定的流程开展数据获取活动，能够让整个数据分析工作更加高效，如图 2-1 所示。

（1）确定需求，包括最终的数据分析目标所需要的数据对象、业务需求、时间维度、空间范围。

（2）进行数据存储的定位，包括确定数据是离散地存储在不同的位置，还是能够对数据进行整合、集中，以利于提高获取的效率。

（3）确定数据格式，包括确定数据的主要格式、兼容格式以及版本，以利于快速准备获取的工具。

（4）获得访问权限，包括获取数据所在存储介质的访问权限、网络访问权限、数据库账号和密码等。

（5）准备辅助工具，即根据数据所在位置、数据格式、访问权限，以及业务目的，准备相应的工具。工具的准备也分为不同的版本。一般会将工具集中在某个库中备用，从而为业务员提供及时的支持。

（6）连接数据源，包括直接访问数据源、间接访问数据源。

（7）获取数据集。获取连接数据源的权限并打开数据源后，可获取其中的数据集，可选取、可投影，或者直接获取本已存在的视图。

（8）反馈与优化，即根据获取的数据进行初步的巡视，检查在质与量上是否满足数据分析业务的需求，若出现偏差，则应调整需求，或者重新进行数据的获取，或采取其他方式查缺补漏。

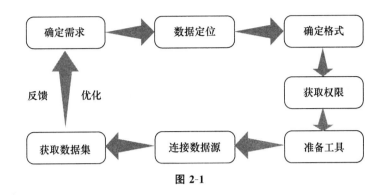

图 2-1

2.3 数据获取技术

2.3.1 直接获取技术

直接获取技术使用的前提是数据获取程序与数据源属于同类型，或者程序与数据源存在一定的异构性，但数据获取程序仍可直接连接并打开数据源，获取源数据，可在程序中直接调用 OLEDB 应用程序接口实现。比如，在 SSMS 管理器中，执行以下代码，可将位于"D：\ 52020SQL \"食品销售文件夹下的 Excel 工作簿文件产品".XLSX"中的"产品"工作表数据导入 SQL Server 相关数据库的"T1PRODUCTINFO"表中：

```
INSERT INTO T1PRODUCTINFO
(PID, PNAME, PROVNAME, PTYPENAME, UNITS, PRICE, STOCK, ORDERQ, RE-
ORDERQ)
SELECT 产品 ID，产品名称，供应商，类别，单位数量，单价，库存量，订
购量，再订购量
FROM OPENROWSET（´Microsoft. ACE. OLEDB. 12. 0´，´Excel 12. 0；Database = D：
\ T2020SQL \ 食品销售 \ 产品 .XLSX´，[产品 $ ]）；
```

2.3.2 间接获取技术

间接获取技术使用的前提是数据获取程序与数据源之间存在不可兼容的异构性，导致无法直接打开数据源，获取源数据，可借助第三方软件、插件或接口技术实现，或者在程序中调用之前创建的中间件，如 ODBC 等应用程序接口进行连接访问。具体使用方法在本章不作更多介绍，请参考其他资料或在 Excel 的"数据"菜单选项中，单击"新建查询"中的"从其他源"，选择"从 ODBC"，并根据提示逐步完成，如图 2-2 所示。

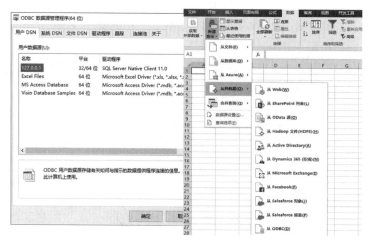

图 2-2

2.4　数据获取工具

2.4.1　客户端工具

对于数据分析工作者来说，掌握利用客户端相关软件获取数据的工作尤为重要。客户端相关软件主要分为以下几类：

（1）独立类型，包括各种在 PC 端需要独立安装、运行的数据获取工具，如网络爬虫工具（如图 2-3 所示的八爪鱼软件等）。这类工具往往带有完整的数据获取功能界面，甚至带有更加高级的分析和挖掘功能。

图 2-3

（2）内嵌类型，包括 Excel、Word 等常用的桌面型软件，以及 Microsoft SSMS、MySQL 等客户端管理软件，都内嵌了相应的数据连接与获取功能模块。图 2-4 所示为在 Word 软件中连接并访问各种不同的数据。

图 2-4

（3）O2O 类型。有些利用客户端工具获取的数据并不是离线存储在本地 PC 上，而是直接转存在远程服务器上，这种模式称为 "O2O"（offline to online），它往往是前两种客户端工具的扩展或补充，使得数据的管理和分享更加高效。

2.4.2　服务器端工具

服务器端获取数据指的是服务器之间的数据抽取、复制或迁移等，如两个 SQL Server 服务器节点之间，一个 MySQL 和一个 SQL Server 服务器节点之间的数据传递，往往可以使用相应的服务器管理工具实现数据的相互复制。图 2-5 所示为 SQL Server 服务器节点之间通过镜像功能实现不同数据库服务器之间数据的同步。

2.4.3　云端工具

目前，云端数据获取主要利用大量基于分布式、并行计算等技术的服务器集群，对数据源进行全天候的高效数据获取，并为用户提供各类基于 SaaS 模式的 API（应用程序编程接口），这比利用本地机器进行数据获取效率高出很多倍。云端数据获取一般使用的是第三方平台、软件或接口，往往是有偿服务。

2.5　数据获取实践

由于 Excel 是最常用的数据存储工具，具有实用性强、应用广泛的特点，本节主

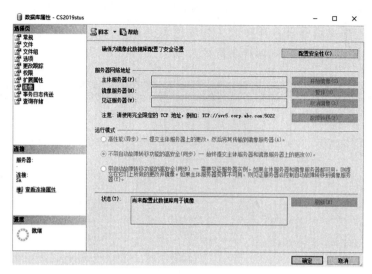

图 2-5

要以 Excel 为例介绍数据获取方法，同时使用简洁的 Python 代码爬取来自 Web 页面的相关数据。

2.5.1 获取本地数据

1. 获取类文本数据

（1）普通文本

普通文本文件往往以“.txt”扩展名命名，以 UTF-8 标准进行编码。根据分隔符形式，可分为以下几种普通文本数据格式：

① 具有显式分隔符，如逗号、分号、斜杠等符号，如图 2-6 所示。

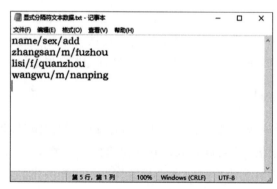

图 2-6

②.具有隐式分隔符，如空格、Tab 制表符等，如图 2-7 所示。

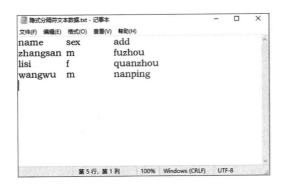

图 2-7

③ 无分隔符，只包括段落回车符、手工换行符，以及文本数据中特定位置的特定文字，如图 2-8 所示。

图 2-8

（2）乱码文本

如图 2-9 所示，该文本是一个 ".csv" 文件，因为编码问题，导致文本内容在中文简体环境下出现了乱码，在进行数据分析之前，必须对其进行转换才能开展后续工作。

dptname	cou_code	clyear	crfort	sel	cou_cname	cou_ename
根	701 30300	2,3,4	匡	揭弄	3 匡	戈方恨晴	Human Resources Management
根	701 31600	2,3,4	匡	揭弄	3 匡	裤 句	Consumer Behavior
根	701 31900	2,3,4	匡	揭弄	3 匡	（莱沸恨晴	Supply Chain Management
根	701 45050C01	2,3,4	匡	揭弄	3 匡	恨晴盡筚	Capstone Project in Management
根	701 45050C02	2,3,4	匡	揭弄	3 匡	恨晴盡筚	Capstone Project in Management
根	701 45050C03	2,3,4	匡	揭弄	3 匡	恨晴盡筚	Capstone Project in Management
根	701 45050C04	2,3,4	匡	揭弄	3 匡	恨晴盡筚	Capstone Project in Management
根	701 45050C05	2,3,4	匡	揭弄	3 匡	恨晴盡筚	Capstone Project in Management
根	701 45050C06	2,3,4	匡	揭弄	3 匡	恨晴盡筚	Capstone Project in Management
根	701 45050C07	2,3,4	匡	揭弄	3 匡	根晴盡筚	Capstone Project in Management
根	701 45050C07	2,3,4	匡	揭弄	3 匡		
根	705 23600	2,3,4	匡	揭弄	3 匡	恨恨抖A袜璋	Programming for Business Computing
根	725 31300	2,3,4	匡	揭弄	3 匡	参瘦庭祢 阶	Modern Statistical Learning Theory and Practic
根	741 M7240	2,3,4	匡	揭弄	3 匡	碴 M鵳承睛	Financial Technology and Innovation
根	741 U0240	2,3,4	匡	揭弄	3 匡	鹈耞恨晴/鄒	Judgment and Managerial Decision Making
根	741 U0250	2,3,4	匡	揭弄	3 匡	玻臑 尤弄	Analysis of Industry & Competition
根	741 U1200	2,3,4	匡	揭弄	3 匡	计遑鲜规鳞尤弄	Big Data and Business Analytics
根	741 U2990	2,3,4	匡	揭弄	3 匡	基 鄅鬷 鄒菜	Pricing & Competitive Strategies
根	741 U3520	2,3,4	匡	揭弄	3 匡	跑抵尤弄	Multivariate Analysis
根	741 U4920	2,3,4	匡	揭弄	3 匡	M玻鵳镡镦鹣鲜菠尤弄	Hi-tech Industry and Strategy Analysis
根	741 U4960	2,3,4	匡	揭弄	3 匡	承槆鲜承鵳恨晴	Innovation Management and Entrepreneurship

图 2-9

（3）长串文本

图 2-10 是一个无常规分隔符且仅有一个段落回车符的长串文本。类似格式也经常出现在通过 Python 爬取的 Web 页面数据中。

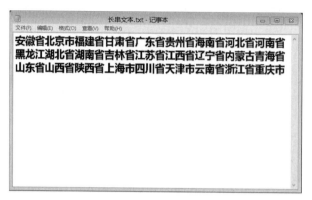

图 2-10

2. 获取电子表格数据

获取电子表格数据指的是从比较规范的数据源获取数据，包括常见的二维表、XML 和 JSON 格式的数据源。下面以基于 Excel 平台获取相关数据为例。

（1）获取 Excel 表格数据

从其他 Excel 工作簿文件获取数据，如图 2-11 所示。

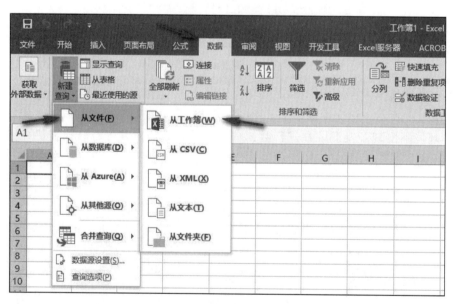

图 2-11

（2）获取 XML 数据

参考图 2-11 中的"从 XML"功能，可获取 xmlcity.xml 文件中所蕴含的数据，在此过程中会调用 Power Query 查询组件，如图 2-12、图 2-13 所示。

图 2-12

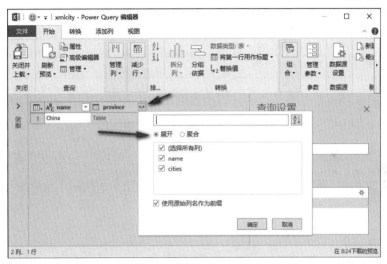

图 2-13

（3）获取 JSON 数据

JSON（JavaScript Object Notation，JS 对象简谱）是一种轻量级的数据交换格式。它基于 ECMAScript（欧洲计算机协会制定的 JS 规范）的一个子集，采用完全独立于编程语言的文本格式来存储和表示数据。简洁和清晰的层次结构使得 JSON 成为理想的数据交换语言。它易于人们阅读和编写，同时也易于机器解析和生成，并有效地提升网络传输效率。[①]

---

　　① 参见 https：//baike. baidu. com/item/JSON/2462549? fr＝aladdin，2021 年 10 月 20 日访问。

JSON 是一种序列化的对象或数组，包括六个构造字符（左右大括号、左右方括号、冒号、逗号），以及字符串、数字和三个字面名，使用键值表示特定数据。JSON 当前已经大量地在 Web 服务方面得到应用，特别是接口通信数据和序列化方面。

图 2-14 所示为 2020 年新冠病毒在全球发展状况的数据，是以 JSON 数据格式保存的。

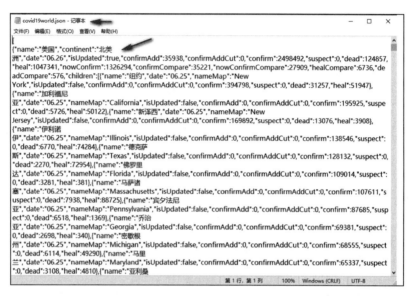

图 2-14

利用 Excel O365 或更高版本对 JSON 数据进行读取，如图 2-15 所示。

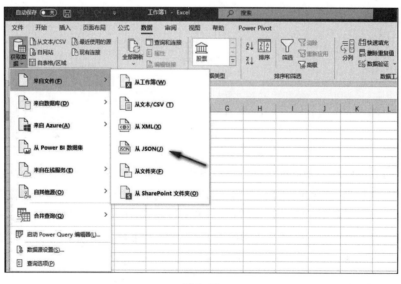

图 2-15

在此过程中也会调用 Power Query 查询组件，如图 2-16 所示。

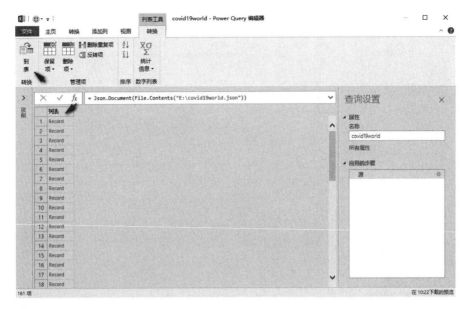

图 2-16

该 JSON 文件在 Excel Power Query 编辑器中被读取为一系列的列表，共有 1 列、161 项，但实际数据的行列数均大于等于此时的数据。

选中一列后，单击"到表"，得到如图 2-17 所示的结果。

图 2-17

单击如图 2-17 所示的 Column1 右侧的展开按钮，单击"确定"，即可将第一层的数据获取到 Power Query 的列表中，如图 2-18 所示。

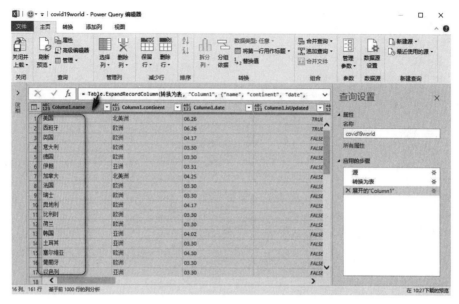

图 2-18

在图 2-17 中，有一列数据名称是"children"，表示该列相关行的数据还没有进行扩展，需要进一步扩展才能获取更加完整的数据。因此，图 2-18 所示的数据是 161 行，当如图 2-19 所示进行"扩展到新行"的操作时，就会得到更加完整的数据，如图 2-20 所示，此时的数据记录已经超过了 340 行。

图 2-19

图 2-20

3. 获取本地数据库

以 Access 数据库为例。假设本地有食品销售数据库 ".mdb"，通过 Excel 获取该数据库中的记录，如图 2-21 所示。

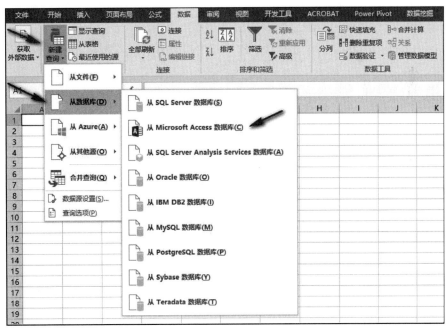

图 2-21

打开该数据库后，可一次性选择该数据库中的多张数据表，如图 2-22 所示。

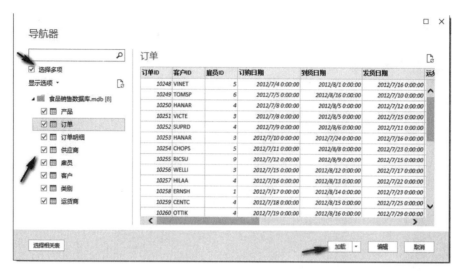

图 2-22

通过 Power Query，Excel 与 Access 数据库建立了连接，随后右单击某个数据连接，可通过"加载到"功能，将数据库中的数据加载到 Excel 的某个工作表中，如图 2-23 所示。

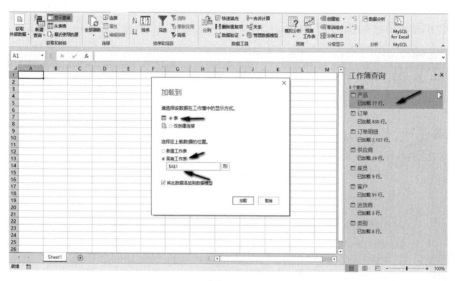

图 2-23

本地 Access 数据库中数据的获取还可以通过 Access 的导出功能来实现。

2.5.2　获取互联网数据

第 2.5.1 节主要讲解如何在程序中获取其他文件中的数据，这是数据分析工作十分重要的数据来源。

在"互联网＋"时代，数据的来源越来越多，如互联网数据、物联网数据等，它们往往都是存储在网络平台上，包括网络数据库、网站（网页）、云数据中心等。因此，如何获取网络数据成为数据分析的新任务。本节将继续围绕身边常用的软件、简单的代码探讨如何快速、有效地获取互联网数据。

1. 获取 Web 端数据

（1）Excel 内置爬取工具

假设要使用 Excel 内置爬取功能对"https：//baike.baidu.com/item/英格兰足球超级联赛/1552935？fr＝aladdin"历年夺冠数据进行获取，如图 2-24 所示。

历届冠军

英超联赛历届冠军

赛季	冠军球队	冠军主教练	场次	胜	平	负	进球	失球	净胜球	积分
1992/93	曼联	亚历克斯·弗格森	42	24	12	6	67	31	36	84
1993/94	曼联	亚历克斯·弗格森	42	27	11	4	80	38	42	92
1994/95	布莱克本	肯尼·达格利什	42	27	8	7	80	39	41	89
1995/96	曼联	亚历克斯·弗格森	38	25	7	6	73	35	38	82
1996/97	曼联	亚历克斯·弗格森	38	21	12	5	76	44	32	75
1997/98	阿森纳	阿尔赛纳·温格	38	23	9	6	68	33	35	78
1998/99	曼联	亚历克斯·弗格森	38	22	13	3	80	37	43	79
1999/00	曼联	亚历克斯·弗格森	38	28	7	3	97	45	52	91
2000/01	曼联	亚历克斯·弗格森	38	24	8	6	79	31	48	80
2001/02	阿森纳	阿尔赛纳·温格	38	26	9	3	79	36	43	87
2002/03	曼联	亚历克斯·弗格森	38	25	8	5	74	34	40	83
2003/04	阿森纳	阿尔赛纳·温格	38	26	12	0	73	26	47	90
2004/05	切尔西	何塞·穆里尼奥	38	29	8	1	72	15	57	95
2005/06	切尔西	何塞·穆里尼奥	38	29	4	5	72	22	50	91

图 2-24

首先，参考图 2-2，选择"从其他源"中的"从 Web"，并将"https：//baike.baidu.com/item/英格兰足球超级联赛/1552935？fr＝aladdin"地址粘贴到地址栏中，如图 2-25 所示。

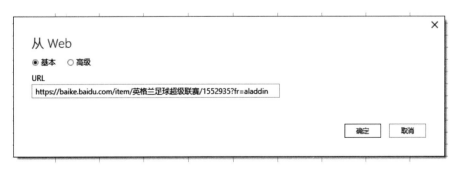

图 2-25

其次，在图 2-26 所示环境下，单击所要爬取的数据表格对象，或者通过"选择多项"，一次性爬取多个数据表中的数据。

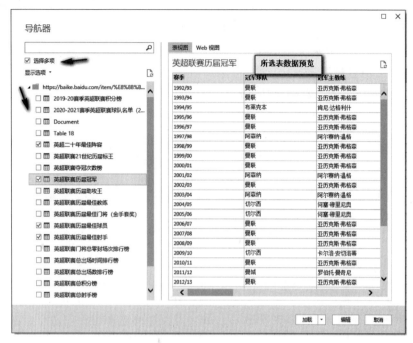

图 2-26

最后，单击图 2-26 中的"加载"，选择其中的"加载到"，即可将数据的爬取保存为一个连接（以备后期调用）；或者选择加载到表，将 Web 页面上的数据爬取到 Excel 指定工作表区域，如图 2-27 所示。

图 2-27

如图 2-28 所示，爬取了基于 Web 方式的四个数据表。

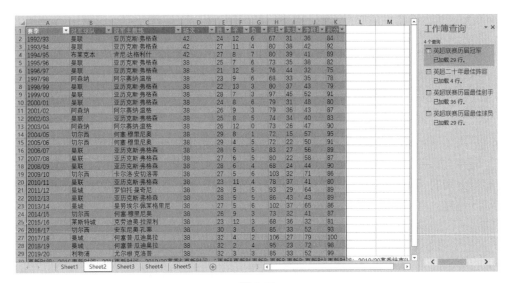

图 2-28

利用常用的 Excel 对 Web 数据进行爬取越来越简便化，而且功能也越来越强大，特别是配合 Power Query 工具后，其效能将会更高。

（2）第三方爬取工具

利用八爪鱼等第三方工具爬取数据的具体细节请参考该工具官方网站的相关说明，本书不再详述。相关说明网址为：https：//www. bazhuayu. com/tutorial8/hott-tutorial，如图 2-29 所示。

图 2-29

注意：Web 数据爬取请遵守相关法律规定及相关平台的 robots 声明，本节内容只作为演示使用。

2. 获取远程数据库数据

远程数据库是与本地数据库相对而言的，往往又称作网络数据库。

要获取网络数据库上的数据，需要更加复杂的访问条件。网络（云）数据库，包括 Microsoft SQL Server、Azure SQL Server、MySQL、Oracle 等，一般都需要通过相应的账号、密码才能连接并访问其中的数据。这里基于 Excel，以连接、采集 Microsoft SQL Server 数据库上的数据为例。

假设 Microsoft SQL Server 服务器的 IP 地址是 210.34.48.99，允许访问的账号和密码分别是 sa、1234。如图 2-30 所示，选择"从 SQL Server 数据库"选项，这里也可以连接和访问其他网络数据库。

图 2-30

如图 2-31 所示，输入数据库服务器用的 IP 地址并点击"确定"。

图 2-31

在图 2-32 所示的位置，输入正确的账号和密码，确定后即可连接到远程数据库服务器，如图 2-33 所示。

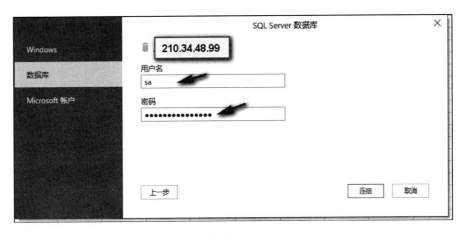

图 2-32

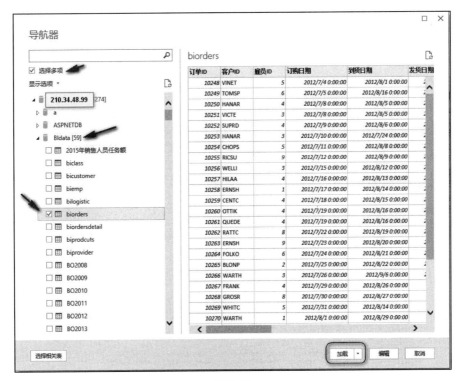

图 2-33

图 2-33 中列出了用户所能够访问到的各种数据库对象，主要是数据库、表和视图等。比如，BIdata 就是数据库，其中有 59 个表、视图等对象。同样，可以一次性选择多个表对象导入 Excel 工作表中，以备后期处理。加载方式请参考图 2-26、图 2-27。

在 Windows 环境下，对于远程数据库数据的获取也可使用 ODBC、OLEDB 的方式进行。对于 MySQL、Oracle 等网络数据库，有时还需要加载特定的连接器，否则将会有错误提示，如图 2-34 所示。

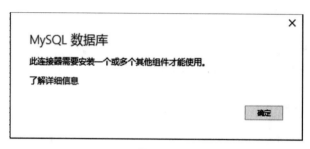

图 2-34

如何使用相关连接器，请参考以下网址：https：//support. office. com/zh-cn/article/连 接 到-mysql-数 据 库-power-query-8760c647-88b9-409d-b312-6ea8f84a269b？ ui ＝zh-CN&rs＝zh-CN&ad＝CN，具体如图 2-35 所示。

图 2-35

连接到 Oracle 数据库，请参考以下网址：https：//support. office. com/zh-cn/article/连 接 到-oracle-数 据 库-power-query-d7fbd231-a705-4eb7-83b3-a66bfb678395？ ui ＝zh-CN&rs＝zh-CN&ad＝CN，具体如图 2-36 所示。

连接到 Oracle 数据库 (Power Query)

适用于 Excel 2016, Excel 2013, Excel 2010

注意：我们希望能够尽快以你的语言为你提供最新的帮助内容。本页面是自动翻译的，可能包含语法错误或不准确之处。我们的目的是使此内容能对你有所帮助。可以在本页面底部告诉我们此信息是否对你有帮助吗？请在此处查看本文的 英文版本 以便参考。

使用 Excel 的获取和转换 (Power Query) 连接到 Oracle 数据库的体验。

注意：您可以连接到 Oracle 数据库使用**Power Query**之前，您需要 Oracle 客户端软件 v8.1.7 或更高版本。您的计算机上。要安装 Oracle 客户端软件，请转到32 位 Oracle 数据访问组件 (ODAC) 使用 Visual studio (12.1.0.2.4) Oracle 开发人员工具安装 32 位 Oracle 客户端，或64 位 ODAC 12 c 适用于 Windows x64 版本 4 (12.1.0.2.4) Xcopy安装 64 位 Oracle 客户端。

图 2-36

2.5.3　获取非结构化对象数据

非结构化对象指的是数据结构不规则或不完整,没有预定义的数据模型,不方便用数据库二维逻辑表来表现的数据,包括所有格式的文档、图片,以及各类报表、图像和音频/视频信息等。

计算机信息化系统中的数据分为结构化数据和非结构化数据。非结构化数据格式多样,标准也多样,而且在技术上非结构化信息比结构化信息更难标准化,更难理解,所以,其存储、检索、发布以及利用需要更加智能化的 IT 技术,如海量存储、智能检索、知识挖掘、内容保护、信息的增值开发利用等。

从某种角度来说,除了规则的二维表之外,其他都有可能被看作非结构化数据。

1. 从非结构化对象获取结构化数据

大量的结构化数据隐藏或附属于非结构化对象中,如图片、音频等对象中。通过智慧手机拍照所得到的图片,默认情况下大部分都具有经度、纬度等地理信息,如图 2-37 所示。

图 2-37　照片包含结构化和非结构化数据

经度、纬度相对于图片文件而言是一种可获取的二维结构化数据,但它不能像一张二维表那样直接进行数据处理。本节将使用 VBA 技术,对图片所在目录下的 7000 多张照片进行扫描,并获取其中含有经度、纬度数据的信息,将其导入 Excel 工作表中。

在图片所在的目录下，创建一个 Excel 工作簿文件，并将其保存为".xlsm"含有宏对象的格式，如图 2-38 所示。

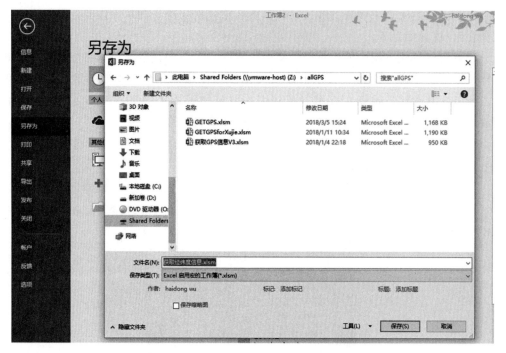

图 2-38

在工作表的 A、B、C 列分别添加表头：纬度、经度、数量，如图 2-39 所示。

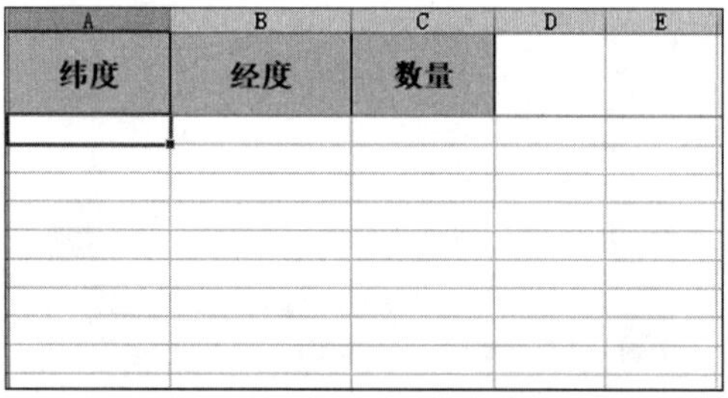

纬度	经度	数量		

图 2-39

打开"文件"菜单中的"选项"，在"信任中心"进行设置，将"宏设置"调整为"启用所有宏"，如图 2-40 所示。

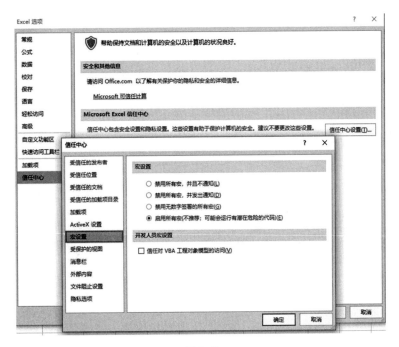

图 2-40

在"Excel 选项"中，单击"自定义功能区"，选中"开发工具"，点击"确定"，关闭选项设置，如图 2-41 所示。

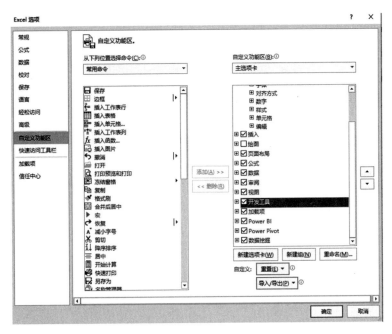

图 2-41

回到 Excel 工作表界面，单击"开发工具"，选择"插入"，单击"表单控件"中的窗体控件按钮，按住鼠标左键不放，在表头的右侧空白处拖曳出一个按钮控件，如图 2-42 所示。

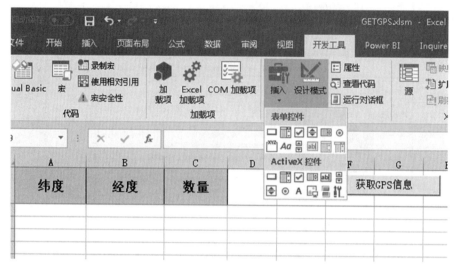

图 2-42

单击"开发工具"工具条中的"Visual Basic"，在打开的设计窗口中单击"插入"菜单，选择其中的类模块，将从网络上下载的三个类模块（GPSExifProperities、GP-SExifReader、GPSExifReader_Helper）引入本 VBA 工程中，如图 2-43 所示。

图 2-43

单击"开发工具"工具条中的"Visual Basic"，在打开的设计新窗口中，单击"插入"，选择其中的"模块"，并在其中输入以下代码：

```
Sub GetGPS()
    On Error GoTo ExifError
    Dim strDump As String
    ´需要打开工具菜单,调用引用功能,将 MICROSOFT SCRIPTING RUNTIME 选项勾选
    Dim fso As Scripting.FileSystemObject
    Dim fldr As Scripting.Folder
    Dim file As Scripting.file
    Dim isgps1 As String
    Dim isgps2 As String

    Set fso = CreateObject("scripting.filesystemobject")
    Set fldr = fso.GetFolder(Application.ThisWorkbook.Path)

For Each file In fldr.Files
´只判断后缀名为 jpg 的图片,当然也可以根据需要对文件名具有一定特征的图片进行信息捕获
Select Case UCase(Right(file.Name, 3))
    Case "JPG"
        With GPSExifReader.OpenFile(file.Path)
        isgps1 = .GPSLongitudeDecimal
        isgps2 = .GPSLatitudeDecimal
            If isgps1 <> "" And isgps2 <> "" Then
                currrow = ActiveSheet.UsedRange.Rows.count + 1
                ActiveSheet.Range("A" & currrow).Value = .GPSLatitudeDecimal
                ActiveSheet.Range("B" & currrow).Value = .GPSLongitudeDecimal
                ActiveSheet.Range("C" & currrow).Value = 1
            Else
                GoTo NextFile
            End If
        End With
    End Select
NextFile:
    Next
    Exit Sub
ExifError:
    ´MsgBox "An error has occurred with file: " & file.Name & vbCrLf & vbCrLf & Err.Description
    ´Err.Clear
    Resume NextFile
End Sub
```

回到图 2-42 所示的界面,右单击"获取 GPS 信息"窗体按钮,选择其中的"指定宏",如图 2-44 所示。

在"指定宏"窗口中,选择已经在模块中添加的 GetGPS 宏模块,如图 2-45 所示。

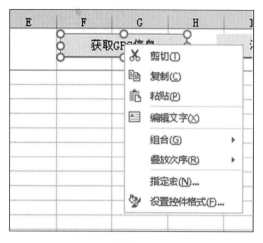
图 2-44

图 2-45

此时,可单击"获取 GPS 信息",即可得到相关图片的纬度、经度以及数量信息,如图 2-46 所示。

纬度	经度	数量
28. 90514181	89. 58493042	1
25. 099281	102. 925841	1
27. 36438369	99. 95150756	1
29. 16750333	88. 48263547	1
29. 16750333	88. 48263547	1
29. 16750333	88. 48263547	1
29. 16750333	88. 48263547	1
29. 20988081	88. 37223053	1
29. 20988081	88. 37223053	1
29. 20988081	88. 37223053	1
29. 20988081	88. 37223053	1
29. 20988081	88. 37223053	1
29. 20988081	88. 37223053	1
29. 20988081	88. 37223053	1
29. 20988081	88. 37223053	1
29. 20988081	88. 37223053	1
27. 36657142	99. 94287872	1
27. 36670303	99. 94268033	1
29. 14003369	88. 04290008	1
29. 14003369	88. 04290008	1
29. 0713825	87. 99252317	1
27. 366539	99. 94178008	1
29. 07162856	87. 99636839	1
29. 07162856	87. 99636839	1

图 2-46

获取非结构图片对象中的结构化数据,可以为进一步分析和展现数据提供基础。

2. 从非结构化对象获取非结构化数据

从非结构化对象获取结构化数据,往往是获取非结构化对象的属性值,并将其填充到 Excel 的二维表中。但从非结构化对象获取非结构化数据,则要利用如 AI(人工智能)等技术,对图片中非结构化对象所蕴含的内容进行扫描、判读、抽象,然后以文本等数据形式呈现到文件的相应位置。

本例将在启用了"Office 智能服务"的 Office 365 PowerPoint 中进行操作,在 Office

2019 专业版本中也可实现。之所以使用"Office 智能服务"接口,是因为 MS Office 软件的大众使用率较高。

"Office 智能服务"是 Office 365 及以上版本的新功能,通过"文件"菜单调用"选项",在选项配置中可启用,如图 2-47 所示。

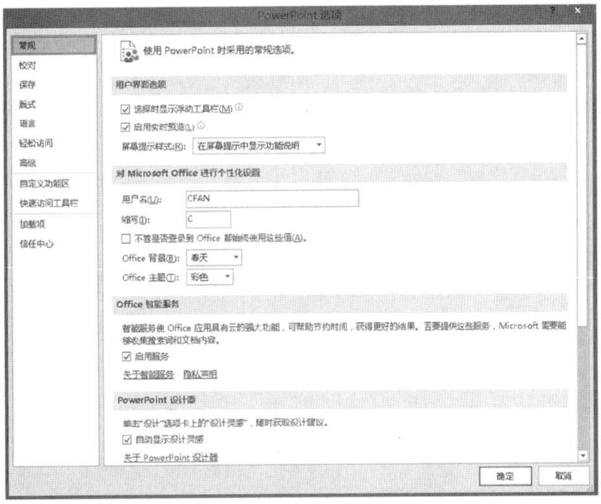

图 2-47

其他 Office 模块,如 Word、Excel 的智能服务配置方法类似。

启用该功能后,当在 PPT 幻灯片中插入图片后,在图片下方会显示出"替换文字"(Alternative Text)的提示文本,如图 2-48、图 2-49 所示,该提示基本上符合图片所蕴含的信息,有人员、美食、餐桌、室内等关键词。

图 2-48

可以看出,智能服务启用后,原来需要手工对插入的图片、剪贴画、图表等对象进行替换文本的操作变成了自动化的辅助模式。利用这个功能,可以对插入的非结构化对象(本例主要针对图片)所蕴含的信息进行抽象、提取,从而获得全部非结构化数据的总体特征。

下面以获取 PowerPoint 中所有图片所蕴含的信息并添加到幻灯片备注和文本文

件为例。

图 2-49

在代码运行之前,如图 2-50 所示,备注中是默认的文档,不含插入的图片中所蕴含的信息。

图 2-50

参考前文获取 GPS 中经纬度信息的例子,在 PowerPoint 中启用"宏设置"打开"开

发工具"，并将 PowerPoint 演示文稿保存为后缀名为". pptm"的格式。在"工具"菜单的
"引用"中勾选引用对象，如图 2-51 所示。

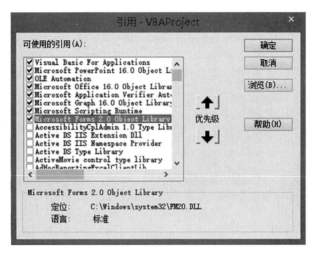

图 2-51

在"开发工具"界面，插入模块，添加如下代码：

```
Sub getalt4()
Dim shp As Shape
Dim oSl As Slide
Dim altex As String
For Each oSl In ActivePresentation. Slides
  oSl. Select
For Each shp In oSl. Shapes
  shp. Select
  With shp
    MsgBox " AI 告诉你，这张图片极可能有:" & Mid (. AlternativeText, 5, Len
    (. AlternativeText)-16)
    altex = Mid(. AlternativeText, 5, Len(. AlternativeText)-16)
  End With
  oSl. NotesPage. Shapes. Placeholders(2). TextFrame. TextRange. Text = altex
  Next shp
  Next oSl
End Sub
```

执行代码后得到的结果如图 2-52 所示，在备注中有了替换文本。

图 2-52

添加一个过程：sub notes2text()…end，在其中添加如下代码：

```
Sub Notes2Text()
  Dim intSlide As Integer
  Dim strFileName As String
  Dim strTemp As String
  Dim strNotes As String

  strFileName = "G:\Notes.txt" '根据文本文件所在的实际位置设置

  strTemp = MsgBox("文本文件中是否也带上 PPT 的页面标签?", _
  vbQuestion + vbYesNoCancel, "Label Treatment")

  If strTemp = vbCancel Then Exit Sub

  Open strFileName For Output As #1
  With ActivePresentation
    If strTemp = vbYes Then
      Print #1, "strFileName" & .Name
      Print #1, "- - - - -"
      Print #1, ""
    End If
    For intSlide = 1 To .Slides.Count
      If strTemp = vbYes Then Print #1, "Slide: " & intSlide
      strNotes = ActivePresentation.Slides(intSlide).NotesPage. _
      Shapes.Placeholders(2).TextFrame.TextRange.Text
      Print #1, strNotes
      If strTemp = vbYes Then Print #1, "= = = = = = = = ="
    Next intSlide
  End With
  Close #1
End Sub
```

执行该段代码，将会在"G:"分区的"notes.txt"文件中添加如图 2-53 所示的内容。

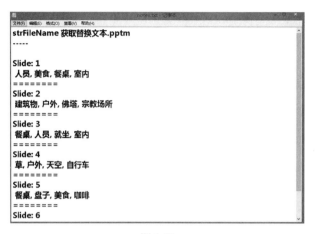

图 2-53

这个文本文件可通过前文所介绍的方法进行整理，之后即可开始数据分析的工作。

3. 利用第三方 AI 接口获取非结构化数据

利用 Office 的智能服务进行图片等非结构化对象的隐式数据捕获，固然比较容易让用户理解和应用，但真正进行隐式数据的捕获时，需要通过平台或调用专门 API（应用程序接口）进行数据的提交和分析，以便提高准确度和效率。

例如，可编写 Python 代码，调用百度的 AI 开放接口（https://ai.baidu.com）获取数据。比如，要对图 2-54 所示的图片进行隐式数据的捕获，则相应参考代码如下。

图 2-54

```
＃本节主要识别的是汽车、动物的种类 代码及 API 配置信息均来自互联网，仅供参考
from aip import AipImageClassify
＃ 定义常量
APP_ID = ´103***´ ＃替换为用户自己的 APP_ID
API_KEY = ´nf66TjvONn*********´ ＃替换为用户自己的 API_KEY
SECRET_KEY = ´fYv9H15Vrw*********´ ＃替换为用户自己的 SECRET_KEY
```

```
# 初始化图像分类器
imgClass = AipImageClassify(APP_ID, API_KEY, SECRET_KEY)
# 读取图片
filePath = "chimpanzee.jpg"
def get_file_content(filePath):
    with open(filePath, 'rb') as fp:
        return fp.read()
# 定义参数变量
options = {}
options["top_num"] = 5 # 输出前 5 个可能性预测

# 调用动物分类器
result1 = imgClass.animalDetect(get_file_content(filePath),options)
# 输出的结果可能是:
```

{'log_id': 6923292809952308605, 'result': [{'score': '0.959989', 'name': '黑猩猩'}, {'score': '0.0355946', 'name': '大猩猩'}, {'score': '0.00166578', 'name': '类人猿'}, {'score': '0.000454827', 'name': '婆罗洲猩猩'}, {'score': '0.000149855', 'name': '苏门达腊猩猩'}]}

说明:结果是基本准确的,最高准确率为95%以上。

再以人脸识别为例,需要识别的图片如图 2-55 所示,图片所含隐式数据于下列代码中。

图 2-55

```
#人脸识别代码 代码及 API 配置信息来自互联网,仅供内部学习参考,不得用于商业
# 百度 AI 人脸识别基础
from aip import AipFace
# from aip import AipBodyAnalysis
# from PIL import Image
import base64

APP_ID = '14874519' # 你的 App ID
API_KEY = 'T5cwSFY5bPOfOGEXMFMy2Rt6' # 你的 Api Key'
SECRET_KEY = 'bvvgT8LXjG79NOIleaPFx7ODy60Vc02c' # 你的 Secret Key
client = AipFace(APP_ID, API_KEY, SECRET_KEY)

filePath = "96014.jpg"
with open(filePath,"rb") as f:
# b64encode 是编码
  base64_data = base64.b64encode(f.read())
```

```
image = str(base64_data,'utf-8')
imageType = "BASE64"
```

♯参数设置

```
options = {}
options["face_field"] = "age,beauty,gender,expression,faces_hape,face_type"
options["max_face_num"] = 1
options["face_type"] = "LIVE"
```

"""调用人脸检测"""

```
result = client.detect(image, imageType,options);
print(result)
```

♯人脸识别结果

{'error_code': 0, 'error_msg': 'SUCCESS', 'log_id': 1345050738387299191, 'timestamp': 1553838729, 'cached': 0, 'result': {'face_num': 1, 'face_list': [{'face_token': 'f38a17b005268cae725ad736613d44f4', 'location': {'left': 80.99, 'top': 127.37, 'width': 178, 'height': 171, 'rotation': 0}, 'face_probability': 1, 'angle': {'yaw': 1.06, 'pitch': -0.28, 'roll': -3.31}, 'age': 39, 'beauty': 32.95, 'gender': {'type': 'male', 'probability': 1}, 'expression': {'type': 'smile', 'probability': 1}, 'face_type': {'type': 'human', 'proba-bility': 1}}]}}

说明:结果较为准确地判断了该图片中人物的年龄、性别、表情以及是否属于人类的脸。

2.5.4　获取 Web 页面数据

Excel 程序虽然可以获取来自网页中的数据,但有局限性,比如,一般获取单页面中的内容,不能轻易实现多页面跳转与记录循环获取等。

下面简要介绍利用简单的 Python 代码进行网页内容的获取。

以下是获取某个网页数据的 Python 代码:

```
♯以下代码仅供内部学习参考,不得用于商业
import pandas as pd
import csv
def get_one_page(page):
    url = 'http://kaijiang.zhcw.com/zhcw/inc/ssq/ssq_wqhg.jsp?pageNum = %s' % (str(page))
    tb = pd.read_html(url, skiprows = [0, 1])[0] ♯ 跳过前两行 skiprows = [0, 1]
    return tb.drop([len(tb)-1]) ♯ 去掉最后一行

with open(r'd:\bda2020\lottonum2.csv', 'w', encoding = 'utf-8-sig', newline = '') as f:
    csv.writer(f).writerow(['开奖日期','期号','中奖号码','销售额(元)','中奖注数一等奖','中奖注数二等奖','详细'])

for i in range(1,121): ♯ 目前 120 页数据
    get_one_page(i).to_csv(r'd:\bda2020\lottonum2.csv', mode = 'a', encoding = 'utf_8_sig', header = 0, index = 0)
    print('第' + str(i) + '页抓取完成')
```

将该代码写入某目录下(如 D:\BDA2020)的文件中,命名为"GETKJ.PY",如图 2-56 所示。

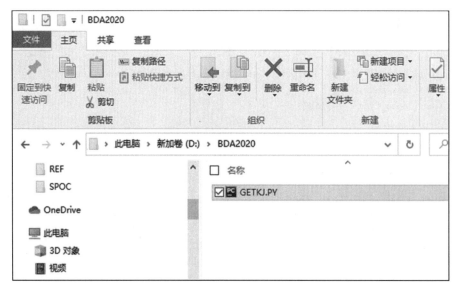

图 2-56

在 Python 环境下,执行如图 2-57 所示的命令后,即可获取网络平台上的相关数据。

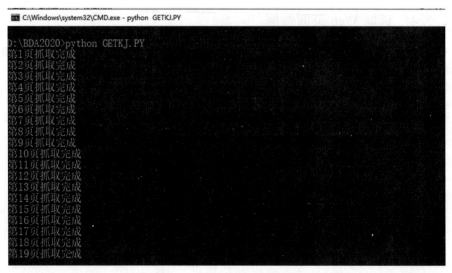

图 2-57

捕获到的数据如图 2-58 所示。

	A	B	C	D	E	F	G
	开奖日期	期号	中奖号码	销售额(元)	中奖注数一	中奖注数二	详细
	2020/8/23	2020080	14 15 18	3.75E+08	2	70	
	2020/8/20	2020079	05 12 20	3.47E+08	6	183	
	2020/8/18	2020078	03 11 14	3.4E+08	1	76	
	2020/8/16	2020077	03 10 16	3.76E+08	27	326	
	2020/8/13	2020076	10 15 16	3.46E+08	8	82	
	2020/8/11	2020075	03 11 13	3.43E+08	1	143	
	2020/8/9	2020074	04 08 09	3.75E+08	5	107	
	2020/8/6	2020073	05 07 11	3.45E+08	8	129	
	2020/8/4	2020072	06 08 10	3.36E+08	7	104	
	2020/8/2	2020071	09 11 12	3.63E+08	12	133	
	2020/7/30	2020070	01 02 04	3.43E+08	23	100	
	2020/7/28	2020069	03 09 10	3.43E+08	7	99	
	2020/7/26	2020068	12 16 21	3.77E+08	17	128	
	2020/7/23	2020067	04 07 09	3.53E+08	10	140	
	2020/7/21	2020066	02 09 13	3.52E+08	15	137	
	2020/7/19	2020065	09 15 18	3.81E+08	5	89	
	2020/7/16	2020064	01 03 07	3.56E+08	1	77	
	2020/7/14	2020063	12 15 16	3.57E+08	3	103	
	2020/7/7	2020060	05 09 14	3.57E+08	38	554	

图 2-58

对于"双色球"数据的捕获往往是 Web 页面数据爬取的基本形式,因为其数据的呈现方式是用比较常见的 HTML 标签⟨table⟩进行封装的。

2020 年年初新冠疫情暴发后,很多平台都对世界的疫情数据进行了汇总、分析和呈现,如腾讯新闻的疫情分析中心,如图 2-59 所示。

图 2-59

该页面中的数据加载方式不同于"双色球"页面，采用的是 json 数据格式，如图 2-60 所示。

图 2-60

在对 json 格式的数据进行爬取时，采用的代码也有较大的不同。通过以下 Python 代码可获取世界疫情数据：

```
import requests
import json
import openpyxl
import datetime
import time
Get_Foreign = r"https://view.inews.qq.com/g2/getOnsInfo? name = disease_
foreign"
class item:
    def __init__(self):
        self.country = list()   #国家
        self.province = list()  #省份
        self.area = list()      #地区
        self.confirm = list()   #确诊
        self.suspect = list()   #疑似
        self.heal = list()      #治愈
        self.dead = list()      #死亡
Data_Box = item()   #数据盒子

def GetHtmlText(url):
    try:
```

```
    res = requests. get(url,timeout = 30)
    res. raise_for_status()
    res. encoding = res. apparent_encoding
    return res. text
  except:
    return "Error"
# 获取 Json
Foreigns = GetHtmlText(Get_Foreign)
City_Count_json = json. loads(Foreigns)
City_Count_json = City_Count_json["data"]# 将 json 数据中的 data 字段的数
据提取处理
City_Count_json = json. loads(City_Count_json)# 将提取出的字符串转换为
json 数据
# 获取每日总信息
foreignList_json = City_Count_json["foreignList"]

for i in range(0,len(foreignList_json)):
    # 获取每个国家的 name,接下来要判断每个国家下面是否有 children,如果
有,则
    if 'children' in (foreignList_json[i]):
      print(foreignList_json[i]["name"])
      for j in range(0,len(foreignList_json[i]["children"])):
        print('\t' + foreignList_json[i]["children"][j]["name"] + " 确诊人数:"
          + str(foreignList_json[i]["children"][j]["confirm"]) + ",死亡人数:"
          + str(foreignList_json[i]["children"][j]["dead"]) + ",疑似人数:" +
          str(foreignList_json[i]["children"][j]["suspect"]) + ",治愈人数:" +
          str(foreignList_json[i]["children"][j]["heal"]) + ",更新日期:" + str
          (foreignList_json[i]["children"][j]["date"]))
    # ["nameMap"]["confirmAdd"],["confirmAddCut"],["confirm"],["suspect"]:0,\"
dead\":31,\"heal\":18}')
    else:
      print(foreignList_json[i]["name"] + " 确诊人数:" + str(foreignList_json
        [i]["confirm"]) + ",死亡人数:" + str(foreignList_json[i]["dead"]) + ",
        疑似人数:" + str(foreignList_json[i]["suspect"]) + ",治愈人数:" + str
        (foreignList_json[i]["dead"]) + ",更新日期:" + str(foreignList_json[i]
        ["date"]))
```

执行该代码后,捕获到的数据如图 2-61 所示。

```
期:"+str(foreignList_json[i]["date"]))
57
```

美国					
加利福尼亚	确诊人数:707896,	死亡人数:12976,	疑似人数:0,	治愈人数:297220,	更新日期:09.01
德克萨斯	确诊人数:628854,	死亡人数:12468,	疑似人数:0,	治愈人数:506530,	更新日期:09.01
佛罗里达	确诊人数:623471,	死亡人数:11187,	疑似人数:0,	治愈人数:381,	更新日期:09.01
纽约	确诊人数:439880,	死亡人数:32957,	疑似人数:0,	治愈人数:65079,	更新日期:09.01
乔治亚	确诊人数:270911,	死亡人数:5637,	疑似人数:0,	治愈人数:927,	更新日期:09.01
伊利诺伊	确诊人数:235042,	死亡人数:8026,	疑似人数:0,	治愈人数:79803,	更新日期:09.01
亚利桑那	确诊人数:201835,	死亡人数:5029,	疑似人数:0,	治愈人数:174,	更新日期:09.01
新泽西	确诊人数:192094,	死亡人数:16052,	疑似人数:0,	治愈人数:4126,	更新日期:09.01
北卡罗来纳	确诊人数:167325,	死亡人数:2707,	疑似人数:0,	治愈人数:136630,	更新日期:09.01
田纳西	确诊人数:154933,	死亡人数:1755,	疑似人数:0,	治愈人数:116864,	更新日期:09.01
路易斯安那州	确诊人数:148193,	死亡人数:4950,	疑似人数:0,	治愈人数:127918,	更新日期:09.01
宾夕法尼亚	确诊人数:138746,	死亡人数:7673,	疑似人数:0,	治愈人数:1369,	更新日期:09.01
马萨诸塞	确诊人数:128533,	死亡人数:9060,	疑似人数:0,	治愈人数:94347,	更新日期:09.01
阿拉巴马州	确诊人数:126058,	死亡人数:2182,	疑似人数:0,	治愈人数:48028,	更新日期:09.01
俄亥俄州	确诊人数:123158,	死亡人数:4138,	疑似人数:0,	治愈人数:101944,	更新日期:09.01
弗吉尼亚	确诊人数:120594,	死亡人数:2580,	疑似人数:0,	治愈人数:14999,	更新日期:09.01

图 2-61

根据需要,可以将获取到的数据装载到 Excel 工作表或其他文件中,或者直接写入可使用的数据库服务器中,以备后用。

2.6 小　　结

为贯彻落实国家大数据战略,加快培育数据要素市场,促进数据流通交易,助力城市数字化转型,2021 年 11 月 25 日,上海数据交易所揭牌成立仪式在沪举行并达成了部分首单交易。数据成为生产要素越来越被大众所认同。本章详细论述了数据的存储位置,并提供相应的数据获取流程、获取技术、获取工具和实践案例,特别是针对非结构化数据的获取进行了分析与展示,为进一步理解大数据提供了更多的支持。

第 3 章

数据处理基础

本书第 2 章介绍了获取各种不同类型数据的不同方法。在不同环境下,通过不同的工具获取的数据可能存在数据瑕疵,势必影响之后数据分析的质量。因此,本章主要基于 Excel 环境介绍在进行数据分析、挖掘之前,如何对数据进行有效清洗、整理、规范。对于部分数据将使用 Python 进行处理。

3.1 数据处理概念

数据处理(data processing)是对采集的数据进行分类存储、检索、加工、变换和传输。数据处理的基本目的是从大量杂乱无章的、难以理解的数据中抽取并推导出有价值、有意义的数据。数据处理的重要意义在于以下几个方面:

1. 拨乱反正

数据处理可以让无序数据变为有序数据,不合规数据变为合规数据。如图 3-1 所示,这是一份 Excel 文件,如果没有进行数据处理,就无法理解数据的内容,更谈不上进行数据分析、挖掘工作了。

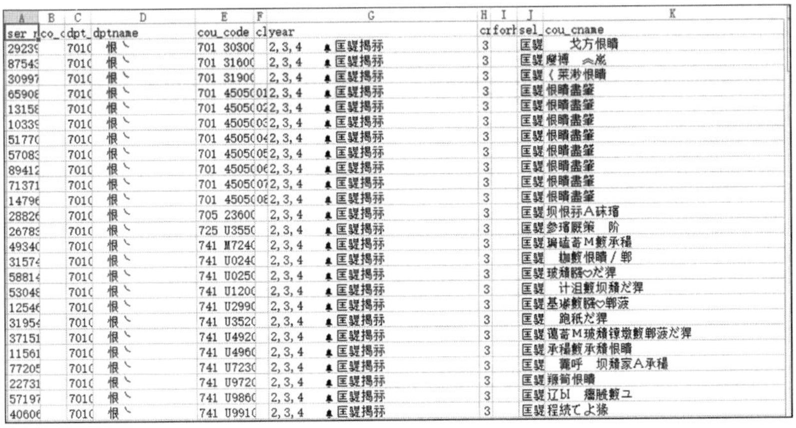

图 3-1

2. 返璞归真

数据处理过程中,会根据数据原来定义的要求或规范,比对获取的数据,并进行一定程度的查错、纠错,使得获取的数据质量更高。如图 3-2 所示,三个变量的值存在不同程度的混乱。在进行下一步高效率的数据分析之前,需要进行数据格式的纠正。

	A	B	C
1	姓名	出生日期	身份证号码
2	张 三	1992/1/1	3.50124E+12
3	李四	20010314	36042219770413433X
4	王小五	1972.01.17	44012719780501422x
5			

图 3-2

3. 挖掘基础

"巧妇难为无米之炊",没有数据,就没有数据挖掘。没有数据处理,就不会有高质量的数据分析、挖掘结果,数据处理是数据分析、挖掘的必经之路。

商务智能或数据挖掘往往会对数据进行探查、抽样,但对象必须是有序、合规的数据,否则无法保证模型应用后结果的合理性。

4. 提高效率

商务智能或数据挖掘工作中,70%的工作量可能都用在数据处理上,其目的是为数据分析和挖掘提供良好的数据质量。有了规范、高质量的数据,将会降低分析的能耗、提高分析的效率和质量。

5. 规范操作

数据处理可以提升信息系统构建的质量,保证未来数据的录入、获取、存储、转换和传输都能够按照逐步改进的各种规则、元数据规范、架构进行,不断提高数据管理的质量。

6. 强化意识

数据处理是数据分析和挖掘的基础。养成良好的数据处理习惯,不仅能够逆向强化对数据的敏感性,而且能够提高数据管理、挖掘和价值提升的意识,从而形成数据可持续利用的良性闭环。

因此,数据处理有时候也称为"数据清理""数据整理",最终目的是为数据分析、挖掘服务。

3.2 数据处理流程

数据处理的基本流程主要包括 8 个方面:

(1)明确目的。明确数据处理的初级(短期)、中级(中期)和最终(长期)目标是什么,对于开展数据处理及未来的分析和挖掘工作至关重要。

(2)确定框架。数据处理框架的确定指的是明确数据处理甚至整个数据分析与可视化的过程、技术路线与规则、阶段性成果等,使得每个阶段的成果检验能够建立在规范性操作流程上。数据处理与分析框架如图 3-3 所示。

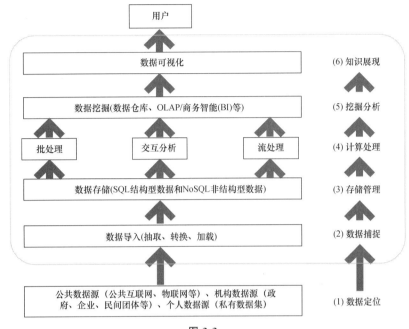

图 3-3

（3）环境准备。根据目的、框架,准备好相应的软件、硬件资源,以及方法、模型等配套资源,形成动态的工具库,为进一步的数据处理作准备。

（4）数据采集。应根据目的、框架、规范采集相关的数据。

（5）数据整理。主要工作是对数据进行清洗,对数据的质量进行严格筛选,通过相关的标准化清洗流程完成错误数据的清洗过滤。

（6）数据转换。把收集整理后的数据转换成其他数据系统（一般指的是数据仓库）能够识别的格式。在转换过程中,要保证数据的含义不变。

（7）数据装载。依据加载流程将数据加载到中心库（如数据仓库）中,由于收集到的数据之间、数据与中心库结构之间存在异构性,因此需要通过加载规则的制定与配置、定时加载等过程来实现数据加载入库工作。

（8）数据应用。数据应用指的是为正式进行数据分析与挖掘提供可用的高质量数据。在正式开展数据分析、挖掘之前,有必要对数据进行进一步的计算（算术、逻辑等运算）,并根据用户可能的需求提供排序、检索等服务。

3.3　利用 Excel 常规功能处理数据

3.3.1　数据录入

第 2 章"数据获取"中介绍了多种数据获取方法,但获取到的数据有可能存在质量问题,需要进行纠偏。通过创建辅助字段等对数据进行重新录入,为后续处理、分析作准备是经常性工作。

数据录入是否能够严格按照目标需求、格式要求进行,是保证数据处理、分析的质量的最基本要求。

1. 快速录入

掌握快速、准确的录入方法,对于提高数据管理效率具有重要意义。

(1)快速编号

如图 3-4 所示,如果在"编号"列添加对应的值,可以采取以下几种方式进行。

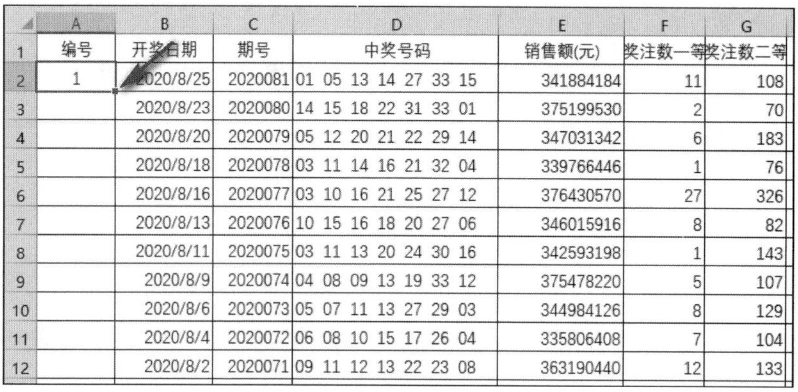

	A	B	C	D	E	F	G
	编号	开奖日期	期号	中奖号码	销售额(元)	奖注数一等	奖注数二等
1	1	2020/8/25	2020081	01 05 13 14 27 33 15	341884184	11	108
2		2020/8/23	2020080	14 15 18 22 31 33 01	375199530	2	70
3		2020/8/20	2020079	05 12 20 21 22 29 14	347031342	6	183
4		2020/8/18	2020078	03 11 14 16 21 32 04	339766446	1	76
5		2020/8/16	2020077	03 10 16 21 25 27 12	376430570	27	326
6		2020/8/13	2020076	10 15 16 18 20 27 06	346015916	8	82
7		2020/8/11	2020075	03 11 13 20 24 30 16	342593198	1	143
8		2020/8/9	2020074	04 08 09 13 19 33 12	375478220	5	107
9		2020/8/6	2020073	05 07 11 13 27 29 03	344984126	8	129
10		2020/8/4	2020072	06 08 10 15 17 26 04	335806408	7	104
11		2020/8/2	2020071	09 11 12 13 22 23 08	363190440	12	133

图 3-4

第一种方法:在起始位置输入起始值,比如"1",双击图 3-4 中箭头所指位置,将该列进行数据填充,并在图 3-5 中箭头所指的位置调用"智能标记",选择其中的"填充序列"。

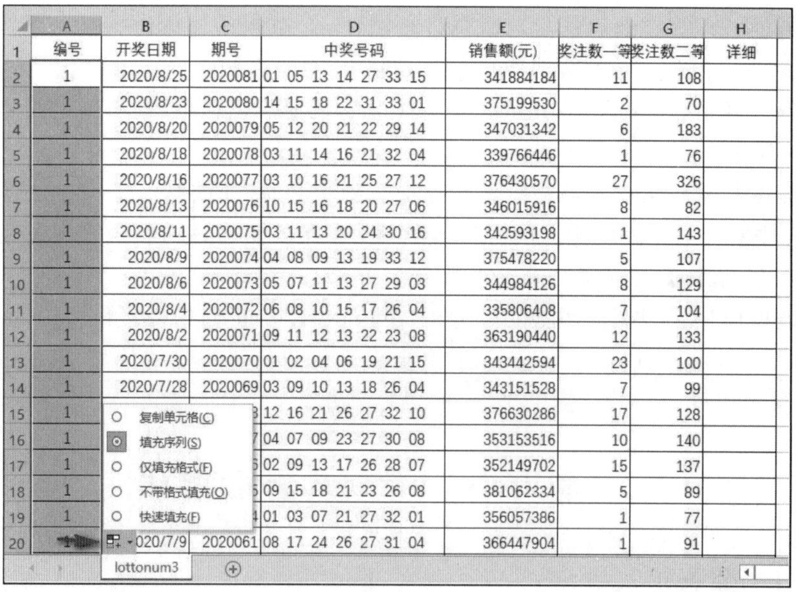

图 3-5

第二种方法:第一种方法带来的问题是数据表中的数据若被删除了某些行,则要重新填充编号,所以,可以采用简单的 row() 函数,使得其变化能够不被删除的数据行所影响,如图 3-6 所示。

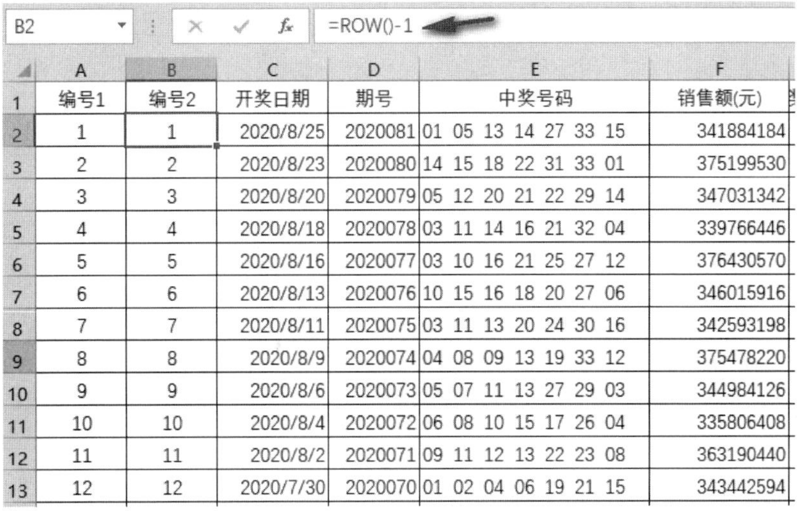

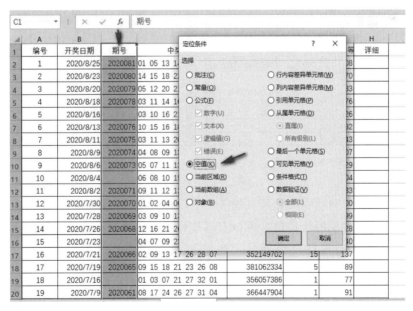

图 3-6

(2) 快速填充

如图 3-7 所示,因为数据爬取不完整,"期号"列可能存在空值。现在需要根据已知的期号,对空值的期号进行填充,则选择"期号"所在的整列数据,使用"CTRL＋G"快捷方式,调用"定位条件",选择其中的"空值"。

图 3-7

当所有空值所在的单元格被选中后，活动光标默认是在第一个定位到的单元格位置，单击函数编辑栏位置，输入公式"＝C5－1"，然后按组合键盘"CTRL＋EN-TER"，即可填充得到比上一个单元格小"1"的数值，如图3-8所示。

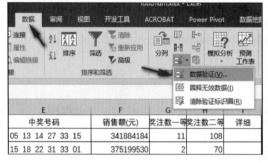

图 3-8

2. 准确录入

（1）保证数据唯一性

如图 3-10 所示，如果要保证"期号"列中的值只能是唯一的，则单击"数据"选项，再单击其菜单栏下的"数据工具"，选择其中的"数据验证"，如图 3-9 所示。

图 3-9　　　　　　图 3-10

在"数据验证"对话框中进行如图 3-10 所示的设置，假设 D2：D2200 是数据所在的区域范围，所使用的公式是"＝COUNTIF（＄D＄2：＄D＄2200,D2）＝1"。

生效后，如果出现重复的期号，系统则会阻止输入并给予提示，如图 3-11 所示。

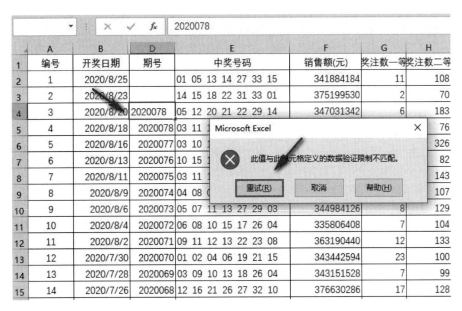

图 3-11

（2）省、市、地区自动切换

有一组数据表，分别表示"销售情况""销售代表""一省多市""多省多市"，如图 3-12 至图 3-15 所示。

图 3-12

图 3-13

直辖市	河北	山西	内蒙古	辽宁	吉林	黑龙江	江苏	浙江
北京	石家庄	太原	呼和浩特	沈阳	长春	哈尔滨	南京	杭州
上海	唐山	大同	包头	大连	吉林	齐齐哈尔	无锡	宁波
天津	秦皇岛	阳泉	乌海	鞍山	四平	鸡西	徐州	温州
重庆	邯郸	长治	赤峰	抚顺	辽源	鹤岗	常州	嘉兴
	邢台	晋城	通辽	本溪	通化	双鸭山	苏州	湖州
	保定	朔州	鄂尔多斯	丹东	白山	佳木斯	南通	绍兴
	张家口	晋中	呼伦贝尔	锦州	松原	伊春	连云港	金华
	承德	运城	巴彦淖尔	营口	白城	大庆	镇江	衢州
	沧州	忻州	乌兰察布	阜新	延边	七台河	盐城	舟山
	廊坊	临汾	兴安	辽阳		牡丹江	扬州	台州
	衡水	吕梁	锡林郭勒	盘锦		黑河	镇江	丽水
			阿拉善	铁岭		绥化	泰州	
				朝阳		大兴安岭	宿迁	
				葫芦岛				

图 3-14

省区	市县	地区
云南	玉溪	西南地区
云南	楚雄	西南地区
云南	西双版纳	西南地区
云南	曲靖	西南地区
云南	临沧	西南地区
云南	保山	西南地区
云南	德宏	西南地区
云南	昆明	西南地区
云南	普洱	西南地区
云南	丽江	西南地区
云南	大理	西南地区
云南	昭通	西南地区
云南	红河	西南地区
云南	怒江	西南地区
云南	文山	西南地区
云南	迪庆	西南地区
内蒙古	通辽	华北地区
内蒙古	包头	华北地区
内蒙古	呼伦贝尔	华北地区
内蒙古	兴安	华北地区
内蒙古	阿拉善	华北地区
内蒙古	乌海	华北地区
内蒙古	锡林郭勒	华北地区
内蒙古	呼和浩特	华北地区
内蒙古	鄂尔多斯	华北地区

图 3-15

在"销售情况"表中,"销售代表"一栏的数据可以通过下拉或输入的方式输入。当输入销售代表姓名后"省份"一栏的数据将会自动调用该销售代表负责的区域,如输入"张颖",则该销售代表负责的直辖市、河北、山西、内蒙古四个选项就会出现在"省份"栏中供选择确认。当"省份"确认后,相应的城市也会出现在"城市"一栏中。当"城市"确认后,则所属的地区会自动出现在"地区"栏中,最后填写销售额即可。下面介绍一下具体的实现过程。

① 创建区域名称

创建区域名称的作用在于将来可快速调用相应的数据区域。如图 3-16 所示,选中A1:H1 区域,然后直接在名称框中输入"负责人"(可使用拼音缩写或英文,如"FZR")后回车。

负责人					f_x 张颖		
张颖	王伟	李芳	郑建杰	赵军	孙林	金士鹏	刘英玫
直辖市	辽宁	江苏	河南	广东	四川	陕西	港澳
河北	吉林	浙江	湖北	广西	贵州	甘肃	台湾
山西	黑龙江	安徽	湖南	海南	云南	青海	
内蒙古		福建			西藏	宁夏	
		江西				新疆	
		山东					

图 3-16

通过 CTRL＋鼠标拖曳的方式(其他方式也可以)同时选中如图 3-17 所示的不同区域,单击"公式"菜单栏中的"根据所选内容创建",在"以选定区域创建名称"

对话框中选择"首行",即以"张颖""王伟"等作为对应区域的名称。

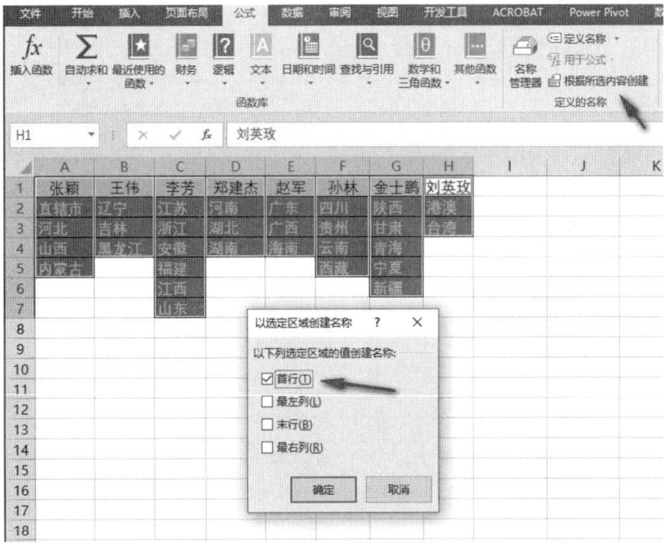

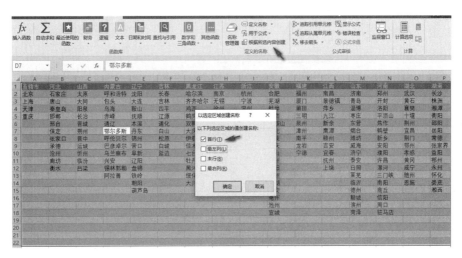

图 3-17

对于"一省多市"表也作类似的操作,如图 3-18 所示。

图 3-18

② 数据验证设置

在"销售情况"表中,选择 A2:A11(假定这是需要填充数据的区域),单击"数据"菜单中的"数据工具"选项,再单击其中的"数据验证",如图 3-19 所示。

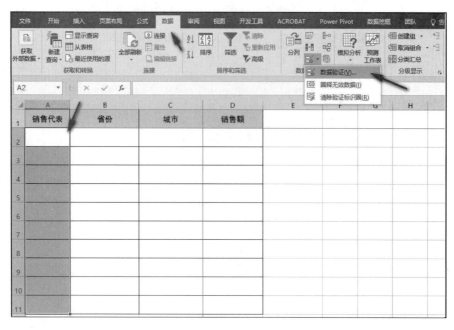

图 3-19

如图 3-20 所示,将"验证条件"中的"允许"选项设置为"序列",并将"来源"选项设置为"=负责人",此处的"负责人"指的是图 3-16 中设置的数据区域。

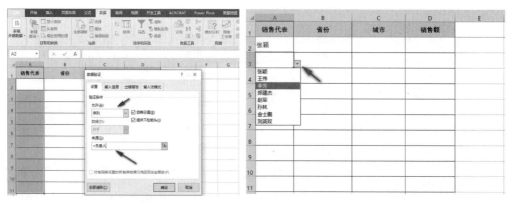

图 3-20   图 3-21

当设置完成后,单击需要输入销售代表姓名的表格区域,就会出现销售代表的姓名列表,如图 3-21 所示。这样在需要输入数据时直接选择即可,保证了输入数据的准确性、规范性。

③ 关联数值设置

选择 B2:B11 区域,参考图 3-19、图 3-20,"来源"选项中输入公式"=INDI-RECT(A2)",如图 3-22 所示。

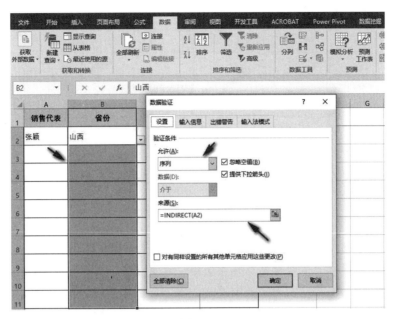

图 3-22

设置完成后，单击相应的数据区域，就可从下拉列表中选择所需添加的数据，而列表中的数据根据 A 列中销售代表的变化而变化。

同理，选择 C2：C11 区域后进行类似的操作，如图 3-23 所示。

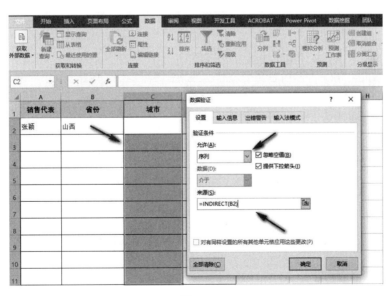

图 3-23

设置完成后，假设当 B2 单元格所选的数据是"山西"，则 C2 单元格中的下拉列表就是属于山西省的相应市县，如图 3-24 所示。

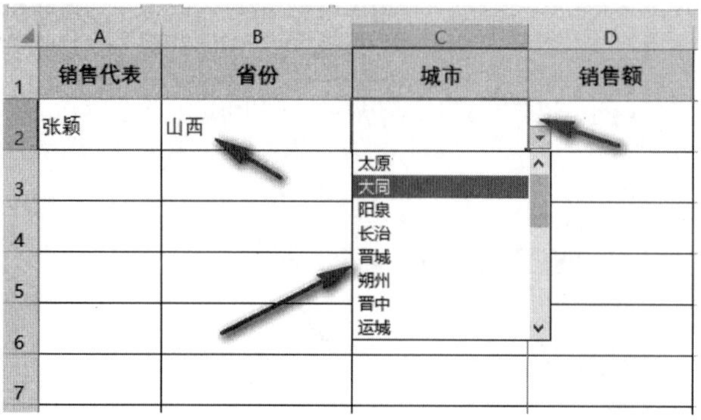

	A	B	C	D
1	销售代表	省份	城市	销售额
2	张颖	山西		
3				
4				
5				
6				
7				

图 3-24

④ 自动填写所属区域

如图 3-25 所示，根据填写的省份或城市，可以自动填写该省份或城市所在的区域，但所引用的值在“多省多市”那张表中。在 E2 单元格输入公式“=VLOOKUP(B2，多省多市！A：C，3，0)”，回车后，将公式填充到 E11 单元格，只要“省份”列中存在对应的数据，那么“区域”列中的对应单元格就有相应的所属区域填充。

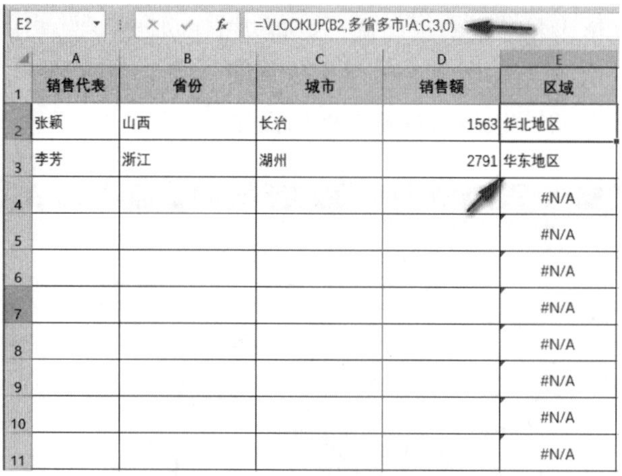

	A	B	C	D	E
1	销售代表	省份	城市	销售额	区域
2	张颖	山西	长治	1563	华北地区
3	李芳	浙江	湖州	2791	华东地区
4					#N/A
5					#N/A
6					#N/A
7					#N/A
8					#N/A
9					#N/A
10					#N/A
11					#N/A

图 3-25

本例所涉及的方法可以在对数据进行整理的过程中使用，如在数据表中添加某个属性，以此增加数据分析的维度。

3.3.2 数据定位

数据定位对于数据探查、处理非常重要，如对于一些异常值、空值、错误值等的定位，能够提高数据处理的效率。

下面分别以 Excel 和 Python 应用为例讲解数据定位的应用。

Excel 应用中，数据定位分为以下几种：

1. 单元格常规定位

Excel 中最基本的定位方法是单元格定位法，包括：

（1）相对引用，如"＝A2：B2"；

（2）绝对引用，如"＝＄A＄2：＄B＄2"；

（3）混合引用，如"＝＄A2：B＄2"。

单元格定位法可从其他教材、网络资源获取，在此不作赘述。

2. 名称定位

如图 3-17 所示，用首行的数据为选中的其他区域定义相关名称。在该工作簿的任何一个工作表的名称框中输入"李芳"并回车后，C2：C7 单元格区域就被选中了，因为之前的命名操作已经将该区域命名为"李芳"，如图 3-26 所示。

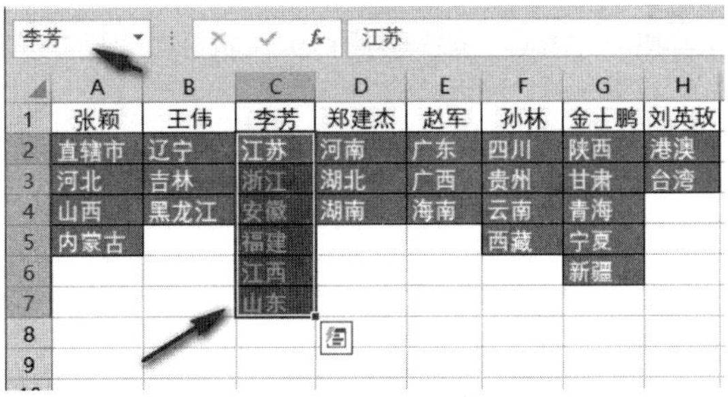

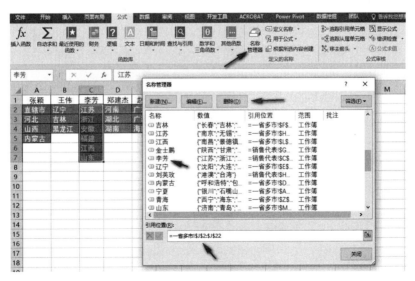

图 3-26

如果需要对名称所引用的单元格区域进行修改，则单击"公式"菜单，选择菜单栏选项中的"名称管理器"，在打开的对话框中，对名称及其指向的区域进行增、删、改操作，如图 3-27 所示。

图 3-27

3. 条件定位

如图 3-7 所示，对于数据还可以根据目标的特征进行定位，即按照条件定位，如要查找并选中空值所在的单元格，或者公式、文本所在的单元格等，均可通过条件定位来实现。

在 Excel 中，快速启用条件定位的快捷键是"CTRL＋G"。其具体使用方法在此不再赘述。

在 Python 中，经常会对空值（null）或一些异常值进行定位并填充为其他值。如图 3-28 所示，在对 NBA 球队数据文件"nbamergeall. xlsx"进行读取后，其中有个字段"ischampion"存在大量的"NaN"，也就是空值。

```
In [4]:   1  import pandas as pd
          2  nba=pd.read_excel('nbamergeall.xlsx')
          3  nba['ischampion']

          0    NaN
          1    NaN
          2    NaN
          3    NaN
          4    NaN
               ..
          713  NaN
          714  NaN
          715  NaN
          716  NaN
          717  NaN
          Name: ischampion, Length: 718, dtype: float64
```

图 3-28

若要对该字段下的空值进行填充，则执行如图 3-29 所示的代码，即可完成定位和填充的任务。结果是将空值填充为"0"。

```
In [6]:   1  nba2=nba.fillna({'ischampion':0})
          2  nba2['ischampion']

          0    0.0
          1    0.0
          2    0.0
          3    0.0
          4    0.0
               ...
          713  0.0
          714  0.0
          715  0.0
          716  0.0
          717  0.0
          Name: ischampion, Length: 718, dtype: float64
```

图 3-29

3.3.3 数据拆分

在数据处理过程中，因为数据的维度（主要指属性）与粒度过于粗放，或过于细致，经常要对已经采集的数据进行拆分与合并。

数据拆分包括将一个数据表拆分为多个数据文件或多个数据表，称为文件级拆分；也包括将数据表中的某个属性拆分为多个属性，称为属性级拆分。文件级拆分将在 4.2.1"拆分数据"一节进行介绍，本章节将探讨属性级的数据拆分。

数据拆分的原因可能是原本的维度不可分，但数据混乱，需要从中提取所需的数据。数据属性拆分在数据处理中比较常见，比如将日期属性拆分成为年、月、日等，将详细地址属性拆分为国家或地区、省份、城市、县等。

本节主要以 Excel、Python 为例，讲解数据拆分的主要方式与用途。

1. 数据分列

（1）两端对齐。如果存在多行，宽度足够，可以将多行合并为一行；如果是单行，则刚好相反。

在 Excel 中，对数据进行拆分的方法很多，如函数法、"CTRL＋E"快速填充方法等，其中对数据直接使用"分列"的功能最为常见。如图 3-30 所示，在 A 列中有若干记录，但该记录下的数据很明显是多个维度连接在一起的字符串。

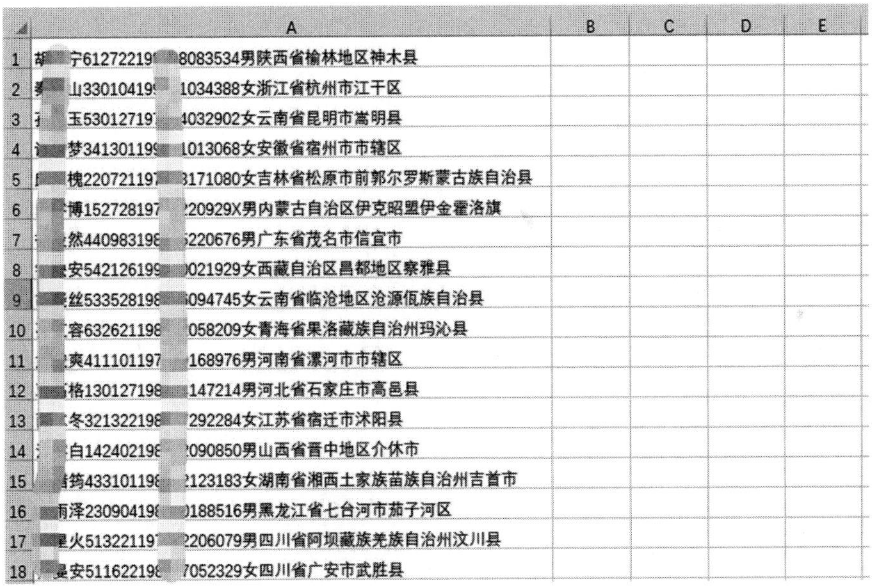

图 3-30

现需要从中提取姓名、身份证号、性别等数据维度，选中 A 列后，单击"数据"菜单下的"分列"选项，在"文本分列向导"对话框中根据数据特征选择合适的分列方法，如固定宽度的方法，如图 3-31 所示。

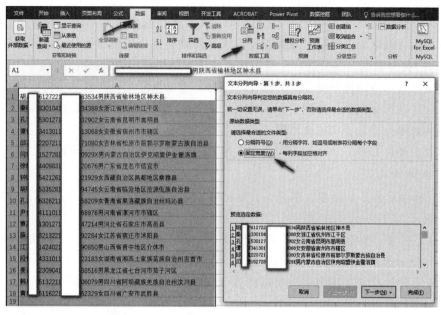

图 3-31

（2）根据本数据特征，在合适的宽度位置单击，形成分隔线符，如图 3-32 所示。

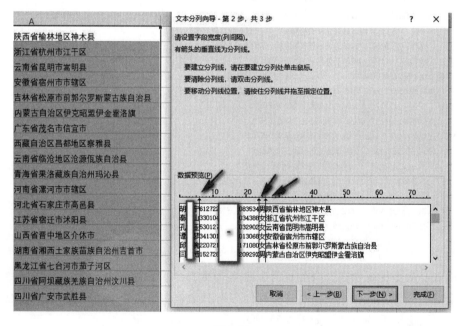

图 3-32

（3）在对话框中选择分列后每个维度的数据类型、长度、目标存储位置，如图 3-33 所示。

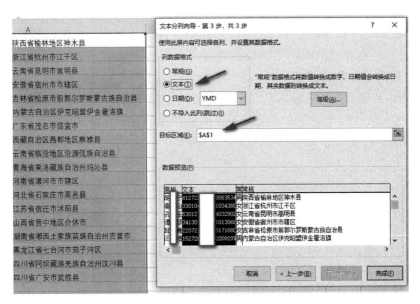

图 3-33

　　（4）单击"完成"后，数据就根据之前的分列设置，拆分到对应的列中，如图 3-34 所示。其中，身份证号大部分是全数字类型，若不如图 3-33 所示将其设置为文本类型，将会导致显示异常。

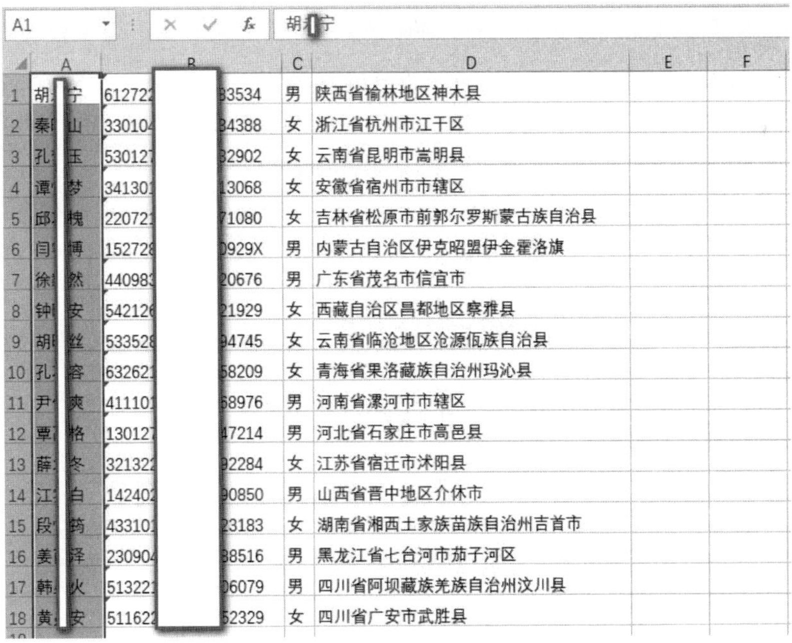

图 3-34

2. 快速填充（Excel 2013 及以上版本）

利用"CTRL＋E"快捷方式，对已有数据进行部分提取，也可以起到数据拆分的作用，而且对原有数据不产生影响，同时也无需产生新的公式。在图 3-30 的 B1、B2 中输入 A 列要提取的数据，如"胡＊宁""秦＊山"（为保护隐私，隐去部分文字，在实际操作中按照真实姓名输入），当 B2 单元格中的数据正确输入后，默认情况下，B3 开始的单元格数据将会自动出现来自于 A 列中希望被提取到 B 列的对应数据，观察后，直接回车，数据就会被提取到 B 列，如图 3-35 所示。

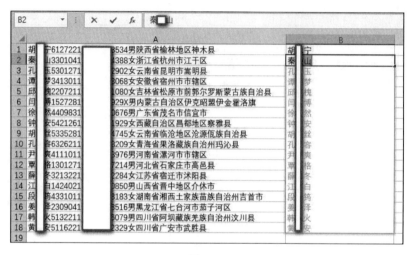

图 3-35

本例中，如果不会自动出现需要填充的数据，则在 B1、B2 单元格已经正确填充数据的基础上，选中 B1：B18，然后按快捷键"CTRL＋E"，往往也可以得到相同的效果。

注意：使用"CTRL＋E"快捷方式对数据进行提取或整理的最终效果，取决于原始数据的质量。

3. 利用函数拆分

利用常规函数的嵌套混合应用，可以将如图 3-36 所示的题库拆分为题干和选项，拆分公式如下：

题干拆分公式：＝LEFT(A2,FIND("A",A2)－1)

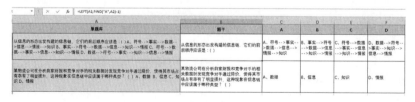

图 3-36

选项 A 拆分公式：＝MID(A2,FIND(C1,A2),FIND(D1&"、",A2)－FIND(C1,

A2))

如图 3-36 示，在 C 列的 A 属性下，输入选项 A 的拆分公式后，向右拖曳填充公式到 E 列（即属性 C 所在列），得到 A、B、C 三项。

改进选项 A 的拆分公式：＝MID（＄A2，FIND（C＄1，＄A2），FIND（D＄1&"、"，＄A2）−FIND（C＄1，＄A2））

D 选项拆分公式：＝MID（＄A2，FIND（F＄1，＄A2），LEN（A2）−LEN（B2&C2&D2））

3.3.4　数据合并

数据合并包括将多个数据表合并为一个数据文件或一个数据表，称为文件级合并；也包括将数据表中的多个属性合并为一个属性，称为属性级合并。文件级合并将在下一章节中进行介绍。本章节将探讨属性级的数据合并。例如，将年、月合并为如"202010"等属性值，将年、季度合并为如"2020Q1"等属性值。

数据拆分与合并的主要目的是通过调整数据的维度（主要指属性）与粒度粗细，进行数据的观察、分析。

本节以 Excel 为例，通过以下几种常规方法进行数据合并：

1. 单元格组合

以身份证数据材料为例，通过相对引用可以将原来分隔开的数据列合并在一起。通过引用单元格进行数据合并，是常见的方式。如图 3-37 所示，将姓名和性别两个字段组成一个新属性。

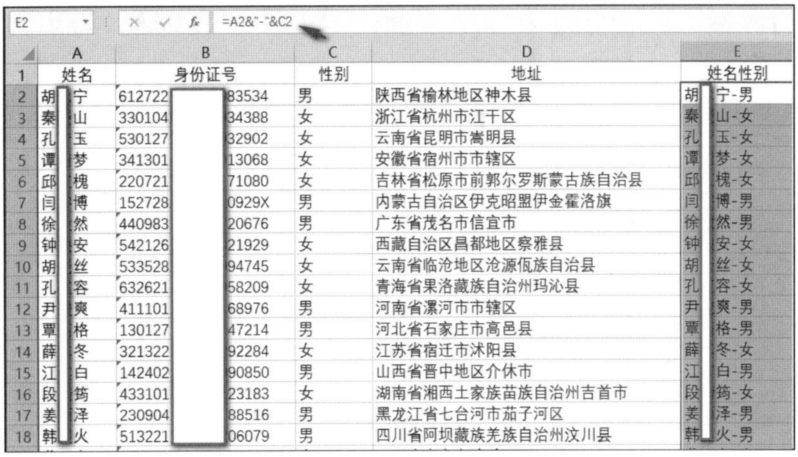

图 3-37

2. 快速填充（Excel 2013 及以上版本）

使用上文中应用到的"CTRL＋E"快捷方式，也可以对数据进行合并，唯一不同之处在于将两个属性列的值写在一个目标单元格中，选中需要填充的单元格区域后按"CTRL＋E"。在正常情况下，Excel 会在第二个单元格，如 E3 输入"秦＊山一"

的时候，则从 E4 单元格开始自动预填充相应数据，此时只要直接回车即可，如图 3-38 所示。

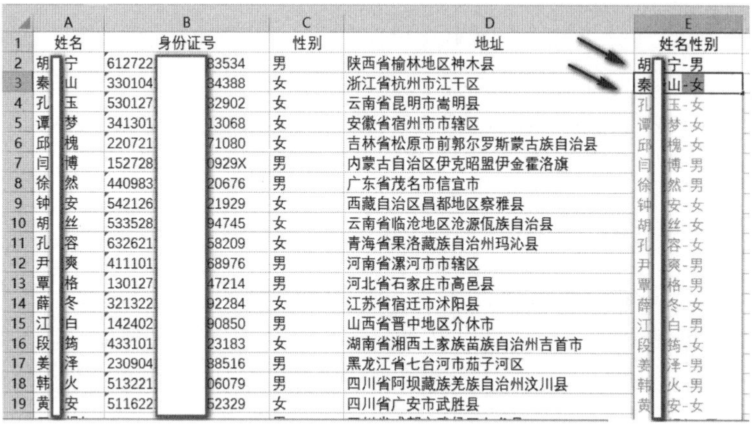

	A	B	C	D	E
1	姓名	身份证号	性别	地址	姓名性别
2	胡 宁	612722 83534	男	陕西省榆林地区神木县	胡 宁-男
3	秦 山	330104 34388	女	浙江省杭州市江干区	秦 山-女
4	孔 玉	530127 32902	女	云南省昆明市嵩明县	孔 玉-女
5	谭 梦	341301 13068	女	安徽省宿州市市辖区	谭 梦-女
6	邱 槐	220721 71080	女	吉林省松原市前郭尔罗斯蒙古族自治县	邱 槐-女
7	闫 博	152728 0929X	男	内蒙古自治区伊克昭盟伊金霍洛旗	闫 博-男
8	徐 然	440983 20676	男	广东省茂名市信宜市	徐 然-男
9	钟 安	542126 21929	女	西藏自治区昌都地区察雅县	钟 安-女
10	胡 丝	533528 94745	女	云南省临沧地区沧源佤族自治县	胡 丝-女
11	孔 容	632621 58209	女	青海省果洛藏族自治州玛沁县	孔 容-女
12	尹 爽	411101 68976	男	河南省漯河市市辖区	尹 爽-男
13	覃 格	130127 47214	男	河北省石家庄市高邑县	覃 格-男
14	薛 冬	321322 92284	女	江苏省宿迁市沭阳县	薛 冬-女
15	江 白	142402 90850	男	山西省晋中地区介休市	江 白-男
16	段 筠	433101 23183	女	湖南省湘西土家族苗族自治州吉首市	段 筠-女
17	姜 泽	230904 88516	男	黑龙江省七台河市茄子河区	姜 泽-男
18	韩 火	513221 06079	男	四川省阿坝藏族羌族自治州汶川县	韩 火-男
19	黄 安	511622 52329	女	四川省广安市武胜县	黄 安-女

图 3-38

3. 利用函数合并数据

比如，利用 PHONETIC 函数进行数据合并，但该函数只能加载一个参数，所以针对多个单元格就只能使用连续的区域空间。该函数实际上是针对日语拼音，但可以用在数据合并上。具体如图 3-39 所示。

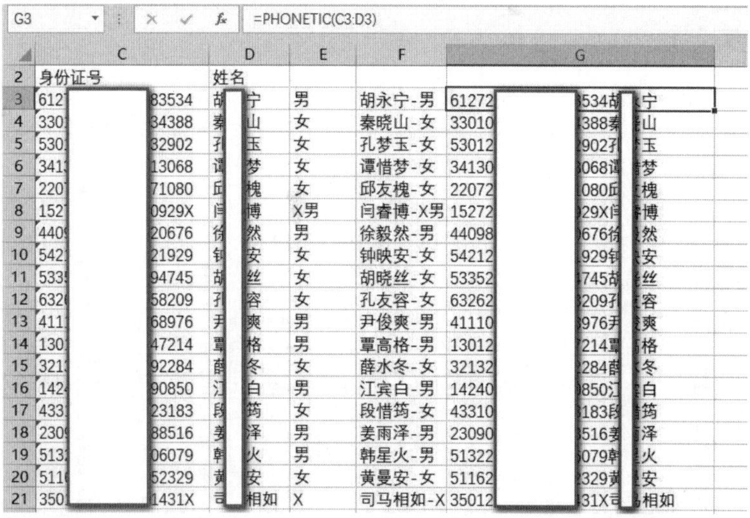

G3 =PHONETIC(C3:D3)

	C	D	E	F	G
2	身份证号	姓名			
3	612 83534	胡 宁	男	胡永宁-男	61272 534胡 宁
4	330 34388	秦 山	女	秦晓山-女	33010 388秦 山
5	530 32902	孔 玉	女	孔梦玉-女	53012 902孔 玉
6	341 13068	谭 梦	女	谭惜梦-女	34130 068谭 梦
7	220 71080	邱 槐	女	邱友槐-女	22072 080邱 槐
8	152 0929X	闫 博	X男	闫春博-X男	15272 29X闫 博
9	440 20676	徐 然	男	徐毅然-男	44098 676徐 然
10	542 21929	钟 安	女	钟映安-女	54212 929钟 安
11	533 94745	胡 丝	女	胡晓丝-女	53352 745胡 丝
12	632 58209	孔 容	女	孔友容-女	63262 209孔 容
13	411 68976	尹 爽	男	尹俊爽-男	41110 976尹 爽
14	130 47214	覃 格	男	覃高格-男	13012 214覃 格
15	321 92284	薛 冬	女	薛水冬-女	32132 284薛 冬
16	142 90850	江 白	男	江宾白-男	14240 850江 白
17	433 23183	段 筠	女	段惜筠-女	43310 183段 筠
18	230 88516	姜 泽	男	姜雨泽-男	23090 516姜 泽
19	513 06079	韩 火	男	韩星火-男	51322 079韩 火
20	511 52329	黄 安	女	黄曼安-女	51162 329黄 安
21	350 1431X	司 相如	X	司马相如-X	35012 31X司 相如

图 3-39

在新版本 Excel 中，可使用 CONCATENATE 函数进行不同区域的数据合并，具体使用方法可参考 PHONETIC 函数。

3.3.5　数据分类

数据分类的目的是创建新的参考变量，如将省份从源数据表中抽取出来，并增加区域的特性，源数据表可以与省份区域表建立联系，并按需显示区域变量。数据分类不仅有利于减少冗余量，还可以为数据分析提供更加灵活的观察维度。

Excel 环境下，数据的快速分类有以下几种：

1. 删除重复值法

在 Excel 中调用"数据"菜单下删除重复值的功能。比如，要删除中国电影票房中电影片名重复的数据记录，如图 3-40 所示。

图 3-40

重复值删除后将会有一个报告，告知删除的重复值记录和剩下的唯一值数据，如图 3-41 所示。

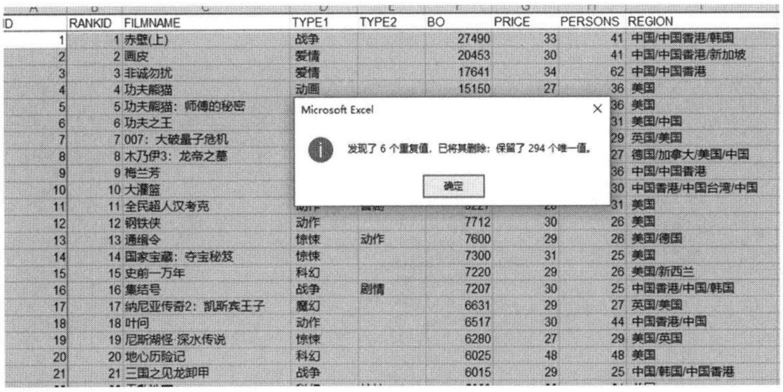

图 3-41

通过删除重复值方法可以获取某属性的唯一值，如省份、专业、电影的类型，但删除重复值操作是破坏性的、不可逆的，所以删除重复值操作之前要注意保留源数据表，之后删除留下的空值（NULL）记录。

注意：对数据进行破坏性操作之前，一般要对原始数据进行增加副本的操作，以便为后续的数据处理和分析提供可靠的参照系，这是一个良好的数据处理习惯。

2. 分类汇总法

分类汇总法需要先排序，如图 3-40 所示，要了解电影类型属性 TYPE1 中有几类电影，则需要先对 TYPE1 属性进行排序，然后调用"数据"菜单下的分类汇总功能，如图 3-42 所示。

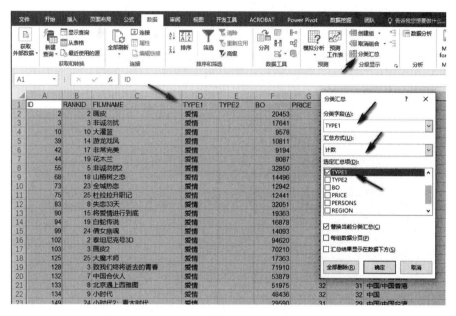

图 3-42

分类汇总后在二级视图中可以看到电影类型的种类（当然也包括计数、求和等分类汇总操作结果），如图 3-43 所示。

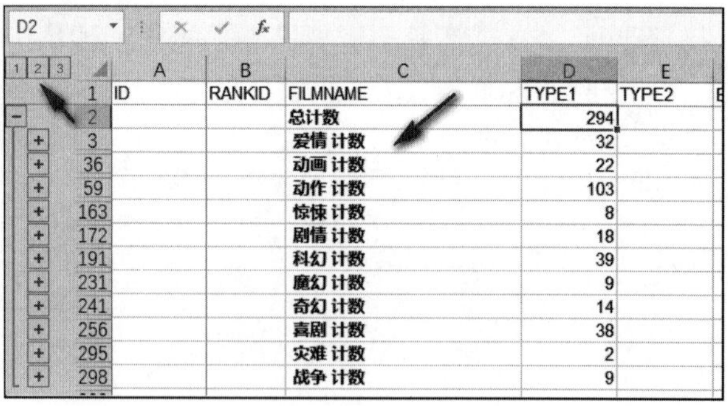

图 3-43

通过"CTRL＋G"调用按条件定位，选择对可见单元格进行定位，就可以获取电影类型 TYPE1 的唯一值，为数据模型的建立提供支持。

3. 数据透视表法

通过数据透视表法获取某属性下的唯一值，是在不破坏原表数据的情况下进行的。与删除重复值法或分类汇总法相比，数据透视表法效率更高，产生的冗余数据更少。如图 3-44 所示，调用"插入"菜单中的数据透视表功能，将电影属性 TYPE1 作为行标签即可。

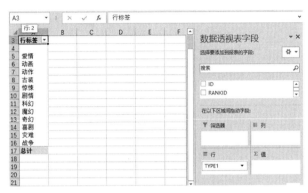

图 3-44

3.3.6　数据重置

原始数据因为输入、计量单位等不规范，可能导致数据不符合规定，如缺失值和噪音（主要指异常值等）都会影响后续数据分析的有效性。

对不规范数据进行重置的方法主要包括标注、数值重置、删除等。

1. 不规范数据的重置

常见的不规范数据包括以下几种，如图 3-45 所示。

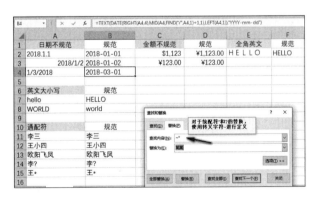

图 3-45

（1）日期

这时主要利用分隔符对日期数据进行调整。参考公式：B2 单元格＝TEXT(SUB-STITUTE(A2,"."，"-")，"yyyy-mm-dd")。

（2）金额

这时主要通过会计专用货币单位、千分位分隔样式等调整，或者通过 TEXT 等函数完成，如图 3-46 所示。

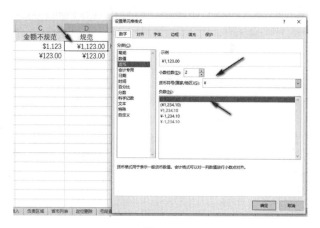

图 3-46

（3）全角英文

这时主要通过 ASC 函数将指定的数据转换为半角。参考公式：F2 单元格＝ASC（E2）。

（4）英文大小写

UPPER 函数：将小写字母转换为大写；

LOWER 函数：将大写字母转换为小写；

PROPER 函数：将英文单词的第一个字母转换为大写，其他字母转换为小写。

（5）通配符

如果数据中含有常见的"＊"或者"?"等通配符，可通过使用转义字符"～"来进行定位查找，如图 3-45 所示。

2. 标注

严格来说，根据数据特征进行标注不是从根本上对不规范数据进行修正，而是对数据的识别强化，识别的结果可以转换为新的维度。

（1）根据阈值范围进行判断

如果要判断成绩是否高于 80 分，若使用 A2＞80 公式，则获取的结果是 True 或 False 布尔值；若使用－－（A2＞80）公式，则可直接获取 0 或 1 的整型数值，如图 3-47 所示，这样更有利于后期的数据观察和分析。

（2）利用条件格式

标注后，可对颜色进行排序，以利于进一步的数据处理，在此不再赘述。

3. 纵横重置

（1）粘贴转置

具体操作如下：先复制所需要转置的数据，光标置于新单元格位置，单击"粘贴"下拉菜单中的转置功能，如图 3-48 所示。

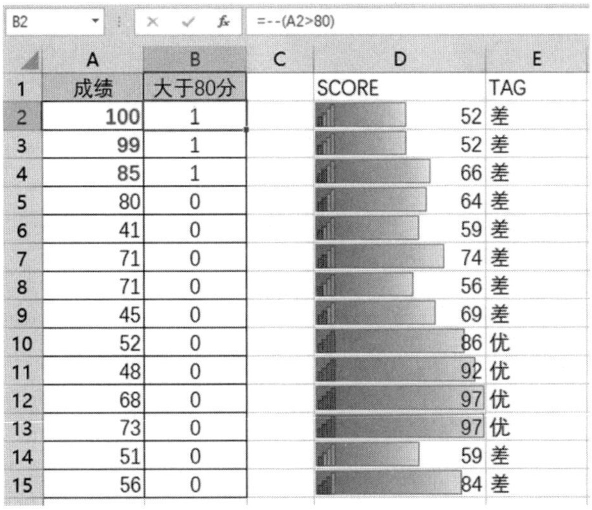

图 3-47

图 3-48　　　　　　　　　　　　　　　图 3-49

（2）特殊转置

具体操作如下：利用单元格引用，将一维数据变为二维数据，如图 3-49 所示。

4. 数据规范化分类

数据规范化的目的是避免某些属性的影响大于其他属性，或者减少数据量。可通过以下几种方法对数据进行规范化分类。

（1）最小—最大法

假设新区间是 $[L,R]$，原来的取值范围是 $[l,r]$，根据等比例映射原理，一个值 x 映射到新区间的值 v 的计算公式是：

$$v = ((x-l)/(r-l))(R-L)+L$$

如图 3-50 所示，如果某产品的销售额是 50 万元，假设新区间是 $[0,1]$，原来的取值区间是 $[3,90]$，则规范化后的值是：

$$v=((50-3)/(90-3))(1-0)+0=47/87=0.54$$

B2 =(A2-$F$2)/($G$2-$F$2)

	A	B	C	D	E	F	G	H
1	单价	最小-最大	等距离(10)	等比例(9)		l	r	I
2	0.0474	0.00	[0,88)	1		0.0474	878.18	87.81326
3	0.5894	0.00	[0,88)	1				
4	6.0447	0.01	[0,88)	1				
5	9.7072	0.01	[0,88)	1				
6	10.44	0.01	[0,88)	1				
7	12.94	0.01	[0,88)	1				
8	21.12	0.02	[0,88)	1				
9	21.76	0.02	[0,88)	1				
10	48.22	0.05	[0,88)	1				
11	72.41	0.08	[0,88)	2				
12	78.95	0.09	[0,88)	2				
13	83.21	0.09	[0,88)	2				

图 3-50

（2）分箱离散法

这是将连续取值转换为区间取值的方法，分为等距离分箱与等频率分箱。

① 等距离分箱即等宽度分箱。如果给定的数据 A 最小值和最大值分别为 min 和 max，若区间个数是 k，则每个区间的间距为 $I=(\max-\min)/k$，区间分别为[min, min+I)，[min,min+2I)，…，[min,min+($k-1$)I)，[min，min+kI)。

② 等频率分箱即等深度分箱。也就是将每个取值映射到一个区间，每个区间内包含的取值个数大致相同。

假设有一组 15 个销售数据：20、24、31、32、44、46、53、61、85、93、101、141、155、178、200。利用等距离分箱，假设区间个数为 4，则区间间距是(200－20)/4＝45，则 4 个箱的区间分别是[20,65)，[65,110)，[110,155)，[155,200)。原来的销售数据映射到区间的结果为[20,24,31,32,44,46,53,61)，[85,93,101)，[141,155)，[178,200)，如图 3-51 所示。

K4 单元格参考公式：＝"["&ROUNDUP(J4,)&","&ROUNDDOWN(J5,)&")"。

C2 =VLOOKUP(A2,$J$2:$K$13,2,1)

	A	B	C	D	E	F	G	H	I	J	K
1	单价	最小-最大	等距离(10)	等比例(9)		l	r	I			
2	0.0474	0.00	[0,88)	1		0.0474	878.18	87.81326		区间	文本表示
3	0.5894	0.00	[0,88)	1					0	0	[0,88)
4	6.0447	0.01	[0,88)	1					1	88	[88,175)
5	9.7072	0.01	[0,88)	1					2	176	[176,263)
6	10.44	0.01	[0,88)	1					3	263	[264,351)
7	12.94	0.01	[0,88)	1					4	351	[352,439)
8	21.12	0.02	[0,88)	1					5	439	[440,526)
9	21.76	0.02	[0,88)	1					6	527	[527,614)
10	48.22	0.05	[0,88)	1					7	615	[615,702)
11	72.41	0.08	[0,88)	2					8	703	[703,790)
12	78.95	0.09	[0,88)	2					9	790	[791,878)
13	83.21	0.09	[0,88)	2					10	878	[878,890)
14	85.59	0.10	[0,88)	2							
15	101.29	0.12	[88,175)	2							
16	118.02	0.13	[88,175)	2							
17	163.27	0.19	[88,175)	2							
18	175.49	0.20	[88,175)	2							
19	178.81	0.20	[176,263)	2							

图 3-51

利用等频率分箱，4 个箱的值分别为[20,24,31,32]，[44,46,53,61]，[85,93,

101]，[141，155，178，200]，那么，属于一个区间的每个值都可以用区间代替，也可以用 1、2、3、4 四个数代表四个区间，那么四个区间内的值就分别用这四个数来替代，如图 3-52 所示。

D2　=ROUNDUP((ROW()-1)/9,)

	A	B	C	D	E
1	单价	最小-最大	等距离(10)	等比例(9)	
2	0.0474	0.00	[0,88)	1	
3	0.5894	0.00	[0,88)	1	
4	6.0447	0.01	[0,88)	1	
5	9.7072	0.01	[0,88)	1	
6	10.44	0.01	[0,88)	1	
7	12.94	0.01	[0,88)	1	
8	21.12	0.02	[0,88)	1	
9	21.76	0.02	[0,88)	1	
10	48.22	0.05	[0,88)	1	
11	72.41	0.08	[0,88)	2	
12	78.95	0.09	[0,88)	2	

图 3-52

3.3.7　数组计算

利用 Excel 进行数据计算，最常见的是在单元格中输入公式。常规计算方法此处不作赘述，这里主要介绍如何在 Excel 中进行一些数组的基础计算，为后续学习奠定基础。

1. 数组加减运算

这里以成绩表为例，原始数据如图 3-53 所示。

作业	试卷	总分	总分+5
23	42		
14	58		
35	30		
40	33		
10	55		
13	54		
30	41		
21	32		
30	45		
29	48		

图 3-53

若要计算总分超过 70 分的总人数，则参考公式如图 3-54 所示。

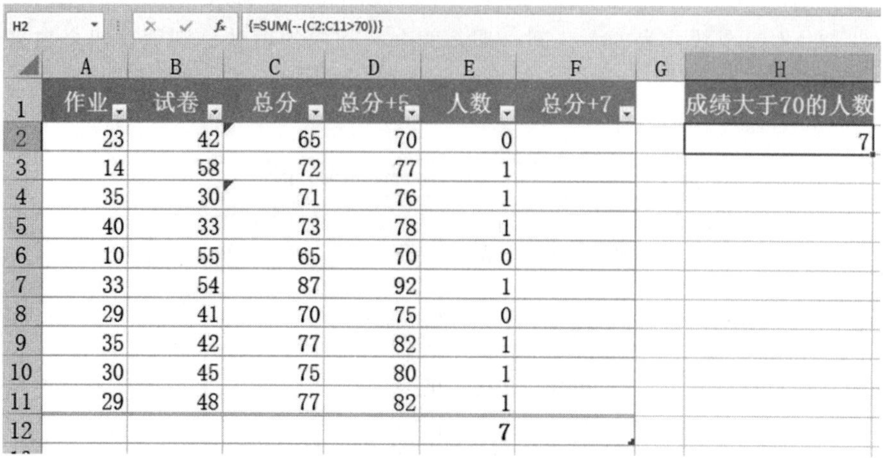
H2 {=SUM(--(C2:C11>70))}

	A	B	C	D	E	F	G	H
1	作业	试卷	总分	总分+5	人数	总分+7		成绩大于70的人数
2	23	42	65	70	0			7
3	14	58	72	77	1			
4	35	30	71	76	1			
5	40	33	73	78	1			
6	10	55	65	70	0			
7	33	54	87	92	1			
8	29	41	70	75	0			
9	35	42	77	82	1			
10	30	45	75	80	1			
11	29	48	77	82	1			
12					7			

图 3-54

注意，公式{＝sum(－－(C2:C11＞70))}中的大括号不是手工输入，而是在公式编辑栏中输入大括号中的计算公式后，同时按下“CTRL＋SHIFT＋ENTER”快捷键得到的。

本例子中，如果要使用 COUNT 方法计算满足某条件的个数，比如＝COUNT(E2:E11)，则前提是 E 列的计算公式为：＝－－(C2＞70)^0。

若要在 D12 单元格计算每个人总分加 5 分以后的成绩，参考公式为：＝SUM(C2:C11＋5)，同时按下“CTRL＋SHIFT＋ENTER”快捷键即可得到。通过选择公式编辑栏中的 C2：C11，按 F9 可得到如图 3-55 所示的结果，可以清楚地看到 C2：C11 转换为一维数组，之后各自＋5，最后再进行求和。

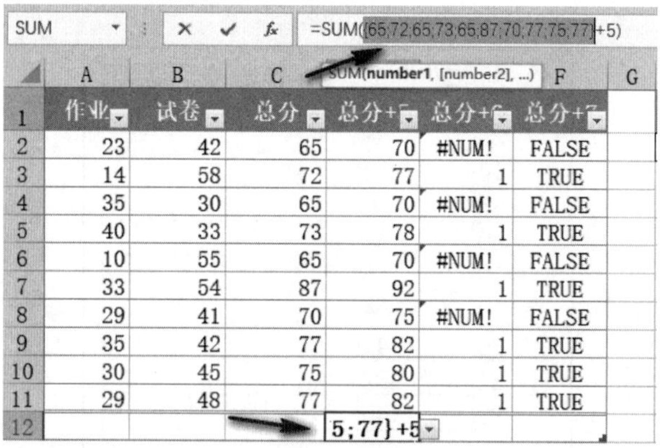
SUM =SUM({65;72;65;73;65;87;70;77;75;77}+5)

	A	B	C	D	E	F	G
1	作业	试卷	总分	总分+5	总分+6	总分+7	
2	23	42	65	70	#NUM!	FALSE	
3	14	58	72	77	1	TRUE	
4	35	30	65	70	#NUM!	FALSE	
5	40	33	73	78	1	TRUE	
6	10	55	65	70	#NUM!	FALSE	
7	33	54	87	92	1	TRUE	
8	29	41	70	75	#NUM!	FALSE	
9	35	42	77	82	1	TRUE	
10	30	45	75	80	1	TRUE	
11	29	48	77	82	1	TRUE	
12				5;77}+5			

图 3-55

2. 数组乘除运算

参考前面的数组加减运算，Excel 中数组计算的重点是能否将一般公式转换为数组公式以及如何转换。

如图 3-56 所示，通过数组方式计算总销售额，参考公式为：＝SUM(C2:C28 *

D2:D28)，同样需要通过同时按下“CTRL＋SHIFT＋ENTER”快捷键将其转换为数组公式。类似的计算公式为：＝{A2:A6＊B1:F1}，如图 3-57 所示。

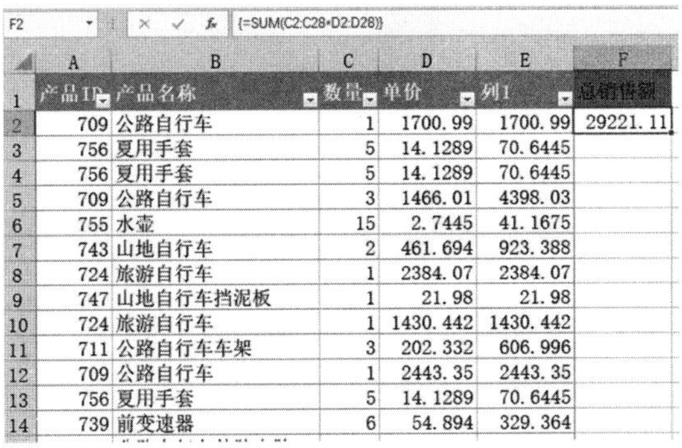

F2　{=SUM(C2:C28*D2:D28)}

	A	B	C	D	E	F
1	产品ID	产品名称	数量	单价	列1	总销售额
2	709	公路自行车	1	1700.99	1700.99	29221.11
3	756	夏用手套	5	14.1289	70.6445	
4	756	夏用手套	5	14.1289	70.6445	
5	709	公路自行车	3	1466.01	4398.03	
6	755	水壶	15	2.7445	41.1675	
7	743	山地自行车	2	461.694	923.388	
8	724	旅游自行车	1	2384.07	2384.07	
9	747	山地自行车挡泥板	1	21.98	21.98	
10	724	旅游自行车	1	1430.442	1430.442	
11	711	公路自行车车架	3	202.332	606.996	
12	709	公路自行车	1	2443.35	2443.35	
13	756	夏用手套	5	14.1289	70.6445	
14	739	前变速器	6	54.894	329.364	

图 3-56

B2　{=A2:A6*B1:F1}

	A	B	C	D	E	F
1		1	2	3	4	5
2	1	1	2	3	4	5
3	2	2	4	6	8	10
4	3	3	6	9	12	15
5	4	4	8	12	16	20
6	5	5	10	15	20	25

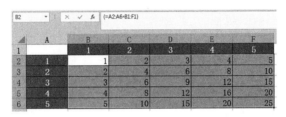

图 3-57

3.4　利用 Excel 函数处理数据

什么是函数？它是软件开发人员基于对业务的理解，利用特定语言程序，在规范化语法支持下，编写的能够实现业务目标、解决问题与难题等的一段程序代码，并将其封装为某个对象，以利于使用者调用、重用。

函数往往是封装好的有机代码，使用者调用时一般都需要输入相应的参数，以使其更有意义。除了参数的应用方法多种多样，函数的嵌套使用也会给数据处理带来更多不同的体验。

利用函数进行数据处理是数据分析软件应具备的功能，也是数据分析人员应拥有的能力。关于 Excel 中的函数应用前文已有一些阐述，本节将从 Excel 的常用函数、特定函数入手，讲解函数在数据处理过程中的使用方法。

3.4.1　常用函数

常用函数包括使用频率较高的各类聚合函数如 SUM、COUNT、AVERAGE 等，以及逻辑运算函数如 NOT、AND、OR 等。

1. SUM 函数

（1）基础计算

如图 3-58 所示，学生最终成绩来自 F、G 和 H 三列，通过向导，对公式 ＝sum(F2:G2,H2)进行检查。

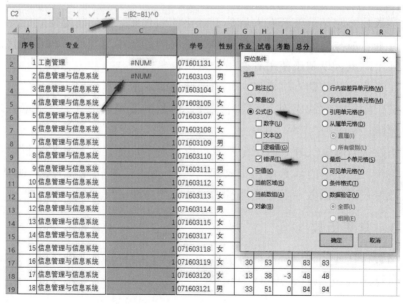

图 3-58

（2）合并计算

为了更加系统地理解函数，此处的合并计算并不使用分类汇总或其他方法，而是利用单元格合并、逻辑运算、聚合计算等公式。

如图 3-59 所示，单元格 C2＝(B2＝B1)^0，如果条件不满足则会得到错误值，再利用"CTRL＋G"定位找到公式中错误所在的单元格，插入空行，并删除不需要的辅助行、列，如图 3-60 所示。

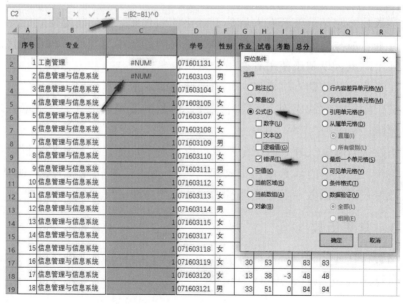

图 3-59

图 3-60

再通过"CTRL＋G"定位 B 列中的空值单元格,在地址栏输入"小计",按"CTRL＋ENTER"之后得到填充值,如图 3-61 所示。

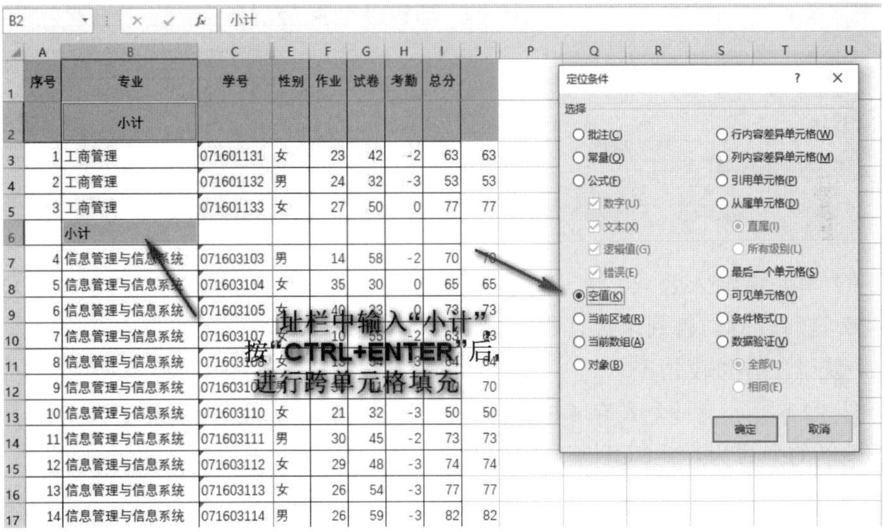

图 3-61

通过"CTRL＋G"定位 I 列中的空值单元格,再单击"自动求和"中的功能选项,比如"平均值",得到每个专业的相应平均值,如图 3-62 所示。

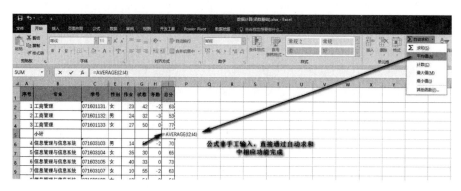

图 3-62

2. COUNT 函数

在运用 COUNT 函数进行计算时会忽略错误值，而 SUM 函数则不会，在一些特定环境下，可利用 COUNT 函数的这个特性进行统计。

（1）统计未被订购的产品数量

如图 3-63 所示，要统计 B 列中未被订购的产品数量。

图 3-63

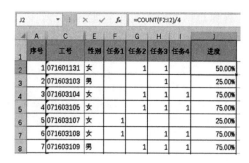

图 3-64

在 C2 单元格输入公式：＝(B2＝"未订购")^0，并填充至末尾，再利用 COUNT(C2:C78)进行计算，得到未被订购的数量。

（2）统计工作进度情况

如图 3-64 所示，每个人有 4 项任务，完成任务的被标注为 1，用 COUNT 函数计算任务进度的公式为：＝COUNT(F2:I2)/4

3. AVERAGE 函数

运用 AEVERAGE 函数计算平均值是众多数据分析软件所具备的基本功能，其常规用法在此不作赘述。下面以根据订购量给予评价为例，假设平均订购量超过 30 的，给予 1000 的奖励，否则给予 500 的奖励，参考公式为：＝AVERAGE(－－(D2＞30),1)＊1000，结果如图 3-65 所示。

=AVERAGE(--(D2>30),1)*1000

	A	B	C	D	E	F
	产品名称	订购量	再订购量	平均订购量		总订购量(以50为基准)
	苹果汁	0	10	5	500	10
	牛奶	40	25	32.5	1000	65
	蕃茄酱	70	25	47.5	1000	75
	盐	0	0	0	500	0
	麻油	0	0	0	500	0
	酱油	0	25	12.5	500	25
	海鲜粉	0	10	5	500	10
	胡椒粉	0	0	0	500	0

图 3-65

4. MIN 函数和 MAX 函数

利用 MIN 函数可计算最小值，利用 MAX 函数可计算最大值，均不对逻辑值或文本进行计算。

(1) 订购量超过 50 的按 50 计算，没有超过的按原来值计算。如图 3-66 所示，番茄酱的总订购量是 75(＝50＋25)。参考公式为：＝MIN(B2,50)＋MIN(C2,50)

产品名称	订购量	再订购量	总订购量(以50为基准)
苹果汁	0	10	10
牛奶	40	25	65
蕃茄酱	70	25	75
盐	0	0	0
麻油	0	0	0
酱油	0	25	25
海鲜粉	0	10	10
胡椒粉	0	0	0

图 3-66

1	产品名称	订购量	再订购量	MIN
2	白米	10	30	
3	白奶酪	40	35	先进
4	饼干	0	10	
5	糙米	0	0	
6	大众奶酪	30	30	先进
7	蛋糕	0	0	

图 3-67

(2) 两种订购量均在 30 以上的，则标注为"先进"(通过自定义格式进行标注)，如图 3-67 所示。参考公式为：＝MIN(B2＞＝30,C2＞＝30)。

(3) 任意一个订购量高于 30 的，则标注为"先进"，使用 MAX 方法，参考公式为：MAX(B2＞＝30,C2＞＝30)。

(4) 库存计划控制。B 列为计划库存，在实际库存列根据库存控制计划的上下限，参考公式为：＝MAX(F＄3,MIN(B2,F＄2))，在 C 列完成实际库存的设置，即小于 50 的计划库存用 50 替换，大于 200 的计划库存用 200 替换，如图 3-68 所示。

5. ROW 函数和 COLUMN 函数

利用 ROW 函数可获取相关行号，利用 COLUMN 函数可获取相关列号。

(1) 基本用法如下：

① row()：所在单元格当前行号；

② row(b10)：所指向单元格行号；

③ row(a1:a9)：结果为 1；

④ row(1:9)：结果为 1；

⑤ column()：当前列号；

⑥ column(b14)：单元格所在列号；

⑦ column(a:c)：结果为 1；

⑧ column(a14:c14)：结果为 1。

(2) 构造奇数序号，参考公式为：=row(1:1) * 2－1，如图 3-69 所示。

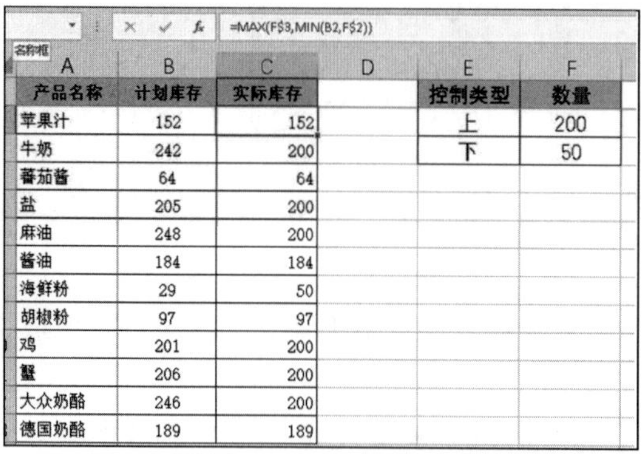

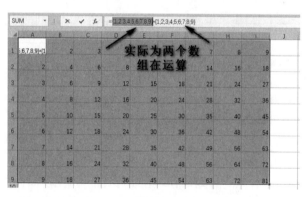

产品名称	计划库存	实际库存
苹果汁	152	152
牛奶	242	200
番茄酱	64	64
盐	205	200
麻油	248	200
酱油	184	184
海鲜粉	29	50
胡椒粉	97	97
鸡	201	200
蟹	206	200
大众奶酪	246	200
德国奶酪	189	189

控制类型	数量
上	200
下	50

图 3-68

	A
1	1
2	3
3	5
4	7
5	9
6	11
7	13

图 3-69

(3) 构造乘法表。在选中的单元格编辑栏中输入“=COLUMN(A:I) * ROW(1:9)”，通过“CTRL+SHIFT+ENTER”快捷键，将其转换为数组运算，得到九九乘法表，如图 3-70 所示，该公式已经通过 F9 快捷键进行了转化。

	A	B	C	D	E	F	G	H	I
1	;6,7,8,9}*{1	2	3				7	8	9
2	2	4	6	8			14	16	18
3	3	6	9	12	15	18	21	24	27
4	4	8	12	16	20	24	28	32	36
5	5	10	15	20	25	30	35	40	45
6	6	12	18	24	30	36	42	48	54
7	7	14	21	28	35	42	49	56	63
8	8	16	24	32	40	48	56	64	72
9	9	18	27	36	45	54	63	72	81

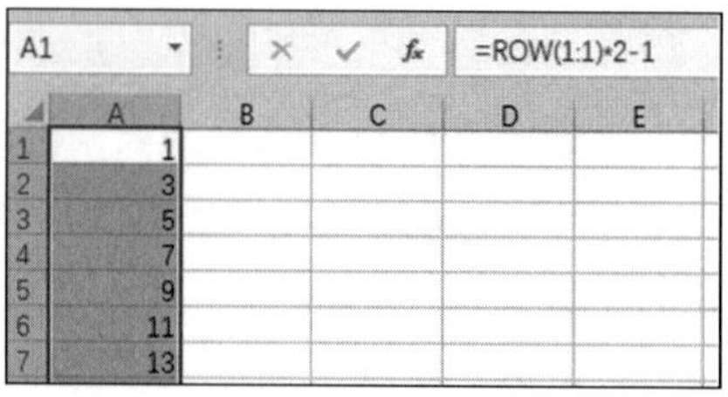

图 3-70

6. NOT 函数、AND 函数、OR 函数

这三个函数含义如下：NOT 函数表示逻辑非运算；AND 函数表示逻辑与运算；OR 函数表示逻辑或运算。

(1) 订购量与再订购量满足一定的条件后给予优惠

订购量大于等于 50 且再订购量大于等于 20 给予 8 折优惠，如图 3-71 所示。

参考公式：=(AND(B2>=50,C2>=20)) * E2 * 0.8。

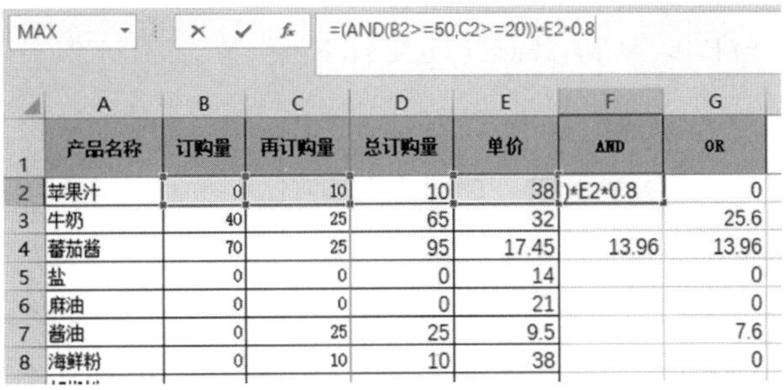

MAX　=(AND(B2>=50,C2>=20))*E2*0.8

	A	B	C	D	E	F	G
1	产品名称	订购量	再订购量	总订购量	单价	AND	OR
2	苹果汁	0	10	10	38	)*E2*0.8	0
3	牛奶	40	25	65	32		25.6
4	蕃茄酱	70	25	95	17.45	13.96	13.96
5	盐	0	0	0	14		0
6	麻油	0	0	0	21		0
7	酱油	0	25	25	9.5		7.6
8	海鲜粉	0	10	10	38		0

图 3-71

（2）订购量或再订购量满足一定的条件后给予优惠

订购量大于等于 50 或再订购量大于等于 20 给予 8 折优惠，如图 3-72 所示。

参考公式：＝OR(B2＞＝50,C2＞＝20) * E2 * 0.8。

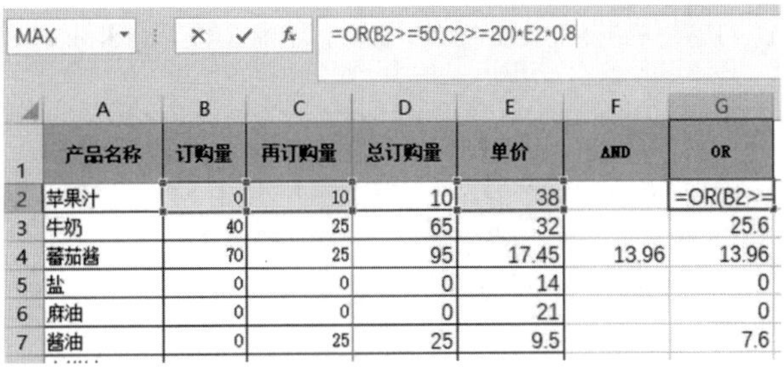

MAX　=OR(B2>=50,C2>=20)*E2*0.8

	A	B	C	D	E	F	G
1	产品名称	订购量	再订购量	总订购量	单价	AND	OR
2	苹果汁	0	10	10	38		=OR(B2>=
3	牛奶	40	25	65	32		25.6
4	蕃茄酱	70	25	95	17.45	13.96	13.96
5	盐	0	0	0	14		0
6	麻油	0	0	0	21		0
7	酱油	0	25	25	9.5		7.6

图 3-72

7. IF 函数

IF 函数即根据条件判断函数。

（1）乘法表

参考公式：＝IF(COLUMN(A:A)＞ROW(1:1),"",COLUMN(A:A) * ROW(1:1))。

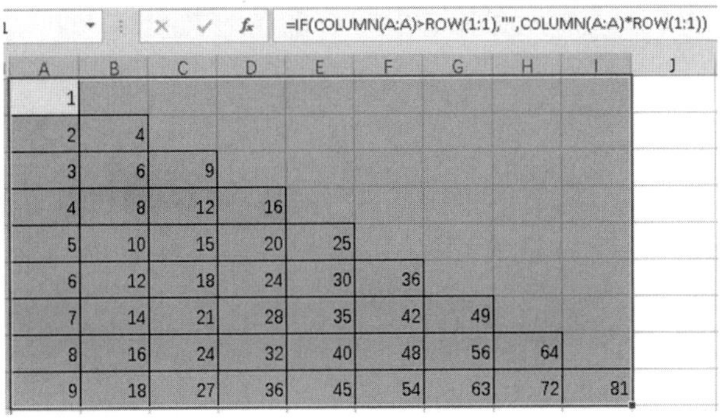

=IF(COLUMN(A:A)>ROW(1:1),"",COLUMN(A:A)*ROW(1:1))

A	B	C	D	E	F	G	H	I
1								
2	4							
3	6	9						
4	8	12	16					
5	10	15	20	25				
6	12	18	24	30	36			
7	14	21	28	35	42	49		
8	16	24	32	40	48	56	64	
9	18	27	36	45	54	63	72	81

图 3-73

（2）订购量或再订购量满足一定的条件后给予优惠

订购量达 20 且再订购量达 10 的，单价给予 8 折优惠，结果如图 3-74 所示。

参考公式：=IF(B2>=20,IF(C2>=10,E2 * 0.8,E2),E2)。

	A	B	C	D	E	F
1	产品名称	订购量	再订购量	总订购量	单价	折后价
2	苹果汁	0	10	10	38	38
3	牛奶	40	25	65	32	25.6
4	蕃茄酱	70	25	95	17.45	13.96
5	盐	0	0	0	14	14
6	麻油	0	0	0	21	21
7	酱油	0	25	25	9.5	9.5

图 3-74

(3) IF 综合应用

对产品类别进行汇总，如图 3-75 所示，在 E2 单元格中输入参考公式，并使用数组公式(通过“CTRL+SHIFT+ENTER”快捷键)，再向下填充。

参考公式：=IF(B2〈〉B3,SUM((B2=B$2:B$78) * C$2:C$78),"")。

SUM =IF(B2<>B3,SUM((B2=B$2:B$78)*C$2:C$78),"")

	A	B	C	D	E	F	G
1	产品名称	类别	库存量		用IF进行类别汇总		
2	饼干	点心	29	TRUE	C$2:C$78),"")		
3	糖果	点心	25	TRUE			
4	桂花糕	点心	40	TRUE			
5	花生	点心	3	TRUE			
6	巧克力	点心	76	TRUE			
7	棉花糖	点心	15	TRUE			
8	牛肉干	点心	49	TRUE			
9	蛋糕	点心	36	TRUE			
10	玉米片	点心	15	TRUE			
11	薯条	点心	10	TRUE			
12	玉米饼	点心	65	TRUE			
13	山渣片	点心	17	TRUE			
14	绿豆糕	点心	6	FALSE	386	386	
15	糯米	谷类/麦片	104	TRUE			
16	燕麦	谷类/麦片	61	TRUE			
17	糙米	谷类/麦片	26	TRUE			
18	三合一麦片	谷类/麦片	38	TRUE			
19	白米	谷类/麦片	21	TRUE			
20	小米	谷类/麦片	36	TRUE			
21	黄豆	谷类/麦片	22	FALSE	308	694	

图 3-75

(4) 计算动态条件汇总

假设要计算不同季度区间的销售额，可参考图 3-76，使用数组公式完成。

参考公式：=IF(I1=B1,SUM(B:B),IF(I1=C1,SUM(B:C),IF(I1=D1,SUM(B:D),SUM(B:E))))。

| H4 | | | fx | =IF(I1=B1,SUM(B:B),IF(I1=C1,SUM(B:C),IF(I1=D1,SUM(B:D),SUM(B:E)))) |

	A	B	C	D	E	F	G	H	I
1	雇员	第一季	第二季	第三季	第四季		第一季	到	第二季
2	金士鹏	2358.16	1808.82	1796.37	702.09			总销售额	
3	李芳	3930.2	3436.54	937.43	2580.57				
4	刘英玫	2996.84	1390.34	1444.2	1656.5			36176.44	
5	孙林	531.53	1221.55	709.82	1317.57				
6	王伟	2732.62	2563.01	1160.68	2240.1				
7	张雪眉	1014.03	1070.91	829.38	472.96				
8	张颖	2280.09	1354.85	2492.91	2732.73				
9	赵军	1471.08	433.05	550.27	1464.31				
10	郑建杰	3530.09	2052.73	2661.81	3016.55				
11									

图 3-76

8. 数组运算进阶

这里以销售人员各季节销售量的总和为例。

（1）横向数组应用

比较两个相邻年度的销售额，分别为销售人员打上标识。选中 B4 的 O4 单元格区域，输入参考公式后，转换为数组公式，其结果如图 3-77 所示。

参考公式：＝IF((B2:O2＞B3:O3),"有进步","下滑")（转换为数组公式）。

图 3-77

（2）纵横数组应用

利用纵横数组，再创建乘法表，如图 3-78 所示。

参考公式：＝A2:A6 * B1:F1（转换为数组公式）。

图 3-78

（3）不同维数数组应用

如图 3-79 所示，I2 单元格中要填充来自 B2：F11 和 G2：G11 乘积累加的总销售额。

参考公式：=SUM(B2:F11 * G2:G11)（转换为数组公式）。

I2 {=SUM(B2:F11*G2:G11)}

	A	B	C	D	E	F	G	H	I
1	产品名称	201	202	203	204	205	单价		总销售额
2	补胎套件	10	7	5	5	2	1.374		24455.414
3	补胎套件	89	48	101	50	50	2.29		
4	车顶固定架	2	2		1		69.6		
5	车顶固定架	3		1	1		66		
6	车顶固定架	9	6	9	6	5	120		
7	车顶固定架	15	13	17	14	17	72		
8	大齿盘	3		2	1	2	153.894		
9	大齿盘	11	6	4	2	4	105.294		
10	大齿盘	11	8	8	4	4	242.994		
11	底托架	8	6	5	1	2	32.394		

图 3-79

3.4.2 特定函数

1. 信息函数基础

常用的信息函数如下：

（1）ISEVEN 函数：偶数判断，根据个位判断

（2）ISODD 函数：奇数判断

（3）ISNUMBER 函数：数字判断

（4）ISTEXT 函数：文本判断

这些函数本身不支持直接的数组公式，可通过添加运算符进行转换，如 iseven(−b2:b20)，结果是逻辑值。再加上变为 0 的幂运算，如 count(0^(iseven(−b2:b20)))，等效于 count(0^(−1^b2:b20))，后者根据−1 的偶数次方或奇数次方来判断幂次数的奇偶性。具体如图 3-80 所示。

E3 {=COUNT(0^(ISEVEN(-A2:B11)))}

	A	B	C	D	E
1	作业	试卷			
2	23	42			
3	旷考	58		偶数	8
4	35	30		奇数	9
5	40	33		数字	17
6	旷考	55		文本	3
7	33	54			
8	29	旷考			
9	35	42			
10	30	45			
11	29	48			

图 3-80

ISNUMBER 函数和 ISTEX 函数的综合应用如图 3-81 所示。

参考公式：＝COUNT(0^(ISTEXT(A2：B11)))(文本统计不需要加运算符"－")。

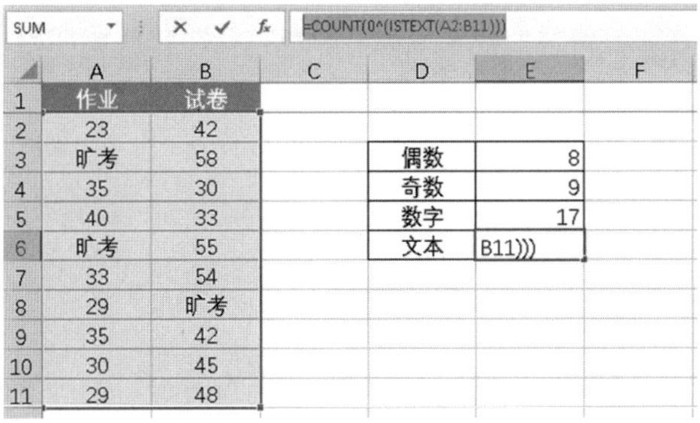

图 3-81

统计特定的数据，如图 3-82 所示。

（1）ISNUMBER 函数参考公式：＝SUM(IF(ISNUMBER(A13：A30),(A13：A30)))

（2）ISTEXT 函数参考公式：＝SUM(IF(ISTEXT(A13：A30),0,A13：A30))

（3）ISEVEN 函数参考公式：＝SUM(IF((ISEVEN(ROW(A13：A30))),A13：A30))

（4）ISODD 函数参考公式：＝SUM(IF((ISODD(ROW(A13：A30))),0,A13：A30))

（5）IFERROR 函数参考公式：＝SUM(IFERROR(A13：A30 * 1,0))

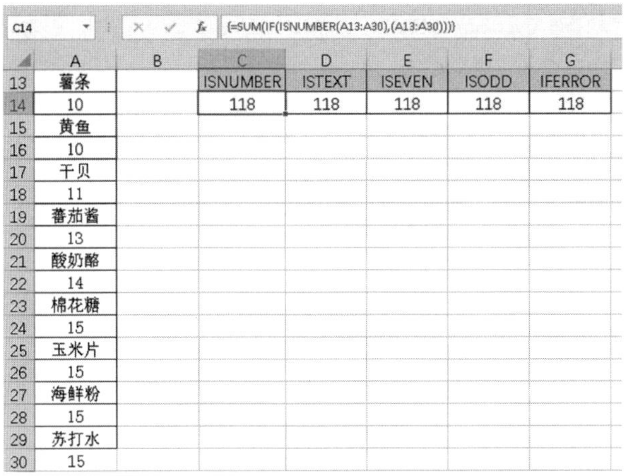

图 3-82

其他信息函数如下：

（1）ISFORMULA 函数：判断是否为公式

（2）ISBLANK 函数：判断是否为空值

（3）ISLOGICAL 函数：判断是否为逻辑值

（4）ISNONTEXT 函数：判断是否为非文本

（5）ISREF 函数：判断是否为引用

（6）N 函数：将非数值类型转换为数值类型。日期转换成序列值，TRUE 转换为 1，其他值转换为 0

（7）TYPE 函数：对特定数据类型赋予一定的标识码，如数值＝1，文字＝2，逻辑值＝4，错误值＝16，数组＝64

（8）PHONETIC 函数：连接文本

（9）SHEET 函数：工作表编号

（10）SHEETS 函数：工作表数量

综合应用方面，以计算专业数量及成绩总分为例，如图 3-83 所示。

（1）计算专业数量公式：＝SUM（－－ISFORMULA（C34:C145））（转换为数组公式）

（2）计算总分数公式：＝SUM（－－（ISFORMULA（C34:C145））＊（C34:C145））（转换为数组公式）

序号	专业	作业		专业数	总分数
				ISFOMULA与ISBLANK的综合应用	
1	工商管理	25		3	C34:C145))
2	工商管理	20			
3	工商管理	23			
4	工商管理	23			
		91			
5	信息管理与	14			
6	信息管理与	35			
7	信息管理与	40			
8	信息管理与	10			
9	信息管理与	13			
10	信息管理与	30			
11	信息管理与	21			
12	信息管理与	30			
13	信息管理与	29			
14	信息管理与	26			
15	信息管理与	26			

图 3-83

2．文本函数基础

文本函数具备对相关文本进行处理的功能。Excel 中，文本函数所具有的功能非常丰富。本节仅对常用的文本函数进行典型应用讲解。

（1）LEN 函数与 LENB 函数

利用 LEN 函数可计算文本长度，不论单字节还是双字节，都按 1 个字符计算；利用 LENB 函数可计算文本的字节数，如图 3-84 所示。

1	LEN与LENB		
2		LEN	LENB
3	A	1	1
4	，	1	1
5	，	1	2
6	汉字	2	2

图 3-84

8	WIDECHAR与ASC			
9		WIDECHAR	ASC	
10	ABC	Ａ Ｂ Ｃ	ABC	6
11	，	，		2
12	，	，		2
13	汉字	汉字	汉字	4
14				

图 3-85

（2）WIDECHAR 函数与 ASC 函数

利用 WIDECHAR 函数可实现半角变全角；利用 ASC 函数可实现全角变半角，如图 3-85 所示。

（3）LEFT 函数与 LEFTB 函数

以提取姓名为例，因为汉字是双字节，所以公式 LEFT（A18，3）和 LEFTB（A18，6）是等效的，如图 3-86 所示。

C41　　　×　✓　fx　=LEFTB(A41,2)

	A	B	C
17		LEFT	LEFTB
18	胡永宁-男	胡永宁	胡永宁
19	秦晓山-女	秦晓山	秦晓山
20	孔梦玉-女	孔梦玉	孔梦玉
21	谭惜梦-女	谭惜梦	谭惜梦

图 3-86

C41　　　×　✓　fx　=LEFTB(A41,2)

	A	B	C
40	名次与销售代表	销售量	名次
41	3名:201	3101239	3
42	6名:202	2457707	6
43	9名:203	2047495	9
44	11名:204	1680190	11

图 3-87

利用 LEFTB 提取名次，公式及结果如图 3-87 所示。

（4）综合应用

假设销售量大于 200 万的为"优秀"，如图 3-88 所示。

参考公式：＝LEFT("优秀"，(B41＞＝2000000)＊2)。

	名次与销售代表	销售量	名次	评价
1	3名:201	3101239	3	2)
2	6名:202	2457707	6	优秀
3	9名:203	2047495	9	优秀
4	11名:204	1680190	11	
5	5名:205	2604110	5	优秀

图 3-88

C58　　　×　✓　fx　=LEFT("完成",(--LEFTB(A58,3)=100)*2)

	A	B	C	D	E	F
57	完成任务情况	是否完成				
58	100（201）	完成	完成			
59	79（202）	未完成				
60	89（203）	未完成				
61	85（204）	未完成				
62	100（205）	完成	完成			

图 3-89

完成任务情况判断，如图 3-89 所示。

参考公式：＝IF((－－LEFTB(A58,3))＝100,"完成","未完成")，或＝LEFT("完成",(－－LEFTB(A58,3)＝100)＊2)，或＝LEFT("完成",COUNTIF(A58,"100＊")＊2)。

（5）提取数字

如图 3-90 所示，从身份证号码与姓名混合数据中提取数据参考公式：＝LEFT(A2,COUNT(－－LEFT(A2,ROW($1：$21))))(转换为数组公式)。

图 3-90

（6）从身份证号提取性别

我国身份证号码中第 17 位是性别识别码。先用 LEFT 函数提取前面 17 位，再用 RIGHT 函数提取单个数字，增加－1ˆ，奇数次方还是－1，再加 1，可得到 0 为男，2 为女，如图 3-91 所示。

参考公式：＝(－1ˆRIGHT(LEFT(A108,17),1))＋1。

图 3-91

图 3-92

（7）汉字提取

汉字提取如图 3-92 所示。

参考公式：＝RIGHT(A2,4－COUNT(－LEFT(RIGHT(A2,ROW($1：$4)))))(转换为数组公式)。

（8）任意位置的数字提取

任意位置的数字提取如图 3-93 所示。

参考公式：＝－MIN(IFERROR(－RIGHT(LEFT(A2,ROW($1：$24)),{1,2,3,4}),))(转换为数组公式)。

（9）特殊的等级判断方法

特殊的等级判断方法如图 3-94 所示。

参考公式：＝LEFT(RIGHT("优良中差",(B2＞＝40)＋(B2＞＝20)＋(B2＞＝10)＋1),1)(转换为数组公式)。

B2　{=-MIN(IFERROR(-RIGHT(LEFT(A2,ROW($1:$24)),{1,2,3,4}),))}

	A	B
1	原始数据	数字
2	规格：174号	174
3	规格：3119号	3119
4	规格：424号	424
5	规格：2319号	2319
6	规格：1131号	1131
7	规格：3117号	3117
8	规格：99号	99
9	规格168号	168
10	规格：1188号	1188
11	规格：3378号	3378
12	规格：1923号	1923
13	规格：3071号	3071
14	1551规格	1551

图 3-93

SUM　=LEFT(RIGHT("优良中差",(B2>=40)+(B2>=20)+(B2>=10)+1),1)

	A	B	C	E	F
1	产品名称	订购量	等级		
2	苹果汁	5	10)+1),1)		
3	牛奶	40	优	>=40	优
4	蕃茄酱	70	优	>=20	良
5	盐	6	差	>=10	中
6	麻油	8	差	<10	差
7	酱油	11	中		
8	海鲜粉	20	良		
9	大众奶酪	30	良		
10	德国奶酪	2	差		
11	龙虾	0	差		

图 3-94

（10）产品数统计

产品数统计如图 3-95 所示。

参考公式：=SUM(－－(MID(B29,ROW($1:$99),1)=″,″))+1（转换为数组公式）。

C29　{=SUM(--(MID(B29,ROW($1:$99),1)=","))+1}

	A	B	C
28	类别	产品	产品数量
29	点心	饼干，蛋糕，桂花糕，花生，绿豆糕，棉花糖，牛肉干，巧克力，山渣片，薯条，糖果，玉米饼，玉米片	13
30	谷类/麦片	白米，糙米，黄豆，糯米，三合一麦片，小米燕麦	6
31	海鲜	干贝，海参，海哲皮，黄鱼，蚵，龙虾，墨鱼，虾米，虾子蟹，雪鱼，鱿鱼	11
32	日用品	白奶酪，大众奶酪，德国奶酪，光明奶酪，黑奶酪，花奶酪，浪花奶酪，酸奶酪，温馨奶酪，意大利奶酪	10

图 3-95

类似的操作还包括提取英文域名，如图 3-96 所示。

参考公式：=LEFT(A62,SUM(－－(MIDB(A62,ROW($1:$15),1)〈〉″″)))

（转换为数组公式）。

SUM | × ✓ fx | =LEFT(A62,SUM(--(MIDB(A62,ROW($1:$15),1)<>" ")))

	A	B	C
61	站点名称	英文	
62	WWW.FZU.EDU.CN福州大学	1)<>" ")))	
63	WWW.SOHU.COM搜狐	WWW.SOHU.COM	
64	WWW.SINA.COM新浪	WWW.SINA.COM	
65	WWW.CCB.COM中国建设银行	WWW.CCB.COM	

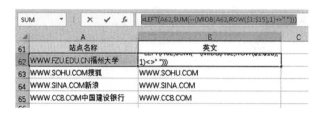

图 3-96

(11) REPLACE 函数和 REPLACEB 函数

假设要对姓名等敏感数据进行脱敏，可以使用 REPLACE 函数或 REPLACEB 函数完成，如图 3-97 所示。

参考公式：=REPLACE(A2,7,LEN(A2)−6,"＊＊＊＊＊＊＊")。

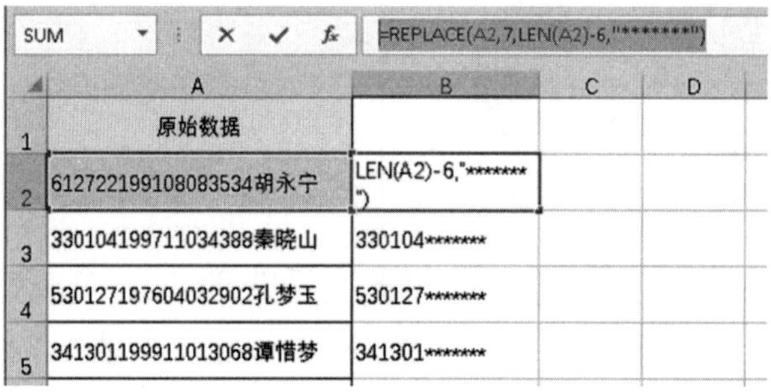

SUM | × ✓ fx | =REPLACE(A2,7,LEN(A2)-6,"*******")

	A	B	C	D
1	原始数据			
2	612722199108083534胡永宁	LEN(A2)-6,"*******")		
3	330104199711034388秦晓山	330104*******		
4	530127197604032902孔梦玉	530127*******		
5	341301199911013068谭惜梦	341301*******		

图 3-97

假设要隐藏或保留一定路径下的文件名，可以使用 REPLACE 函数或 REPLACEB 函数完成，如图 3-98 所示。

参考公式：=REPLACE(A28,MAX(IFERROR(FIND("\",A28,ROW($1:$30)),))+1,10,"＊＊＊＊＊＊＊＊＊＊")（转换为数组公式）。

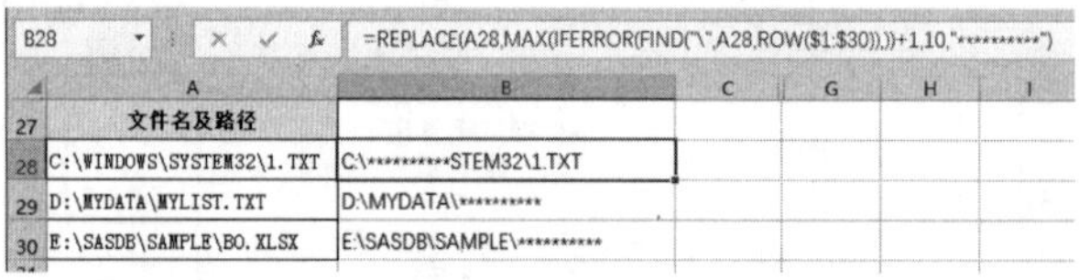

B28 | × ✓ fx | =REPLACE(A28,MAX(IFERROR(FIND("\",A28,ROW($1:$30)),))+1,10,"**********")

	A	B	C	G	H	I
27	文件名及路径					
28	C:\WINDOWS\SYSTEM32\1.TXT	C:**********STEM32\1.TXT				
29	D:\MYDATA\MYLIST.TXT	D:\MYDATA**********				
30	E:\SASDB\SAMPLE\BO.XLSX	E:\SASDB\SAMPLE**********				

图 3-98

(12) SUBSTITUTE 函数

如图 3-99 所示，B 列有用逗号分开的产品列表，现在需要统计该产品列表的种类。

参考公式：=LEN(B2)−LEN(SUBSTITUTE(B2,",",))+1（转换为数组公式）。

SUM　=LEN(B2)-LEN(SUBSTITUTE(B2,",",))+1

	A	B	C	D
1	类别	产品	替换逗号	统计产品数
2	点心	饼干, 蛋糕, 桂花糕, 花生, 绿豆糕, 棉花糖, 牛肉干, 巧克力, 山渣片, 薯条, 糖果, 玉米饼, 玉米片		LEN(SUBSTITUTE(B2,",",))+1
3	谷类/麦片	白米, 糙米, 黄豆, 糯米, 三合一麦片, 小米燕麦		6
4	海鲜	干贝, 海参, 海哲皮, 黄鱼, 蚵, 龙虾, 墨鱼, 虾米, 虾子蟹, 雪鱼, 鱿鱼		11

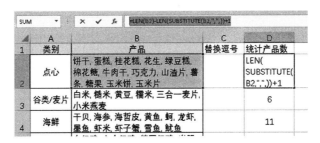

图 3-99

(13) CHAR 函数、CODE 函数

如图 3-100 所示，若要提取 A 列中的中文，首先要了解英文、标点在 ASC 1—255 之间。

参考公式：=LEFT(A23,COUNT(FIND(CHAR(ROW(A:A)+255),A23)))(转换为数组公式)。

B23　{=LEFT(A23,COUNT(FIND(CHAR(ROW(A:A)+255),A23)))}

	A	B	C	D
22	产品名称	中文		
23	苹果汁Apple juice	苹果汁		
24	牛奶milk	牛奶		
25	蕃茄酱ketchup	蕃茄酱		
26	盐salt	盐		
27	麻油sesame oil	麻油		
28	酱油soy sauce	酱油		
29	海鲜粉Seafood powder	海鲜粉		
30	大众奶酪Mass cheese	大众奶酪		
31	德国奶酪German cheese	德国奶酪		

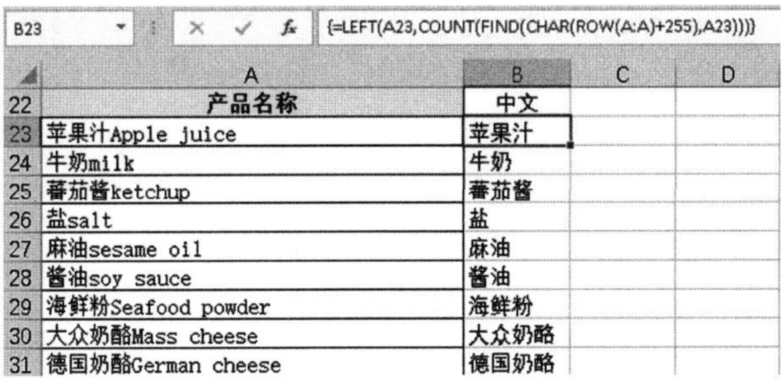

图 3-100

同样，如图 3-101 所示，利用 CODE 函数提取中英文。

参考公式：=LEFT(A23,COUNT((CODE(MID(A23,ROW($1:$30),1))>255)^0))或=RIGHT(A23,COUNT((CODE(MID(A23,ROW($1:$30),1))<128)^0))(均转换为数组公式)。

E23　{=RIGHT(A23,COUNT((CODE(MID(A23,ROW($1:$30),1))<128)^0))}

	A	D	E	F	G	H
22	产品名称	CODE中文	CODE英文			
23	苹果汁Apple juice	苹果汁	Apple juice			
24	牛奶milk	牛奶	milk			
25	蕃茄酱ketchup	蕃茄酱	ketchup			
26	盐salt	盐	salt			
27	麻油sesame oil	麻油	sesame oil			

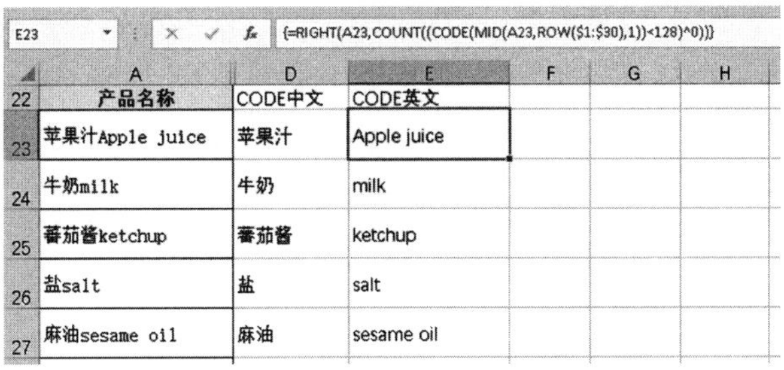

图 3-101

(14) TRIM 函数

如图 3-102 所示，利用 TRIM 函数及其他函数提取完整路径下的文件名。

参考公式：=TRIM(RIGHT(SUBSTITUTE(A2,"\",REPT(" ",99)),99))(转换为数组公式)。

SUM =TRIM(RIGHT(SUBSTITUTE(A2,"\",REPT(" ",99)),99))

	A	B
1	文件名及路径	提取文件名
2	C:\WINDOWS\SYSTEM32\1.TXT	=TRIM(RIGHT(SUBSTITUTE(A2,"\",REPT(" ",99)),99))
3	D:\MYDATA\MYLIST.TXT	MYLIST.TXT
4	E:\SASDB\SAMPLE\BO.XLSX	BO.XLSX
5		

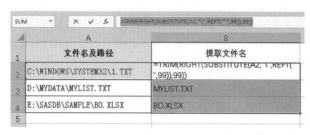

图 3-102

3.4.3 数学函数基础

(1) INT 函数与 QUOTIENT 函数

如图 3-103 所示，QUOTIENT 函数的作用是求商的结果，等效于 INT 函数、TRUNC 函数，但又有区别，特别是对负数的处理方面，INT 函数取低值，其他二者取高值。

A5 =-RANDBETWEEN(1000,5000)

	A	B	C	D	E
1			QUOTIENT	INT	TRUNC
2	货物数量	每车数量	整车数		
3	2751	400	6	6	6
4	4380	500	8	8	8
5	-4383	600	-7	-8	-7
6					

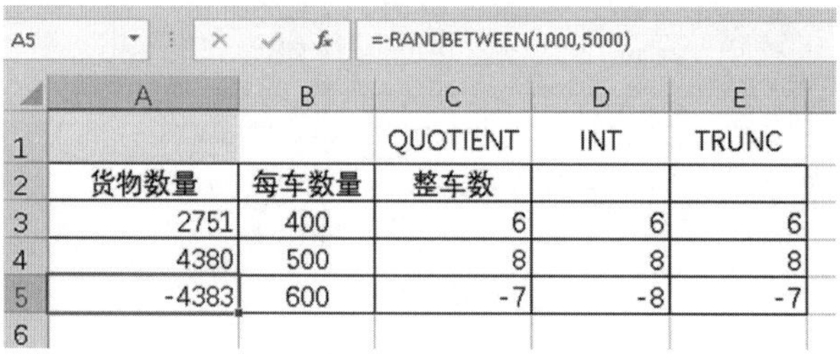

图 3-103

综合利用相关函数，完成面额兑换的计算，如图 3-104 所示。

注意：0.1 可能无法出现，这是精度问题。

参考公式：=INT(($B22-SUMPRODUCT($A$21:B$21,$A24:B24)+0.000001)/C$21)。

SUMPRODUCT 的作用在于移位时获取面额数据，但 100 位不能引用自己，需要往前移位，即等于 0 的值。

(2) MOD 函数

MOD 函数结合 TEXT 函数可以用来标注性别，如图 3-105 所示。

参考公式：=TEXT(MOD(MID(A26,15,3),2),"男;;女")。

C24　=INT(($B24-SUMPRODUCT($A$21:B$21,$A24:B24)+0.000001)/C$21)

	A	B	C	D	E	F	G	H	I	J	K
20	面额兑换										
21	员工	工资	100	50	20	10	5	1	0.5	0.1	
22	端木	41000	410	0	0	0	0	0	0	0	41000
23	东方	35518.6	355	0	0	1	1	3	1	1	35518.6
24	东郭	92161.3	921	1	0	1	0	1	0	3	92161.3
25	东宫	98568.3	985	1	0	1	1	3	0	3	98568.3
26	东野	85170.9	851	1	1	0	0	0	1	4	85170.9
27	东里	73300.7	733	0	0	0	0	0	1	2	73300.7
28			4255	3	1	3	2	7	3	13	
29											

图 3-104

SUM　=TEXT(MOD(MID(A26,15,3),2),"男;;女")

	A	B	C	D	E
25	身份证				
26	612722199108083534	2),"男;;女")			
27	330104199711034388	女			
28	530127197604032902	女			
29	341301199911013068	女			
30	220721197603171080	女			

图 3-105

（3）ROUND 及相关函数

相关函数还有 ROUNDUP（向上舍入）函数和 ROUNDDOWN 函数（向下舍入），如图 3-106 所示。

B5　=ROUND(A5,1)

	A	B	C	D	E
1	数据	ROUND	ROUNDUP	ROUNDOWN	TRUNC
2	4.412	4.4	4.5	4.4	4.4
3	0.257	0.3	0.3	0.2	0.2
4	4.2	4.2	4.2	4.2	4.2
5	8.097	8.1	8.1	8	8

图 3-106

如图 3-107 所示，综合应用于费用收取时的时长确认如下：假设小于 0.5 小时的按照 0.5 小时计算，大于等于 0.5 小时且小于 1 小时的按照 1 小时计算。

参考公式：＝IF(ROUND(A8－0.1,)＜A8,INT(A8)＋0.5,ROUND(A8,))。

SUM =IF(ROUND(A8-0.1,)<A8,INT(A8)+0.5,ROUND(A8,))

	A	B	C	D	E
7	实际时间	转换时间	费用		
8	2.7	A8,))	30		
9	4.8	5	50		
10	4.5	4.5	45		
11	4.2	4.5	45		
12	3.7	4	40		
13	1.9	2	20		

图 3-107

(4) PRODUCT 函数与 POWER 函数

RFM 模型的参数设置如下：

① 重要价值客户（111）：最近消费时间近，消费频次和消费金额都很高，说明他们一定是 VIP。

② 重要保持客户（011）：最近消费时间较远，但消费频次和消费金额都很高，说明这是一段时间没来的忠诚用户，我们需要主动和他们保持联系。

③ 重要发展客户（101）：最近消费时间较近、消费金额高，但消费频次不高，忠诚度不高，说明这是很有潜力的用户，必须重点发展。

④ 重要挽留客户（001）：最近消费时间较远、消费频次不高，但消费金额高，说明这可能是将要流失或者已经要流失的用户，应当采取挽留措施。

参考公式：=PRODUCT(B2:D2)，或=PRODUCT(N(B2:D2=1))(转换为数组公式)，或=SUM(POWER(B2:D2,1))=3(转换为数组公式)。

结果如图 3-108 所示。

G2 {=SUM(POWER(B2:D2,1))=3}

	A	B	C	D	E	F	G
1		R	F	M	PRODUCT方法	PRODUCT数组方法	POWER
2	胡永宁	0	1	1			FALSE
3	秦晓山	0	1	1			FALSE
4	孔梦玉	0	1	0			FALSE
5	谭惜梦	1	1	1	是	是	TRUE
6	邱友槐	0	1	0			FALSE
7	闫睿博	1	1	1	是	是	TRUE

图 3-108

(5) 数学函数综合应用

如图 3-109 所示，要进行运费计算。

参考公式：=IF(B3<=1,20,CEILING(B$3-1,1)*15+20)，或=IF(B3<=1,20,ROUNDUP(B3-1,)*15+20)，或=MAX(CEILING(B3,1)*15+5,20)。

B8　=IF(B3<=1,20,CEILING(B$3-1,1)*15+20)

	A	B	C	D	E	F	G
1	运费计算	首重1公斤20元，续重1公斤15元，不足1公斤按1公斤计算					
2							
3		1.1	0.6	4.6	0.9	1.1	3.5
4		35	20	80	20	35	65
5		35	20	80	20	35	65
6		35	20	80	20	35	65
7	运费:						
8	CEILING	35	20	80	20	35	65
9	ROUNDUP	35	20	80	20	35	65
10	MAX	35	20	80	20	35	65

图 3-109

3.4.4 日期函数基础

日期函数也是数据处理过程中最常见的对象之一，这里将利用综合应用案例说明日期函数的功能。

(1) 退休日期的计算

退休日期的计算如图 3-110 所示。

参考公式：=DATE(YEAR(A49)+D49,MONTH(A49),DAY(A49))。

C49　=DATE(YEAR(A49)+D49,MONTH(A49),DAY(A49))

	A	B	C	D	E	F	G
48	出生日期	性别	退休日期		男	60	
49	2015/9/11	男	2075年9月11日	60	女	55	
50	2014/8/30	男	2074年8月30日	60			
51	2015/3/30	女	2070年3月30日	55			
52	2015/6/30	男	2075年6月30日	60			
53	2015/7/31	女	2070年7月31日	55			
54	2015/5/30	女	2070年5月30日	55			
55	2015/9/20	男	2075年9月20日	60			
56	2015/10/17	男	2075年10月17日	60			
57	2015/12/31	男	2075年12月31日	60			

图 3-110

(2) 根据年份计算当年天数及平闰年

根据年份计算当年天数及平闰年如图 3-111 所示。

参考公式：=SUM(DATE(YEAR(A65)+{1,0},1,1)*{1,-1})，或=COUNT(-(YEAR(A65)&"-2-29"))+365，或=IF(DAY(DATE(YEAR(A65),3,))=29,"闰年","平年")。

(3) 计算时间差

可利用 DATEDIF 函数返回年、月、日数。其数据格式如下。

① y：日期差距的整年数

② m：日期差距的整月数

③ d：日期差距的天数

④ ym：日期之间的月数的差，忽略日期中的年差和日差

⑤ md：日期之间的天数的差，忽略日期中的年差和月差

⑥ yd：日期之间的天数的差，忽略日期中的年差

D65 =IF(DAY(DATE(YEAR(A65),3,))=29,"闰年","平年")

	A	B	C	D	E	F	G
64	出生日期	当年天数	当年天数	平闰年判断			
65	1998/9/11	365	365	平年			
66	1999/8/30	365	365	平年			
67	2000/3/30	366	366	闰年			
68	2001/6/30	365	365	平年			
69	2002/7/31	365	365	平年			
70	2003/5/30	365	365	平年			
71	3004/9/20	366	366	闰年			
72	4000/10/17	366	366	闰年			
73	2018/12/31	365	365	平年			
74	2019/2/28	365	365	平年			
75	2020/7/23	366	366	闰年			
76	2021/11/30	365	365	平年			
77							

图 3-111

计算工龄或者年龄如图 3-112 所示。

参考公式：=DATEDIF(A2,NOW(),″d″)。其中,NOW()可以用 TODAY()替换。

SUM =DATEDIF(A2,NOW(),"d")

	A	B	C	D	E
1	出生日期	年龄-年	年龄-月	年龄-日	
2	1998/9/11	19	235	(A2,NOW(),"d")	
3	1999/8/30	18	224	6826	
4	2000/3/30	18	217	6613	
5	2001/6/30	16	202	6156	
6	2002/7/31	15	189	5760	
7	2003/5/30	14	179	5457	

图 3-112

(4) 计算当月工资

若工作按照天数计算，假设每天 300 元工资，计算当月工资，如图 3-113 所示。

参考公式：=EOMONTH(NOW(),−1)+1，或=EOMONTH(NOW(),0)，或=NETWORKDAYS(A19,A20) * 300。

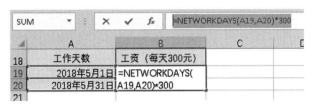

图 3-113

3.5　小　　结

　　数据作为生产要素，不是天生的，而是需要获取，还需要进行必要的处理，这样才能为数据分析提供良好的"原材料"。本章从数据处理的概念、功能、流程入手，结合 Excel 中的数据常规处理、调用函数处理阐述对数据的基础处理，为数据的高级处理或数据分析提供更高品质的"原材料"。

## 第 4 章

数据处理进阶

本书第 3 章从数据处理的概念、作用、流程等方面讲述了数据处理的重要意义，并基于 Excel，利用基础函数完成对数据的基础处理，本章将继续利用 Excel 的高级函数、VBA 等方法，以及 Power Query 等插件进一步对数据进行处理。

本章与第 3 章的不同之处在于所使用的函数功能更加强大，包括对多参数、数组的支持，有利于强化学习者对函数的进一步理解。同时，本章引入 Power Query 等插件，为了解和把握数据种类、数据连接与转换等夯实基础。

4.1 Excel 高级函数

4.1.1 SUM 函数的变异

1. SUMPRODUCT 函数

若要计算指定销售代表的总销售额，如在 H23 单元格输入销售代表 ID 后，计算出其总销售额，可以分别使用不同的函数，结果如图 4-1 所示。

参考公式如下：

＝SUM(C24:C40 * D24:D40 * (A24:A40＝H23))，或

＝SUMPRODUCT(N(A24:A40＝H23),C24:C40,D24:D40)，或

＝SUMPRODUCT(C24:C40 * D24:D40 * (A24:A40＝H23))

H27		✕ ✓ fx	=SUMPRODUCT(C24:C40*D24:D40*(A24:A40=H23))				
	A	B	C	D	E	F	G	H
23	销售代表ID	产品名称	数量	单价		计算指定销售代表的销售额		211
24	202	前变速器	6	54.894				
25	204	山地自行车	2	461.694			SUM	2539.8225
26	204	旅游自行车	1	2384.07			SUMPRODUCT	2539.8225
27	206	公路自行车车架	3	202.332			SUMPRODUCT	2539.8225
28	206	女士山地短裤	2	41.994				
29	207	运动头盔	1	34.99				
30	208	山地自行车挡泥板	1	21.98				
31	208	男士运动短裤	2	35.994				
32	210	山地自行车前轮	1	36.447				
33	211	夏用手套	5	14.1289				
34	211	补胎套件	1	2.29				

图 4-1

2. SUMIF

根据输入的模糊条件进行计算，如图 4-2 所示。

参考公式如下：

=SUMIF(A2:A18,"山地 * ",B2:B18)

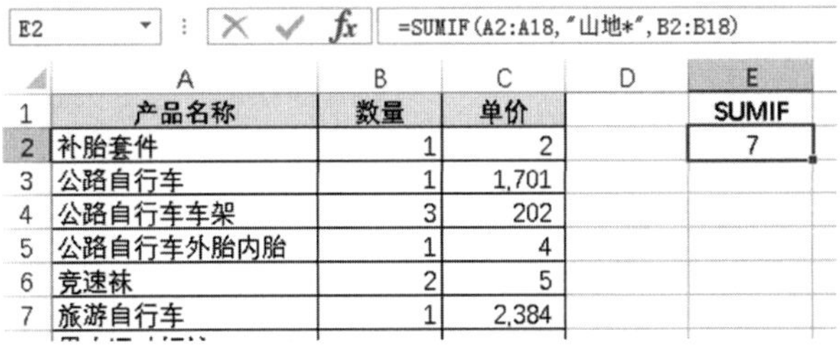

E2　=SUMIF(A2:A18,"山地*",B2:B18)

	A	B	C	D	E
1	产品名称	数量	单价		SUMIF
2	补胎套件	1	2		7
3	公路自行车	1	1,701		
4	公路自行车车架	3	202		
5	公路自行车外胎内胎	1	4		
6	竞速袜	2	5		
7	旅游自行车	1	2,384		

图 4-2

还可以在多通配符中使用数组，如图 4-3 所示。

参考公式如下：

=SUM(SUMIF(B91:B107,{"山地 * ","公路 * "},C91:C107))

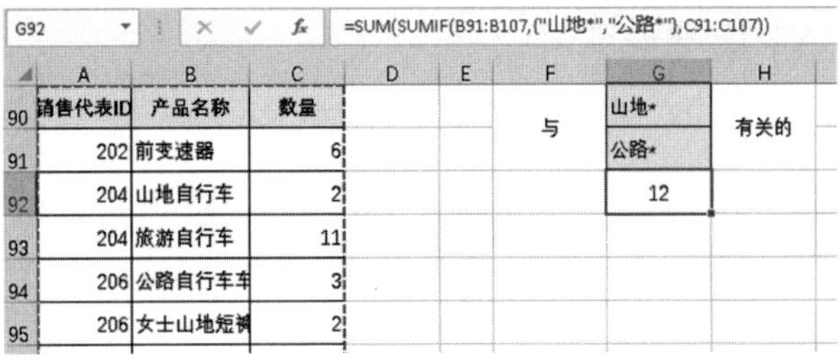

G92　=SUM(SUMIF(B91:B107,{"山地*","公路*"},C91:C107))

	A	B	C	D	E	F	G	H
90	销售代表ID	产品名称	数量			与	山地*	有关的
91	202	前变速器	6				公路*	
92	204	山地自行车	2				12	
93	204	旅游自行车	11					
94	206	公路自行车车	3					
95	206	女士山地短裤	2					

图 4-3

3. SUMIFS 函数

SUMIFS 函数中参数总共可以有 127 组条件。比如，需要计算山地车相关产品的数量，结果如图 4-4 所示。

参考公式如下：

=SUMIFS(B2:B18,A2:A18,"公路 * ")（单条件通配符），或

=SUM(SUMIFS(B2:B18,A2:A18,{"公路 * ";"山地 * "}))（多条件数组通配符）

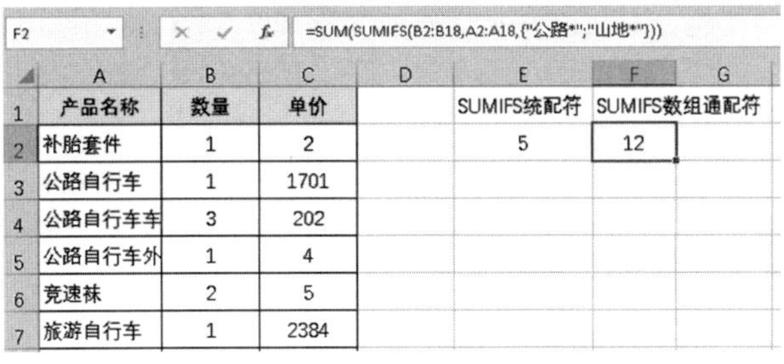

F2　=SUM(SUMIFS(B2:B18,A2:A18,{"公路*";"山地*"}))

	A	B	C	D	E	F	G
1	产品名称	数量	单价		SUMIFS统配符	SUMIFS数组通配符	
2	补胎套件	1	2		5	12	
3	公路自行车	1	1701				
4	公路自行车车	3	202				
5	公路自行车外	1	4				
6	竞速袜	2	5				
7	旅游自行车	1	2384				

图 4-4

在多维条件下求和，如图 4-5 所示。

参考公式如下：

=SUM(SUMIFS($C$24：$C$40，$A$24：$A$40，$F24，$B$24：$B$40,G$23))

G24 =SUM(SUMIFS($C$24:$C$40,$A$24:$A$40,$F24,$B$24:$B$40,G$23))

	A	B	C	D	E	F	G	H	I	J	K	L
23	销售代表ID	产品名称	数量	单价		产品 销售ID	前变速器	山地自行车	旅游自行车	公路自行车车架	女士山地短裤	运动头盔
24	202	前变速器	16	55		202	16	0	0	0	0	0
25	204	山地自行车	12	462		204	0	12	11	0	0	0
26	204	旅游自行车	11	2,384		206	0	0	0	13	12	0
27	206	公路自行车	13	202		207	0	0	0	0	0	11
28	206	女士山地短	12	42		208	0	0	0	0	0	0
29	207	运动头盔	11	35		210	0	0	0	0	0	0
30	208	山地自行车	11	22		211	0	0	0	0	0	0
31	208	男士运动短	12	36		213	0	0	0	0	0	0
32	210	山地自行车	11	36		214	0	0	0	0	0	0
33	211	夏用手套	15	14								
34	211	补胎套件	11	2								
35	211	竞速袜	12	5								
36	211	山地自行车	13	819								
37	213	公路自行车	11	1,701								
38	213	前叉	12	89								
39	214	水壶	25	3								
40	214	公路自行车	11	4								

图 4-5

4.1.2 COUNT 函数的变异

1. COUNTA 函数

与 COUNT 函数不同，COUNTA 函数可以计算字符、数字和错误值的个数，如图 4-6 所示。从 A3 单元格开始，利用 COUNTA 函数进行编号。

参考公式如下：

=COUNTA(D$3:D3)

因为 B7：D7 为空，所以，A7 单元格的编号会重复 A6 单元格的数值。对该公式进行改进，根据区域条件，如果区域内有空值的则编号为空。

参考公式如下：

=IF(COUNTA(B3:D3)=3,COUNTA(D$3:D3),"")

NETWORK... =IF(COUNTA(B3:D3)=3,COUNTA(D$3:D3),"")

	A	B	C	D	E	F
1	自动编号					
2	序号	产品名称	数量	单价		
3	1	补胎套件	1	2	D$3:D3),"")	
4	2	公路自行车	1	1,701	2	
5	3	公路自行车车	3	202	3	
6	4	公路自行车外	1	4	4	
7	4					
8						

图 4-6

2. COUNTIF 函数

比如，需要计算已付款在 500—2000 之间的地区数量，结果如图 4-7 所示。

参考公式如下：

=SUM(COUNTIF(B39:B56,{">500";">2000"})*{1;-1})

注意：数组中的分隔符是分号而非逗号（维数不同）。

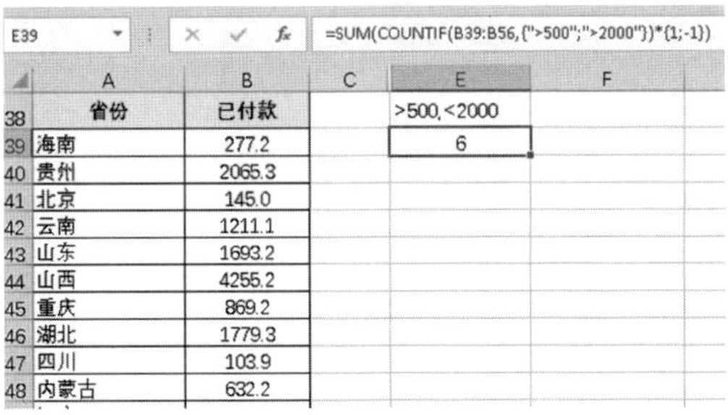

E39　=SUM(COUNTIF(B39:B56,{">500";">2000"})*{1;-1})

	A	B	C	E	F
38	省份	已付款		>500,<2000	
39	海南	277.2		6	
40	贵州	2065.3			
41	北京	145.0			
42	云南	1211.1			
43	山东	1693.2			
44	山西	4255.2			
45	重庆	869.2			
46	湖北	1779.3			
47	四川	103.9			
48	内蒙古	632.2			

图 4-7

如图 4-8 所示，通过通配符计算所有个人用户数量。

参考公式如下：

=SUM(COUNTIF(A60:A77,{"??";"???";"????"}))（转换为数组公式）

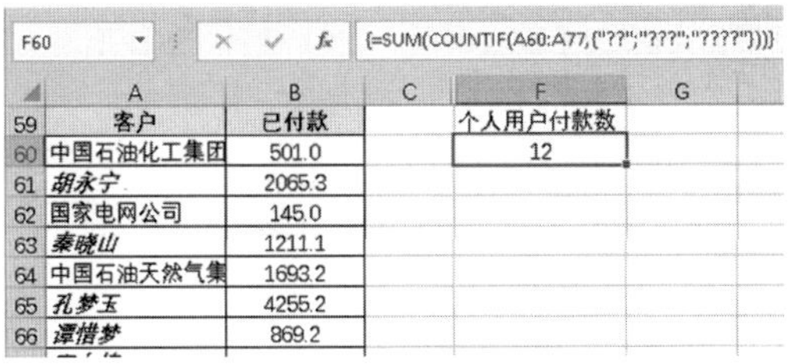

F60　{=SUM(COUNTIF(A60:A77,{"??";"???";"????"}))}

	A	B	C	F	G
59	客户	已付款		个人用户付款数	
60	中国石油化工集团	501.0		12	
61	*胡永宁*	2065.3			
62	国家电网公司	145.0			
63	*秦晓山*	1211.1			
64	中国石油天然气集	1693.2			
65	*孔梦玉*	4255.2			
66	*谭惜梦*	869.2			

图 4-8

3. COUNTIFS 函数

如图 4-9 所示，计算已经结清的客户数量。

参考公式如下：

=COUNTIFS(A$115:A$137,H115,F$115:F$137,0)

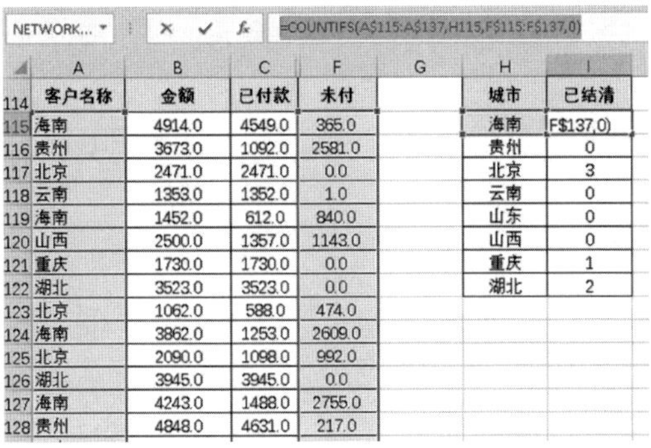

NETWORK...　=COUNTIFS(A$115:A$137,H115,F$115:F$137,0)

	A	B	C	F	G	H	I
114	客户名称	金额	已付款	未付		城市	已结清
115	海南	4914.0	4549.0	365.0		海南	F$137,0)
116	贵州	3673.0	1092.0	2581.0		贵州	0
117	北京	2471.0	2471.0	0.0		北京	3
118	云南	1353.0	1352.0	1.0		云南	0
119	海南	1452.0	612.0	840.0		山东	0
120	山西	2500.0	1357.0	1143.0		山西	0
121	重庆	1730.0	1730.0	0.0		重庆	1
122	湖北	3523.0	3523.0	0.0		湖北	2
123	北京	1062.0	588.0	474.0			
124	海南	3862.0	1253.0	2609.0			
125	北京	2090.0	1098.0	992.0			
126	湖北	3945.0	3945.0	0.0			
127	海南	4243.0	1488.0	2755.0			
128	贵州	4848.0	4631.0	217.0			

图 4-9

4.1.3 AVERAGE 函数的变异

1. AVERAGEA 函数

AVERAGE 函数在计算过程中会忽略文本、逻辑值，而 AVERAGEA 函数则会将文本、逻辑值等也置于计算过程中，如图 4-10 所示。

参考公式如下：

=AVERAGEA(B3:B21)

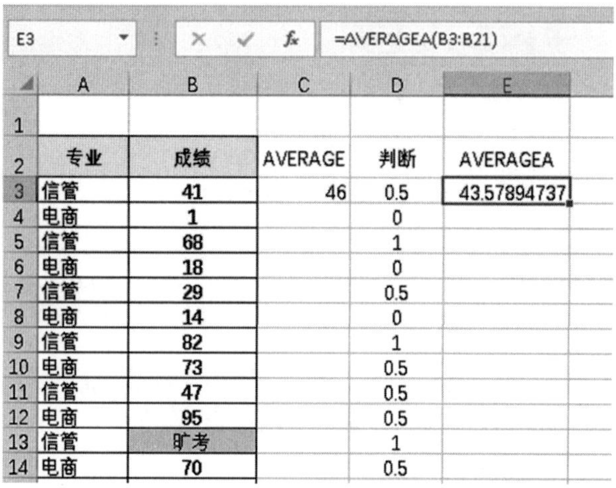

E3 =AVERAGEA(B3:B21)

	A	B	C	D	E
1					
2	专业	成绩	AVERAGE	判断	AVERAGEA
3	信管	41	46	0.5	43.57894737
4	电商	1		0	
5	信管	68		1	
6	电商	18		0	
7	信管	29		0.5	
8	电商	14		0	
9	信管	82		1	
10	电商	73		0.5	
11	信管	47		0.5	
12	电商	95		0.5	
13	信管	旷考		1	
14	电商	70		0.5	

图 4-10

2. AVERAGEIF 函数

根据专业计算平均成绩，如图 4-11 所示。

参考公式如下：

=AVERAGEIF(A3:A21,H3,B3:B21)

其中，H3、H4 单元格是参考条件所在单元格。

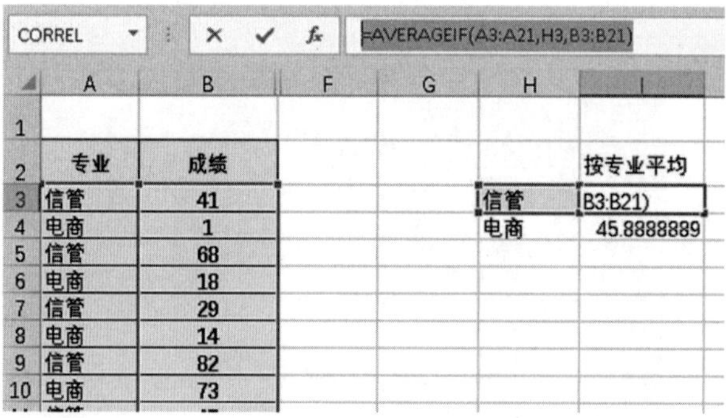

CORREL =AVERAGEIF(A3:A21,H3,B3:B21)

	A	B	F	G	H	I
1						
2	专业	成绩				按专业平均
3	信管	41			信管	B3:B21)
4	电商	1			电商	45.8888889
5	信管	68				
6	电商	18				
7	信管	29				
8	电商	14				
9	信管	82				
10	电商	73				

图 4-11

AVERAGEIF 函数可以使用通配符，如=AVERAGEIF(A3:A21,"*信*",C3:

C21)表示条件中带有“信”字符串；=AVERAGEIF(A3:A21,"<>*信*",C3:C21)表示条件中不含有“信”字符串；=AVERAGEIF(A3:A21,"??? *",C3:C21)表示条件中字符串长度是 3 个字符以上；=AVERAGE(AVERAGEIF(A3:A21,{"*主管*","*经理*"},C3:C21))表示根据职务是主管或经理来进行计算，用到的是数组公式，外层需要添加 AVERAGE 函数；=AVERAGE(AVERAGEIF(A3:A21,{"??","???"},C3:C21))表示计算条件中含有两个和三个字符串。

3. AVERAGEIFS 函数

如图 4-12 所示，AVERAGEIFS 函数可以包括更多维条件，比如，不仅根据专业，还要根据班级进行平均值计算。

参考公式如下：

=AVERAGEIFS($C$28:$C$46,$A$28:$A$46,$I28,$B$28:$B$46,J$27)

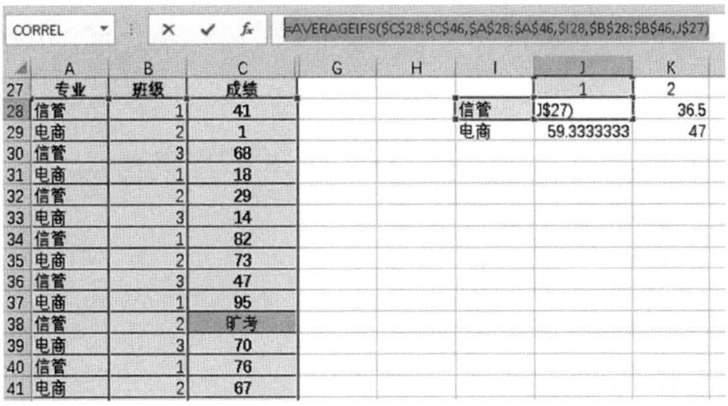
CORREL　=AVERAGEIFS($C$28:$C$46,$A$28:$A$46,$I28,$B$28:$B$46,J$27)

	A	B	C	G	H	I	J	K
27	专业	班级	成绩				1	2
28	信管	1	41			信管	J$27)	36.5
29	电商	2	1			电商	59.3333333	47
30	信管	3	68					
31	电商	1	18					
32	信管	2	29					
33	电商	3	14					
34	信管	1	82					
35	电商	2	73					
36	信管	3	47					
37	电商	1	95					
38	信管	2	旷考					
39	电商	3	70					
40	信管	1	76					
41	电商	2	67					

图 4-12

4. TRIMMEAN 函数

该函数返回一组数据的修剪平均值，即去掉数组或引用区域中相同个数的最大值和最小值，如图 4-13 所示。

参考公式如下：

=TRIMMEAN(B52:H52,2/7)

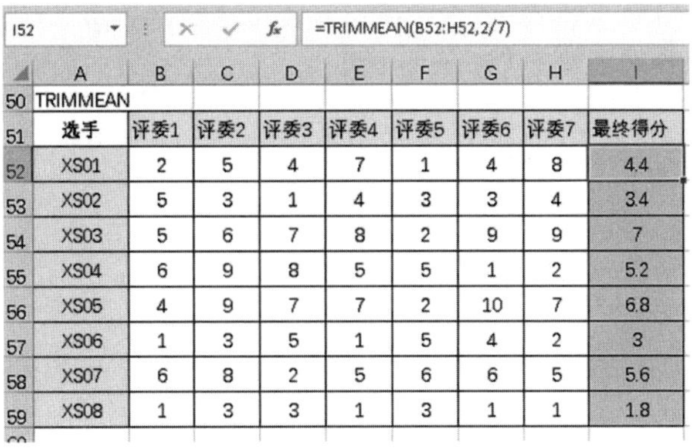
I52　=TRIMMEAN(B52:H52,2/7)

	A	B	C	D	E	F	G	H	I
50	TRIMMEAN								
51	选手	评委1	评委2	评委3	评委4	评委5	评委6	评委7	最终得分
52	XS01	2	5	4	7	1	4	8	4.4
53	XS02	5	3	1	4	3	3	4	3.4
54	XS03	5	6	7	8	2	9	9	7
55	XS04	6	9	8	5	5	1	2	5.2
56	XS05	4	9	7	7	2	10	7	6.8
57	XS06	1	3	5	1	5	4	2	3
58	XS07	6	8	2	5	6	6	5	5.6
59	XS08	1	3	3	1	3	1	1	1.8

图 4-13

公式中，“7”作为分母有可能会出现不参与的情况，所以考虑用 COUNT 某个区域作为分母的最终值。“2”作为分子可以设置为 2，4，6，…，就是按最高、最低对称的值作为修剪的参数。

4.1.4 查找定位函数的变异

1. VLOOKUP 函数与 HLOOKUP 函数

(1) VLOOKUP 从垂直方向（按行）查找目标值。查找的值需要位于查找区域的首列。0 是模糊查找，1 是精确查找。需要注意的是，关于参数 0 和 1 在函数中的向导说明与函数应用时的提示是相反的。

例如，根据 E2 单元格的值，查询单价是否超过 500，如图 4-14 所示。

参考公式如下：

=IF(VLOOKUP(E2,A2:C18,3,1)>500,"超过 500","小于 500")

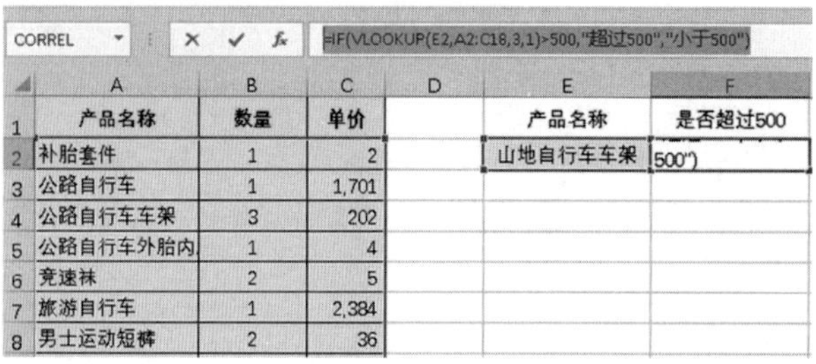

CORREL =IF(VLOOKUP(E2,A2:C18,3,1)>500,"超过500","小于500")

	A	B	C	D	E	F
1	产品名称	数量	单价		产品名称	是否超过500
2	补胎套件	1	2		山地自行车车架	500")
3	公路自行车	1	1,701			
4	公路自行车车架	3	202			
5	公路自行车外胎内	1	4			
6	竞速袜	2	5			
7	旅游自行车	1	2,384			
8	男士运动短裤	2	36			

图 4-14

VLOOKUP 函数还可以进行模糊匹配，查找的是比模糊值小的第一个值，如图 4-15 所示。

参考公式如下：

=VLOOKUP(C24,{0,"低价";1000,"中等";1001,"高价"},2,1)（查找的范围 F24：G24 选择后用 F9 变换为数组）

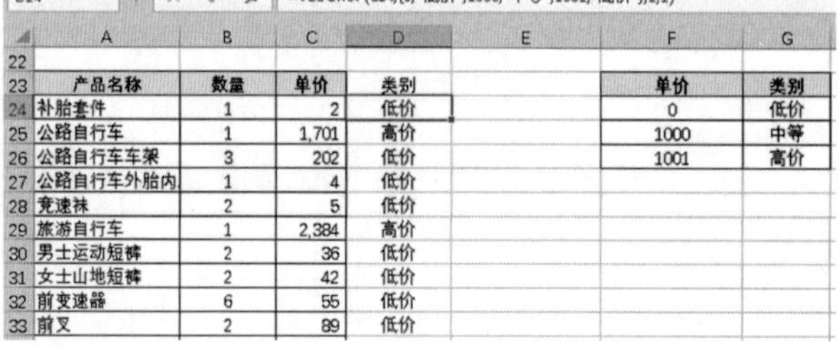

D24 =VLOOKUP(C24,{0,"低价";1000,"中等";1001,"高价"},2,1)

	A	B	C	D	E	F	G
22							
23	产品名称	数量	单价	类别		单价	类别
24	补胎套件	1	2	低价		0	低价
25	公路自行车	1	1,701	高价		1000	中等
26	公路自行车车架	3	202	低价		1001	高价
27	公路自行车外胎内	1	4	低价			
28	竞速袜	2	5	低价			
29	旅游自行车	1	2,384	高价			
30	男士运动短裤	2	36	低价			
31	女士山地短裤	2	42	低价			
32	前变速器	6	55	低价			
33	前叉	2	89	低价			

图 4-15

使用 VLOOKUP 函数可进行多条件查询，用“&”连接查找的区域，如图 4-16 所示。

参考公式如下：

＝VLOOKUP(E68&F68,IF({1,0},A68:A84&B68:B84,C68:C84),2)（转换为数组公式）

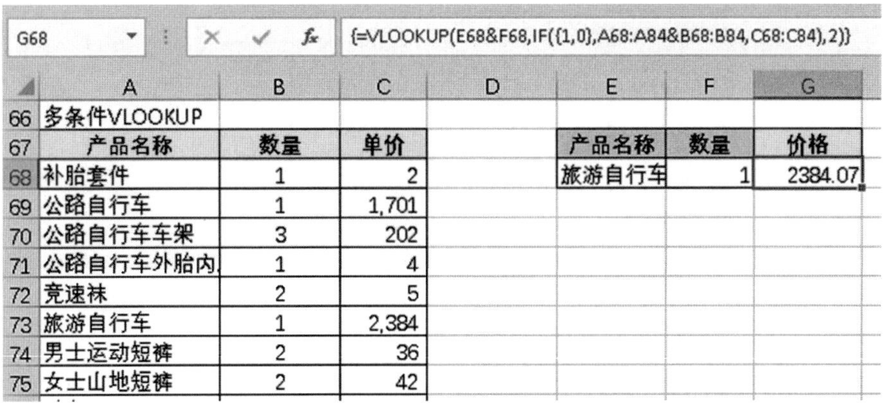
G68　{=VLOOKUP(E68&F68,IF({1,0},A68:A84&B68:B84,C68:C84),2)}

	A	B	C	D	E	F	G
66	多条件VLOOKUP						
67	产品名称	数量	单价		产品名称	数量	价格
68	补胎套件	1	2		旅游自行车	1	2384.07
69	公路自行车	1	1,701				
70	公路自行车车架	3	202				
71	公路自行车外胎内	1	4				
72	竞速袜	2	5				
73	旅游自行车	1	2,384				
74	男士运动短裤	2	36				
75	女士山地短裤	2	42				

图 4-16

（2）HLOOKUP 函数从水平方向（按列）查找目标值，如图 4-17 所示。

参考公式如下：

＝HLOOKUP(A2，$F$5：$J$8，IF(B2＝"语文",2,IF(B2＝"数学",3,4))，TRUE)

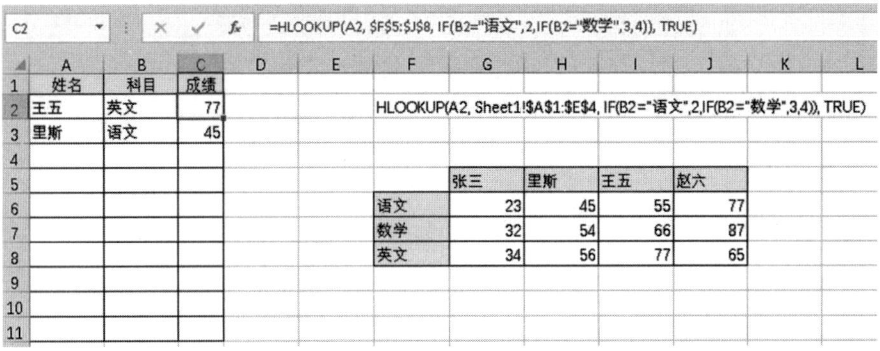
C2　=HLOOKUP(A2, $F$5:$J$8, IF(B2="语文",2,IF(B2="数学",3,4)), TRUE)

	A	B	C	D	E	F	G	H	I	J
1	姓名	科目	成绩							
2	王五	英文	77			HLOOKUP(A2, Sheet1!$A$1:$E$4, IF(B2="语文",2,IF(B2="数学",3,4)), TRUE)				
3	里斯	语文	45							
5							张三	里斯	王五	赵六
6						语文	23	45	55	77
7						数学	32	54	66	87
8						英文	34	56	77	65

图 4-17

2．MATCH 函数

MATCH 函数可用来查找位置。有三种查找方式：－1，0，1。其中，“0”表示精确查找。

第三参数为 1 或者－1，表示大于或小于某个值，可以用于成绩判断上，如图 4-18 所示。

参考公式如下：

＝MID("低中高",MATCH(C16,{0;1000;1001},1),1)

3．INDEX 函数

INDEX 函数可根据行、列参数在特定区域寻找相应位置的值，如 INDEX(A2：

图 4-18

M8,1,1)等。一般会与其他函数配合使用，如 MATCH 函数，如图 4-19 所示。

参考公式如下：

$$=INDEX(A2:M8,MATCH(B10,A2:A8,0),MATCH(B11,B1:M1,0)+1)$$

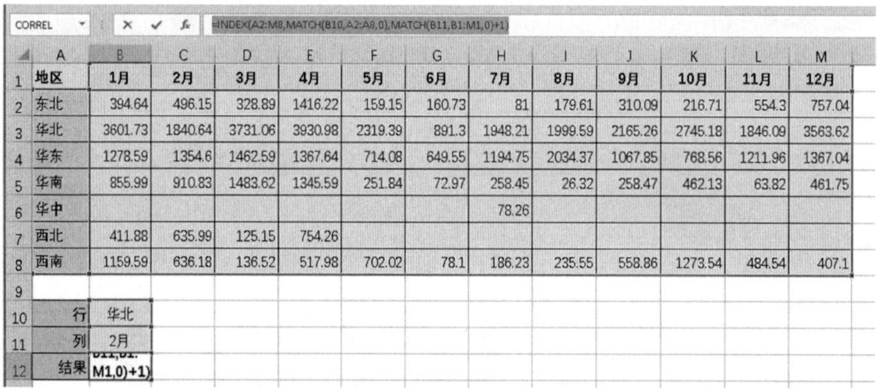

图 4-19

4. INDIRECT 函数

INDIRECT 函数可返回文本字符串所指定的引用，如不能用 INDIRECT（A2），而只能使用 INDIRECT（"A2"），具体见图 4-20。

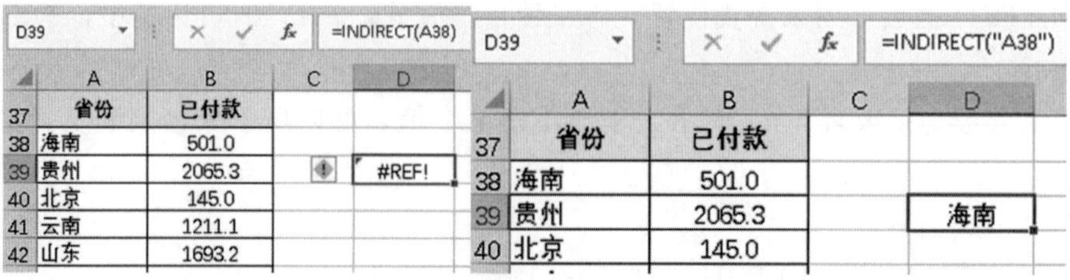

图 4-20

从混杂数据中获取数值数据，如图 4-21 所示。

参考公式如下：

$$=MAX(--TEXT(MID(A2,ROW(INDIRECT("1:"\&LEN(A2))),\{1,2,3\}),"0;-0;0;!0"))(转换为数组公式)$$

图 4-21

5. OFFSET 函数

OFFSET 函数可以返回对单元格或单元格区域指定行数和列数的区域的引用，如图 4-22 所示。

图 4-22

这里需要注意的是，正负数的方向不同。OFFSET 函数的第一个参考值可以是一个单元格，也可以是一个区域，如图 4-23 所示。

参考公式如下：

$$=AVERAGE(OFFSET(A24,1,MATCH(B33,B24:M24,),7,1))(不需要用到数组公式)，或$$

$$=AVERAGE(OFFSET(A25:A31,0,MATCH(B33,B24:M24,)))(需要用到数组公式)$$

	A	B	C	D	E	F	G	H	I	J	K	L	M
24		1月	2月	3月	4月	5月	6月	7月	8月	9月	10月	11月	12月
25	东北	394.64	496.15	328.89	1416.22	159.15	160.73	81	179.61	310.09	216.71	554.3	757.04
26	华北	3601.73	1840.64	3731.06	3930.98	2319.39	891.3	1948.21	1999.59	2165.26	2745.18	1846.09	3563.62
27	华东	1278.59	1354.6	1462.59	1367.64	714.08	649.55	1194.75	2034.37	1067.85	768.56	1211.96	1367.04
28	华南	855.99	910.83	1483.62	1345.59	251.84	72.97	258.45	26.32	258.47	462.13	63.82	461.75
29	华中							78.26					
30	西北	411.88	635.99	125.15	754.26								
31	西南	1159.59	636.18	136.52	517.98	702.02	78.1	186.23	235.55	558.86	1273.54	484.54	407.1
32													
33	月份	1月											
34	平均	1283.74											

图 4-23

根据区域求总额，如图 4-24 所示。

参考公式如下：

=SUM(OFFSET(A24,MATCH(F33,A24:A31,)−1,1,1,12))，或

=SUM(OFFSET(B24,MATCH(F33,A24:A31,)−1,0,1,12))

	A	B	C	D	E	F	G	H	I	J	K	L	M
24	区域	1月	2月	3月	4月	5月	6月	7月	8月	9月	10月	11月	12月
25	东北	394.64	496.15	328.89	1416.22	159.15	160.73	81	179.61	310.09	216.71	554.3	757.04
26	华北	3601.73	1840.64	3731.06	3930.98	2319.39	891.3	1948.21	1999.59	2165.26	2745.18	1846.09	3563.62
27	华东	1278.59	1354.6	1462.59	1367.64	714.08	649.55	1194.75	2034.37	1067.85	768.56	1211.96	1367.04
28	华南	855.99	910.83	1483.62	1345.59	251.84	72.97	258.45	26.32	258.47	462.13	63.82	461.75
29	华中							78.26					
30	西北	411.88	635.99	125.15	754.26								
31	西南	1159.59	636.18	136.52	517.98	702.02	78.1	186.23	235.55	558.86	1273.54	484.54	407.1
32													
33	月份	1月			区域	西南							
34	平均	1283.74			总额	6376.21							
35													

图 4-24

如何实现逐条独立显示？原始数据如图 4-25 所示。

	A	B	C	D	E	F	G	H	I	J	K	L	M
24	区域	1月	2月	3月	4月	5月	6月	7月	8月	9月	10月	11月	12月
25	东北	394.64	496.15	1416.22	159.15	160.73		81	179.61	310.09	216.71	554.3	757.04
26	华北	3601.73	1840.64	3731.06	3930.98	2319.39	891.3	1948.21	1999.59	2165.26	2745.18	1846.09	3563.62
27	华东	1278.59	1354.6	1462.59	1367.64	714.08	649.55	1194.75	2034.37	1067.85	768.56	1211.96	1367.04
28	华南	855.99	910.83	1483.62	1345.59	251.84	72.97	258.45	26.32	258.47	462.13	63.82	461.75
29	华中							78.26					
30	西北	411.88	635.99	125.15	754.26								
31	西南	1159.59	636.18	136.52	517.98	702.02	78.1	186.23	235.55	558.86	1273.54	484.54	407.1

图 4-25

参考公式如下：

=IF(MOD(ROW(),2),A$24,OFFSET(A$24,ROW(1:1)/2,))

结果如图 4-26 所示。

此例可以用在工资条的构造上。MOD(ROW(),2)的主要目的是隔行填充标题行；ROW(1:1)/2 的目的是构造 1，2，3，…的数据行号。

图 4-26

6. CHOOSE 函数

CHOOSE 函数是根据给定的索引值，从参数串中选出相应值或进行操作，如图 4-27 所示。

参考公式如下：

＝CHOOSE（C2，"低"，"低"，"低"，"低"，"中"，"中"，"中"，"高"，"高"，"高"）

如果有 10 档，那么对应的参数串需要有 10 个，否则可能会以 0 的方式呈现计算结果。

图 4-27

4.1.5 数组函数高阶

1. SMALL 函数与 LARGE 函数

SMALL 函数返回数组中第 N 个最小值，LARGE 函数返回数组中第 N 个最大值，分别如图 4-28、图 4-29 所示。

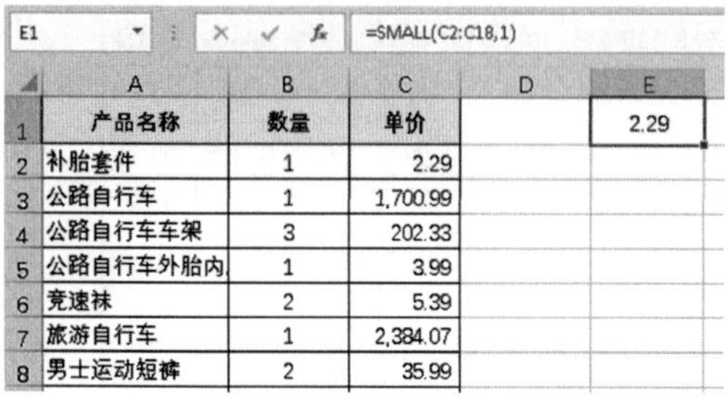

	A	B	C	D	E
1	产品名称	数量	单价		2.29
2	补胎套件	1	2.29		
3	公路自行车	1	1,700.99		
4	公路自行车车架	3	202.33		
5	公路自行车外胎内	1	3.99		
6	竞速袜	2	5.39		
7	旅游自行车	1	2,384.07		
8	男士运动短裤	2	35.99		

图 4-28

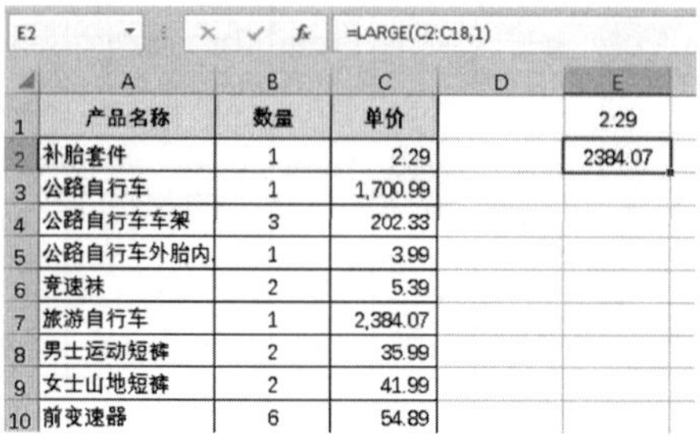

	A	B	C	D	E
1	产品名称	数量	单价		2.29
2	补胎套件	1	2.29		2384.07
3	公路自行车	1	1,700.99		
4	公路自行车车架	3	202.33		
5	公路自行车外胎内	1	3.99		
6	竞速袜	2	5.39		
7	旅游自行车	1	2,384.07		
8	男士运动短裤	2	35.99		
9	女士山地短裤	2	41.99		
10	前变速器	6	54.89		

图 4-29

综合 SMALL 函数与 LARGE 函数功能查询销售记录，源数据如图 4-30 所示。在 B23 单元格中输入查询条件，比如“山地”“公路”等模糊条件。

A26 单元格开始的参考公式如下：

=INDEX(A$1:A$18,SMALL(IFERROR(IF(FIND($B$23,$A$2:$A$18),ROW($2:$18)),4^8),ROW(1:1)))（转换为数组公式）

B26 单元格开始的参考公式如下：

=INDEX(B$1:B$18,SMALL(IFERROR(IF(FIND($B$23,$A$2:$A$18),ROW($2:$18)),4^8),ROW(1:1)))（转换为数组公式）

C26 单元格开始的参考公式如下：

=INDEX(C$1:C$18,SMALL(IFERROR(IF(FIND($B$23,$A$2:$A$18),ROW($2:$18)),4^8),ROW(1:1)))（转换为数组公式）

在 B23 单元格无筛选条件时，结果如图 4-31 所示。

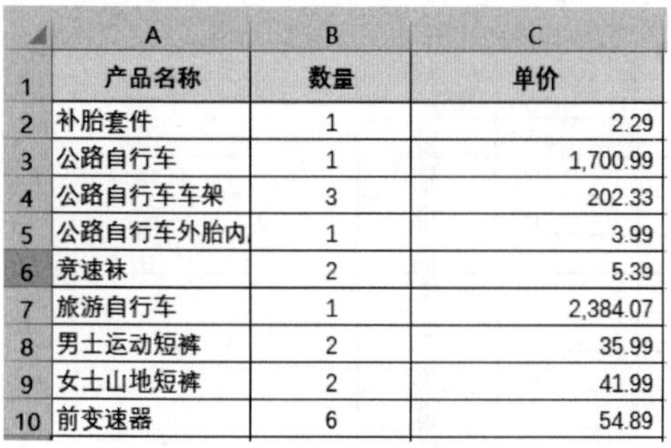

	A	B	C
1	产品名称	数量	单价
2	补胎套件	1	2.29
3	公路自行车	1	1,700.99
4	公路自行车车架	3	202.33
5	公路自行车外胎内	1	3.99
6	竞速袜	2	5.39
7	旅游自行车	1	2,384.07
8	男士运动短裤	2	35.99
9	女士山地短裤	2	41.99
10	前变速器	6	54.89

图 4-30

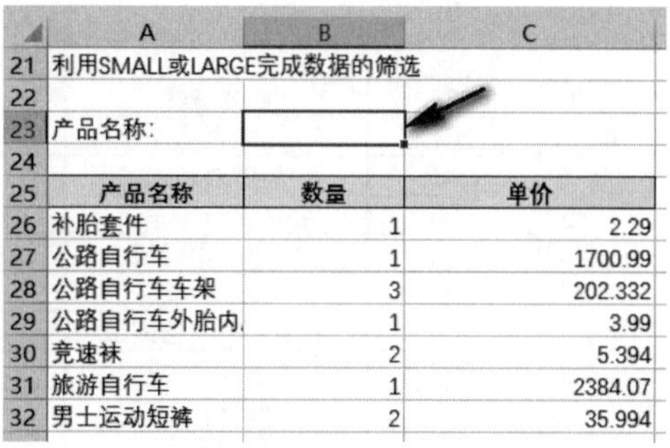

	A	B	C
21	利用SMALL或LARGE完成数据的筛选		
22			
23	产品名称:		
24			
25	产品名称	数量	单价
26	补胎套件	1	2.29
27	公路自行车	1	1700.99
28	公路自行车车架	3	202.332
29	公路自行车外胎内	1	3.99
30	竞速袜	2	5.394
31	旅游自行车	1	2384.07
32	男士运动短裤	2	35.994

图 4-31

当 B23＝山地时，结果如图 4-32 所示。

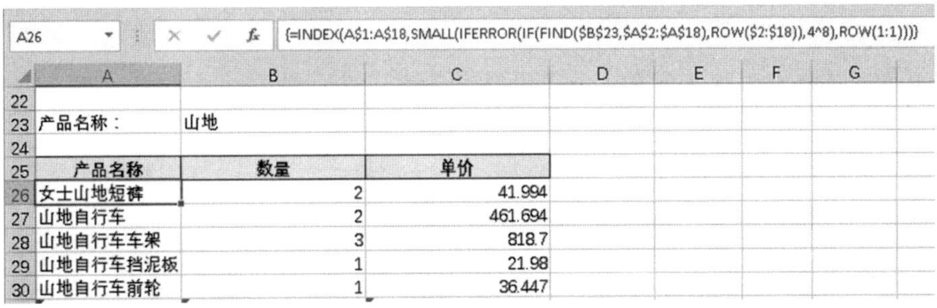

A26　{=INDEX(A$1:A$18,SMALL(IFERROR(IF(FIND($B$23,$A$2:$A$18),ROW($2:$18)),4^8),ROW(1:1)))}

	A	B	C
22			
23	产品名称：	山地	
24			
25	产品名称	数量	单价
26	女士山地短裤	2	41.994
27	山地自行车	2	461.694
28	山地自行车车架	3	818.7
29	山地自行车挡泥板	1	21.98
30	山地自行车前轮	1	36.447

图 4-32

2. MMULT 函数

利用 MMULT 函数可对两数组进行矩阵积运算，矩阵的行数与数组 1 相等，列数与数组 2 相等。在实际应用过程中，若数据有空值将会报错，可先替换为 0。

假设需要按区域计算总销售额，如图 4-33 所示。

参考公式如下：

按行计算：＝MMULT(B3:M3,{1;1;1;1;1;1;1;1;1;1;1;1})

按列计算：＝MMULT({1,1,1,1,1,1,1},B3:B9)

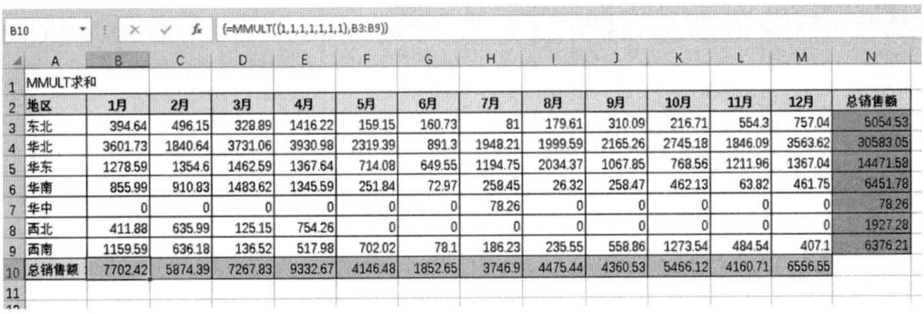

B10　{=MMULT({1,1,1,1,1,1,1},B3:B9)}

	A	B	C	D	E	F	G	H	I	J	K	L	M	N
1	MMULT求和													
2	地区	1月	2月	3月	4月	5月	6月	7月	8月	9月	10月	11月	12月	总销售额
3	东北	394.64	496.15	328.89	1416.22	159.15	160.73	81	179.61	310.09	216.71	554.3	757.04	5054.53
4	华北	3601.73	1840.64	3731.06	3930.98	2319.39	891.3	1948.21	1999.59	2165.26	2745.18	1846.09	3563.62	30583.05
5	华东	1278.59	1354.6	1462.59	1367.64	714.08	649.55	1194.75	2034.37	1067.85	768.56	1211.96	1367.04	14471.58
6	华南	855.99	910.83	1483.62	1345.59	251.84	72.97	258.45	26.32	258.47	462.13	63.82	461.75	6451.78
7	华中	0	0	0	0	0	0	78.26	0	0	0	0	0	78.26
8	西北	411.88	635.99	125.15	754.26	0	0	0	0	0	0	0	0	1927.28
9	西南	1159.59	636.18	136.52	517.98	702.02	78.1	186.23	235.55	558.86	1273.54	484.54	407.1	6376.21
10	总销售额	7702.42	5874.39	7267.83	9332.67	4146.48	1852.65	3746.9	4475.44	4360.53	5466.12	4160.71	6556.55	
11														

图 4-33

若要计算每个地区 12 个月中销售量大于 1000 的数量，如图 4-34 所示。

参考公式如下：

＝MMULT(N(B14:M14＞＝1000),ROW($1:$12)^0)

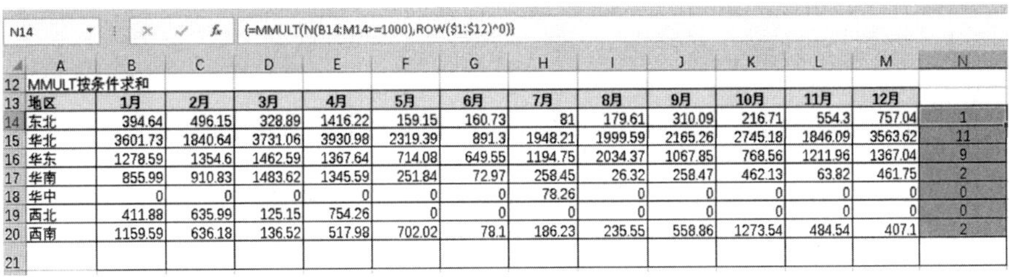

N14　{=MMULT(N(B14:M14>=1000),ROW($1:$12)^0)}

	A	B	C	D	E	F	G	H	I	J	K	L	M	N
12	MMULT按条件求和													
13	地区	1月	2月	3月	4月	5月	6月	7月	8月	9月	10月	11月	12月	
14	东北	394.64	496.15	328.89	1416.22	159.15	160.73	81	179.61	310.09	216.71	554.3	757.04	1
15	华北	3601.73	1840.64	3731.06	3930.98	2319.39	891.3	1948.21	1999.59	2165.26	2745.18	1846.09	3563.62	11
16	华东	1278.59	1354.6	1462.59	1367.64	714.08	649.55	1194.75	2034.37	1067.85	768.56	1211.96	1367.04	9
17	华南	855.99	910.83	1483.62	1345.59	251.84	72.97	258.45	26.32	258.47	462.13	63.82	461.75	2
18	华中	0	0	0	0	0	0	78.26	0	0	0	0	0	0
19	西北	411.88	635.99	125.15	754.26	0	0	0	0	0	0	0	0	0
20	西南	1159.59	636.18	136.52	517.98	702.02	78.1	186.23	235.55	558.86	1273.54	484.54	407.1	2
21														

图 4-34

若要判断所有月份销售额小于 500 的数量，如图 4-35 所示，先通过在右侧创建一个临时区域，统计每个地区的每月销售额与 500 的比较。

参考公式如下：

＝N(B3:M9＜500)（全部选中后用数组公式计算）

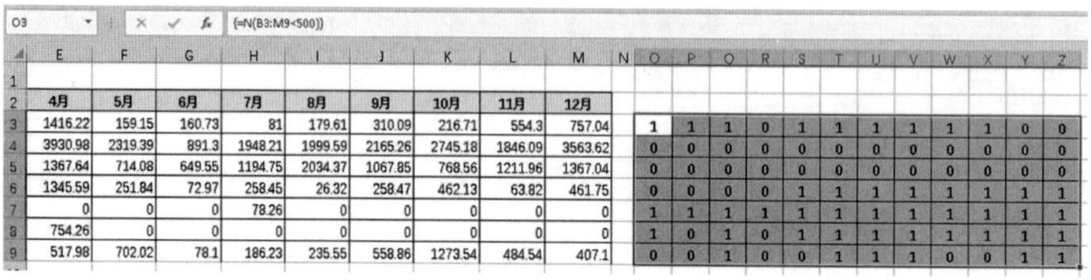

O3 {=N(B3:M9<500)}

4月	5月	6月	7月	8月	9月	10月	11月	12月	O	P	Q	R	S	T	U	V	W	X	Y	Z
1416.22	159.15	160.73	81	179.61	310.09	216.71	554.3	757.04	1	1	1	0	1	1	1	1	1	1	0	0
3930.98	2319.39	891.3	1948.21	1999.59	2165.26	2745.18	1846.09	3563.62	0	0	0	0	0	0	0	0	0	0	0	0
1367.64	714.08	649.55	1194.75	2034.37	1067.85	768.56	1211.96	1367.04	0	0	0	0	0	0	0	0	0	0	0	0
1345.59	251.84	72.97	258.45	26.32	258.47	462.13	63.82	461.75	0	0	0	0	1	1	1	1	1	1	1	1
0	0	0	78.26	0	0	0	0	0	1	1	1	1	1	1	1	1	1	1	1	1
754.26	0	0	0	0	0	0	0	0	1	0	1	0	1	1	1	1	1	1	1	1
517.98	702.02	78.1	186.23	235.55	558.86	1273.54	484.54	407.1	0	0	1	0	0	1	1	1	0	0	1	1

图 4-35

若 B12 单元格中的公式＝SUM(N(MMULT(O3:Z9,ROW(1:12)^0)＞＝1))。如果要带上“＞＝1”参数，那么得到的是地区销售额中大于等于 500 的，最终结果是 5 个地区；若不带上“＞＝1”参数，则最终得到的是所有地区、月份销售数据中有多少笔销售记录是小于 500 的，如图 4-36 所示。

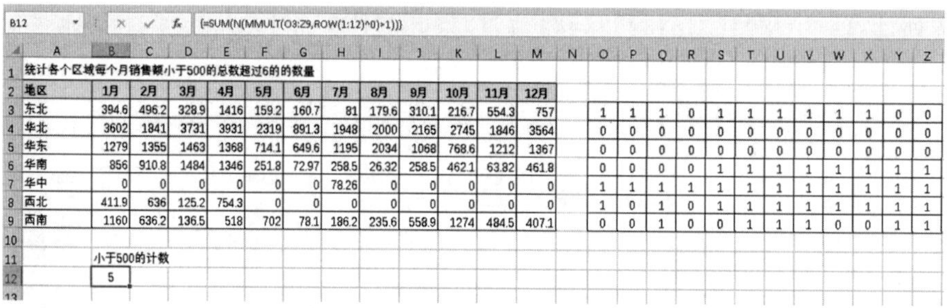

B12 {=SUM(N(MMULT(O3:Z9,ROW(1:12)^0)>1))}

统计各个区域每个月销售额小于500的总数超过6的的数量

地区	1月	2月	3月	4月	5月	6月	7月	8月	9月	10月	11月	12月	O	P	Q	R	S	T	U	V	W	X	Y	Z
东北	394.6	496.2	328.9	1416	159.2	160.7	81	179.6	310.1	216.7	554.3	757	1	1	1	0	1	1	1	1	1	1	0	0
华北	3602	1841	3731	3931	2319	891.3	1948	2000	2165	2745	1846	3564	0	0	0	0	0	0	0	0	0	0	0	0
华东	1279	1355	1463	1368	714.1	649.6	1195	2034	1068	768.6	1212	1367	0	0	0	0	0	0	0	0	0	0	0	0
华南	856	910.8	1484	1346	251.8	72.97	258.5	26.32	258.5	462.1	63.82	461.8	0	0	0	0	1	1	1	1	1	1	1	1
华中	0	0	0	0	0	0	78.26	0	0	0	0	0	1	1	1	1	1	1	1	1	1	1	1	1
西北	411.9	636	125.2	754.3	0	0	0	0	0	0	0	0	1	0	1	0	1	1	1	1	1	1	1	1
西南	1160	636.2	136.5	518	702	78.1	186.2	235.6	558.9	1274	484.5	407.1	0	0	1	0	0	1	1	1	0	0	1	1

小于500的计数

5

图 4-36

4.1.6 统计函数基础

Excel 中常用的统计函数包括 SUBTOTAL 函数、FREQUENCY 函数、MODE 函数、MEDIAN 函数等。

1. SUBTOTAL 函数

利用 SUBTOTAL 函数可以返回数据列表或数据库的分类汇总。如图 4-37 所示，销售数据某些记录被隐藏，需要在 D 列进行连续编号。

参考如下公式：

＝SUBTOTAL(103,C＄23:C23)

其中，参数为 103 而非 3，其作用是不统计被隐藏的数据。

2. FREQUENCY 函数

利用 FREQUENCY 函数可以实现以一列垂直数组返回某个区域数据的频率分布。根据销售数量统计频数，如图 4-38 所示。

参考公式如下：

＝FREQUENCY（B2：B18,E2：E7）（转换为数组公式）

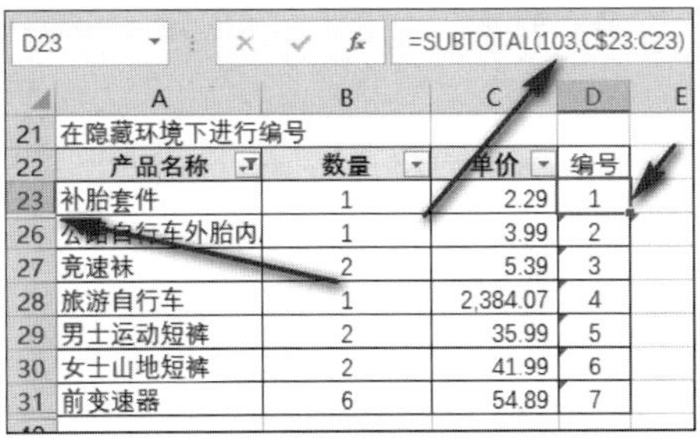

图 4-37

图 4-38

若要根据数值区间进行频数计算，如图 4-39 所示。

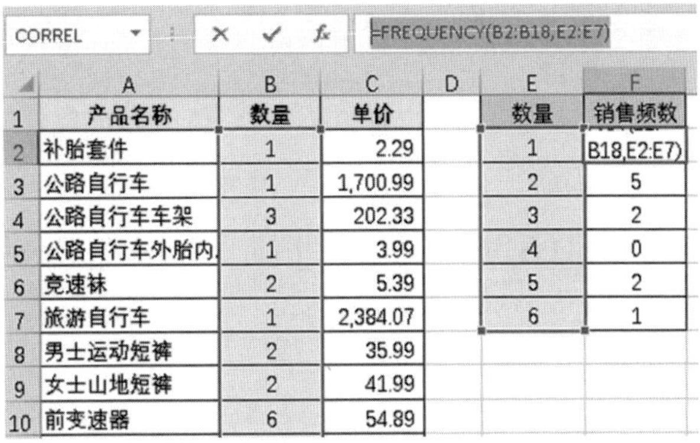

参考公式如下：

＝SUM（COUNTIF（B＄2：B＄18，ROW（INDIRECT（SUBSTITUTE（H2,
"－","："）))))），或

＝FREQUENCY（B2：B18,{3,6}）

其中，"3" 指的是大于 0 且小于等于 3；"6" 指的是大于 3 且小于等于 6。

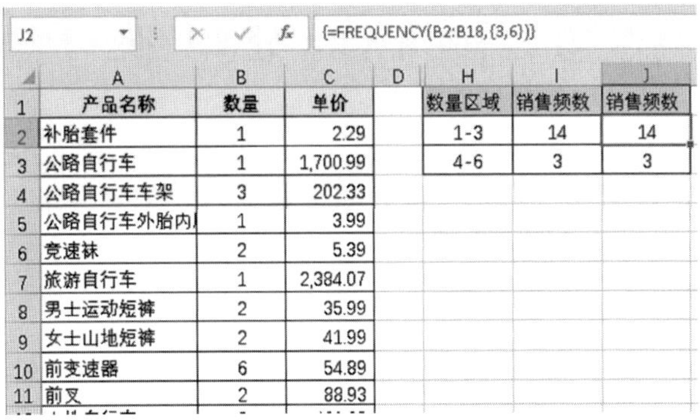

图 4-39

3. MODE 函数

利用 MODE 函数可以返回一组数据或数据区域中的众数，而利用 MODE. MULT 函数则可以计算可能存在的多个众数，如图 4-40 所示。

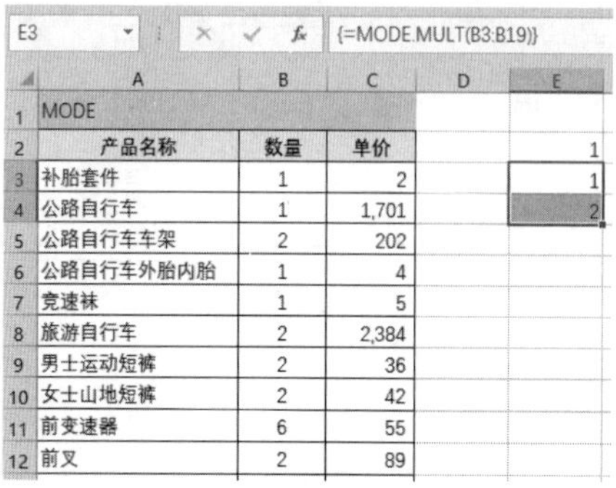
E3 {=MODE.MULT(B3:B19)}

	A	B	C	D	E
1	MODE				
2	产品名称	数量	单价		1
3	补胎套件	1	2		1
4	公路自行车	1	1,701		2
5	公路自行车车架	2	202		
6	公路自行车外胎内胎	1	4		
7	竞速袜	1	5		
8	旅游自行车	2	2,384		
9	男士运动短裤	2	36		
10	女士山地短裤	2	42		
11	前变速器	6	55		
12	前叉	2	89		

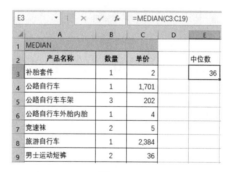

图 4-40

4. MEDIAN 函数

利用 MEDIAN 函数可以返回一组已知数字的中值，中值是一组数的中间数，如图 4-41 所示。

E3 =MEDIAN(C3:C19)

	A	B	C	D	E
1	MEDIAN				
2	产品名称	数量	单价		中位数
3	补胎套件	1	2		36
4	公路自行车	1	1,701		
5	公路自行车车架	3	202		
6	公路自行车外胎内胎	1	4		
7	竞速袜	2	5		
8	旅游自行车	1	2,384		
9	男士运动短裤	2	36		

图 4-41

4.2 利用 VBA 处理数据

VBA(Visual Basic for Applications)是 Visual Basic 的一种宏语言，是在其桌面应用程序中执行通用的自动化（OLE）任务的编程语言，主要用来扩展 Windows 的应用程序功能，特别是 Microsoft Office 软件。

在 Excel 中编写并应用 VBA 脚本，可大大提高数据处理的效率，如图 4-42 所示。

图 4-42

4.2.1　拆分数据

1. 根据特征值拆分为不同的工作表

以图 4-42 中的 G 列运货商为特征值进行拆分，将 ordertemp 数据表中的数据拆分为 1、2、3 三个工作表。"拆分为工作表"按钮事件参考代码如下：

```
Private Sub CommandButton1_Click()
Dim m1 As Integer
  Dim m2 As Integer
  Dim x As Integer
  Dim sh As Worksheet
  Dim myyhs As String

  m1 = 2
  x = 2
  For x = 2 To Range("n1048576").End(xlUp).Row
    If Cells(x, 7) <> Cells(x + 1, 7) Then
      m2 = x
      Set sh = Worksheets.Add
      myyhs = Range("g" & x).Value
      sh.Name = myyhs

      Range("a1:n1").Copy sh.Range("a1")
      Range("a" & m1 & ":n" & x).Copy sh.Range("a2")

      x = x + 1
      m1 = m2 + 1
    End If
```

```
    Next x
End Sub
```

2. 根据特征值拆分为不同的工作簿

假设数据源为另一个工作簿中的某张表，"拆分为工作簿"按钮事件参考代码如下：

```
Private Sub CommandButton2_Click()
Dim m1 As Integer
    Dim m2 As Integer
    Dim x As Integer
    Dim sh As Worksheet
    Dim mybidata As String
    Dim myfilename As String
    Dim myfilename2 As Workbook
    Dim mynewbk As Workbook
    Dim temprange As Range
    Dim tempmsg As String
    Dim mydata As String

    m1 = 2
    x = 2
    For x = 2 To Range("n1048576").End(xlUp).Row
      If Cells(x, 7) <> Cells(x + 1, 7) Then
        m2 = x
        mybidata = Range("g" & x).Value
        myfilename = ThisWorkbook.Path & "\datas\" & mybidata & ".xlsx"
        MsgBox myfilename

        Set mynewbk = Workbooks.Add
        Application.DisplayAlerts = False
        mynewbk.SaveAs Filename:= myfilename

        Set conn = CreateObject("adodb.connection")
        Set rst = CreateObject("adodb.recordset")

        Set fs = CreateObject("Scripting.FileSystemObject")
        Set f = fs.GetFolder(ThisWorkbook.Path)

        mydata = "bidata.xlsx"
         conn.Open "provider = Microsoft.ACE.OLEDB.12.0;extended properties
= excel 8.0;data source=" & mydata

          sqls = "select * from [orderstemp$] where 运货商 like '%" & mybida-
```

```
ta & "%'"
        Set rst = conn.Execute(sqls)

        MsgBox rst.Status

        With Worksheets("sheet1")
            .Range("a1") = "订单 ID"
            .Range("b1") = "顾客 ID"
            .Range("c1") = "雇员 ID"
            .Range("d1") = "订购日期"
            .Range("e1") = "到货日期"
            .Range("f1") = "发货日期"
            .Range("g1") = "运货商"
            .Range("h1") = "运货商名称"
            .Range("i1") = "运货费"
            .Range("j1") = "货主名称"
            .Range("k1") = "货主地址"
            .Range("l1") = "货主城市"
            .Range("m1") = "货主地区"
            .Range("n1") = "货主邮政编码"
            .Range("o1") = "货主国家"

        End With
        Worksheets("sheet1").Range("a2").CopyFromRecordset rst

        x = x + 1
        m1 = m2 + 1
        rst.Close
        conn.Close
        Set rst = Nothing
        Set conn = Nothing
        mynewbk.Save
        mynewbk.Close
        Application.DisplayAlerts = True
    End If
  Next x
End Sub
```

4.2.2　合并数据

将同一目录下的工作簿进行合并，如图 4-42 所示。"合并工作簿"按钮事件参考代码如下：

```
Private Sub CommandButton3_Click()
    mypath = ThisWorkbook. Path & "\datas\"
    MsgBox mypath

    Dim i As Long
    Dim p As Integer
    Dim myTxt As String
    Dim myfile As String

    i = Range("A1048576"). End(xlUp). Row

    myTxt = Dir(mypath, 31)
    MsgBox myTxt

    p = 0
    Do While myTxt <> ""
    On Error Resume Next
    If myTxt <> ThisWorkbook. Name And myTxt <> "." And myTxt <> ".." And myTxt
<> "081226" And myTxt <> "~$" & ThisWorkbook. Name Then
        myfile = mypath & myTxt
        MsgBox myfile
        Set cnn = CreateObject("adodb. connection")
        Set rs = CreateObject("adodb. recordset")
        cnn. Open "provider = Microsoft. ACE. OLEDB. 12. 0;extended properties =
excel 12. 0;data source = " & myfile
        sqls = "select * from [sheet1 $ ]"
        Set rs = cnn. Execute(sqls)

        '获取当前工作簿的汇总工作表的最后一行数据
        n = ActiveWorkbook. Worksheets ("合成"). Range ("a1048576"). End
(xlUp). Row

        If rs. RecordCount <> 0 Then
            '将查询到的记录复制到合成工作表
            ActiveWorkbook. Worksheets ("合成"). Range ("a" & n + 1)
. CopyFromRecordset rs
        End If
    Application. StatusBar = False
    '关闭记录集和连接,并释放变量
    rs. Close
    cnn. Close
```

```
        Set rs = Nothing
        Set cnn = Nothing
        ´MsgBox Timer - t
    End If
        myTxt = Dir
        p = p + 1
    Loop

        MsgBox "汇总完成,共汇总了" & p & "个工作簿", vbInformation, "完毕"
End Sub
```

4.2.3　根据颜色汇总数据

某调查结果有 N 份,不同结果所在的单元格背景颜色不同,共有四种颜色分类
(包括无色)。现在要根据不同背景颜色进行汇总计算(加、平均等均可),如图 4-43
所示。

	A	B	C	D	E	F	G	H	I	J	K
1								**A**	**B**	**C**	**D**
2	第1份1	0.408	0.117	0.068	0.408						无色
3	2	0.098	0.357	0.48	0.064		第1份	5.302	2.007	2.148	1.544
4	3	0.149	0.104	0.079	0.668		第2份	1.627	3.656	3.194	2.526
5	4	0.069	0.664	0.154	0.112		第3份	2.693	2.866	2.956	2.486
6	5	0.448	0.152	0.227	0.173		第4份	4.561	1.66	2.313	2.469
7	6	0.249	0.084	0.288	0.379		第5份	4.852	1.211	2.591	2.348
8	7	0.105	0.206	0.156	0.533		第6份	3.082	1.481	3.381	3.057
9	8	0.277	0.122	0.48	0.122		第7份	2.612	4.092	2.733	1.568
10	9	0.092	0.475	0.275	0.158		第8份	2.409	3.376	2.857	2.358
11	10	0.584	0.151	0.133	0.133		第9份	2.46	2.447	2.902	3.19
12	11	0.183	0.183	0.317	0.317		第10份	5.654	1.724	1.901	1.719
13							第11份	3.117	1.544	3.467	2.874
14	第2份1	0.063	0.414	0.109	0.414		第12份	3.193	2.752	2.568	2.489
15	2	0.153	0.449	0.201	0.197		第13份	4.014	2.683	2.128	2.178
16	3	0.593	0.234	0.104	0.069		第14份	2.307	3.046	2.601	3.008
17	4	0.159	0.14	0.542	0.159		第15份	3.018	2.679	2.891	2.412
18	5	0.098	0.223	0.386	0.293		第16份	5.209	1.449	1.659	2.684
19	6	0.219	0.107	0.631	0.044		第17份	3.352	2.789	2.882	1.981
20	7	0.154	0.304	0.078	0.463		第18份	3.706	2.917	2.382	1.996
21	8	0.508	0.1	0.1	0.293		第19份	3.289	1.588	2.245	3.907
22	9	0.48	0.122	0.277	0.122		第20份	2.748	1.679	2.584	3.992
23	10	0.173	0.3	0.395	0.132		第21份	3.26	2.407	3.098	2.239
24	11	0.154	0.089	0.524	0.234		第22份	4.057	1.912	2.678	2.241
25							第23份	3.26	3.172	2.387	2.179
26	第3份1	0.106	0.362	0.121	0.411		第24份	2.22	2.548	2.761	3.473
27	2	0.313	0.137	0.238	0.313		第25份	3.435	2.232	3.101	2.232
28	3	0.3	0.395	0.173	0.132		第26份	2.797	3.166	3.001	2.921
29	4	0.067	0.511	0.224	0.197		第27份	4.417	1.895	1.963	2.725
30	5	0.3	0.173	0.395	0.132		第28份	3.399	1.12	2.619	3.863
31	6	0.293	0.386	0.223	0.098		第29份	2.75	2.75	2.75	2.75
32	7	0.137	0.313	0.238	0.313		第30份	3.597	2.629	2.563	2.209
33	8	0.395	0.132	0.3	0.173		第31份	2.973	2.144	3.638	2.246
34	9	0.25	0.25	0.25	0.25		第32份	2.488	3.64	2.546	2.326

图 4-43

利用 VBA 添加模块，创建名为"ystj"的函数，参考代码如下：

```
Function ystj (col As Range, countrange As Range)
    Dim i As Range
    Application.Volatile
    For Each i In countrange
        If i.Interior.ColorIndex = col.Interior.ColorIndex Then
            ystj = ystj + i
        End If
    Next
End Function
```

在 H2：J2 区间，分别填充采集到的原始数据区域中单元格的四种颜色（其中一种是无色的）。在 H3 开始进行计算，公式为：=ystj（$H$2，INDIRECT("b"&(L3))：INDIRECT("e"&(L3+10)))。L3 开始填充步长为 12 的序列，作为辅助数据，目的是能够在不同的原始数据区域间跳转。具体如图 4-44 所示。

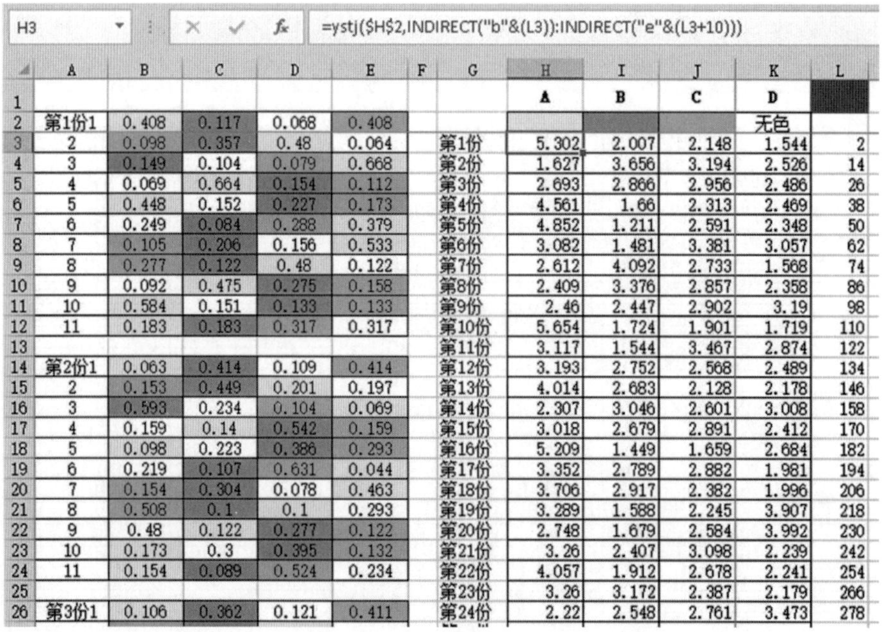

图 4-44

注意：在使用此方法时，请勿横向填充！

4.3　利用 Power Query 处理数据

4.3.1　"Power 三剑客"简介

Microsoft Excel 中的三大内置数据分析工具,分别是 Power Query、Power View 和 Power Pivot,俗称 Excel "Power 三剑客"。

(1) Power Query 是一种数据连接技术,可用于发现、连接、合并和优化数据源以满足分析的需要。Power Query 的功能在 Excel 和 Power BI Desktop 中均可用。

(2) Power View 是一种数据可视化技术,用于创建交互式图表、图形、地图和其他视觉效果,以便直观呈现数据。Power View 的功能在 Excel、SharePoint、Microsoft SQL Server 和 Power BI 中均可用。在高版本中,Power View 的功能已经被移除,并使用 Power BI 相关版本替换。关于 Power BI 更加详细的介绍请参见本书第 8 章。

(3) Power Pivot 是一种数据建模技术,用于创建数据模型,建立关系,以及创建计算。这些操作全部在高性能环境中和熟悉的 Excel 内执行。关于 Power Pivot 更加详细的介绍请参见本书第 5 章、6 章、7 章。

Excel 2013 和 Excel 2010 版本可下载、安装、调用 Power Query。Excel 2016 和 Microsoft 365 版本内嵌了 Power Query 的功能。本书对"Power 三剑客"的讲解均基于 Excel 2016 及以上版本。

Excel 2013 版本在安装 Power Query 插件后,通过"文件"菜单中的"选项",调用"COM 加载项",并在其中进行选择,如图 4-45 所示。

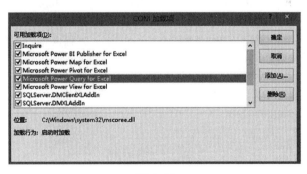

图 4-45

Excel 2016 版本默认 Power Query 已经内嵌在"数据"选项卡中,如图 4-46 所示。

Microsoft 365 获取外部数据的功能选项更多,通过获取数据选项,可从不同的数据源获取数据,包括 Text、Excel、Microsoft SQL Server、Oracle、MySQL、Web 页面、云服务端等。下面将就 Power Query 的主要功能进行介绍。

图 4-46

4.3.2 数据连接

在 Excel 中，可以使用 Power Query 将非本地 Excel 数据文件导入 Excel 工作表中，然后对数据进行处理与分析。

使用 Power Query 进行数据导入，首先要进行的就是数据连接。

假设在 Microsoft SQL Server 服务器上有相关数据需要导入 Excel 工作表中，如图 4-47 所示，选择"自数据库"，选择"SQL Server 数据库"，输入服务器地址，如"218.193.118.206"，再输入数据库名称，如"BIDATA"。

图 4-47

根据 Microsoft SQL Server 服务器的连接要求，输入相应的用户名和密码，如图 4-48 所示。

图 4-48

当成功连接到服务器后，可显示该服务器上可访问、获取的表、视图等对象，如图 4-49 所示。

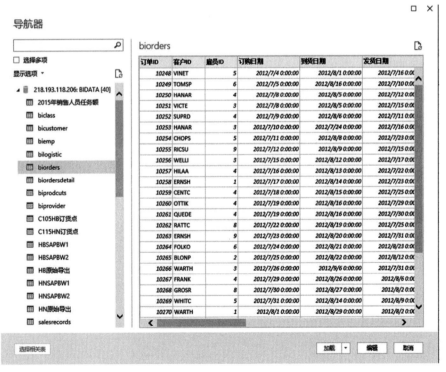

图 4-49

选择需要连接的表或视图对象，将其导入本地的 Excel 文件中，如图 4-50 所示。

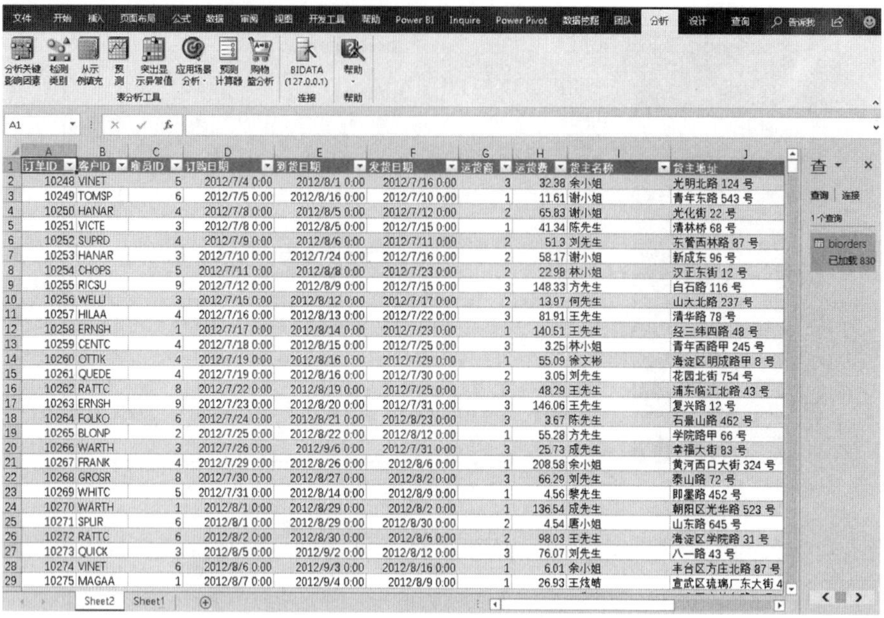

订单ID	客户ID	雇员ID	订购日期	到货日期	发货日期	运货商	运货费	货主名称	货主地址
10248	VINET	5	2012/7/4 0:00	2012/8/1 0:00	2012/7/16 0:00	3	32.38	余小姐	光明北路 124 号
10249	TOMSP	6	2012/7/5 0:00	2012/8/16 0:00	2012/7/10 0:00	1	11.61	谢小姐	青年东路 543 号
10250	HANAR	4	2012/7/8 0:00	2012/8/5 0:00	2012/7/12 0:00	2	65.83	谢小姐	光化街 22 号
10251	VICTE	3	2012/7/8 0:00	2012/8/5 0:00	2012/7/15 0:00	1	41.34	陈先生	清林桥 68 号
10252	SUPRD	4	2012/7/9 0:00	2012/8/6 0:00	2012/7/11 0:00	2	51.3	刘先生	东管西林路 87 号
10253	HANAR	3	2012/7/10 0:00	2012/7/24 0:00	2012/7/16 0:00	2	58.17	谢小姐	新成东 96 号
10254	CHOPS	5	2012/7/11 0:00	2012/8/8 0:00	2012/7/23 0:00	2	22.98	林小姐	汉正东街 12 号
10255	RICSU	9	2012/7/12 0:00	2012/8/9 0:00	2012/7/15 0:00	3	148.33	方先生	白石路 116 号
10256	WELLI	3	2012/7/15 0:00	2012/8/12 0:00	2012/7/17 0:00	2	13.97	何先生	山大北路 237 号
10257	HILAA	4	2012/7/16 0:00	2012/8/13 0:00	2012/7/22 0:00	3	81.91	王先生	清华路 78 号
10258	ERNSH	1	2012/7/17 0:00	2012/8/14 0:00	2012/7/23 0:00	1	140.51	王先生	经三纬四路 48 号
10259	CENTC	4	2012/7/18 0:00	2012/8/15 0:00	2012/7/25 0:00	3	3.25	林小姐	青年西路甲 245 号
10260	OTTIK	4	2012/7/19 0:00	2012/8/16 0:00	2012/7/29 0:00	1	55.09	徐文彬	海淀区明成路甲 8 号
10261	QUEDE	4	2012/7/19 0:00	2012/8/16 0:00	2012/7/30 0:00	2	3.05	刘先生	花园北街 754 号
10262	RATTC	8	2012/7/22 0:00	2012/8/19 0:00	2012/7/25 0:00	3	48.29	王先生	浦东临江北路 43 号
10263	ERNSH	9	2012/7/23 0:00	2012/8/20 0:00	2012/7/31 0:00	3	146.06	王先生	复兴路 12 号
10264	FOLKO	6	2012/7/24 0:00	2012/8/21 0:00	2012/8/23 0:00	3	3.67	陈先生	石景山路 462 号
10265	BLONP	2	2012/7/25 0:00	2012/8/22 0:00	2012/8/12 0:00	1	55.28	方先生	学院路甲 66 号
10266	WARTH	3	2012/7/26 0:00	2012/9/6 0:00	2012/7/31 0:00	3	25.73	成先生	幸福大街 83 号
10267	FRANK	4	2012/7/29 0:00	2012/8/26 0:00	2012/8/6 0:00	1	208.58	余小姐	黄河西口大街 324 号
10268	GROSR	8	2012/7/30 0:00	2012/8/27 0:00	2012/8/2 0:00	3	66.29	刘先生	泰山路 72 号
10269	WHITC	5	2012/7/31 0:00	2012/8/14 0:00	2012/8/9 0:00	1	4.56	黎先生	即墨路 452 号
10270	WARTH	1	2012/8/1 0:00	2012/8/29 0:00	2012/8/2 0:00	1	136.54	成先生	朝阳区光华路 523 号
10271	SPLIR	6	2012/8/1 0:00	2012/8/29 0:00	2012/8/30 0:00	2	4.54	唐小姐	山东路 645 号
10272	RATTC	6	2012/8/2 0:00	2012/8/30 0:00	2012/8/6 0:00	2	98.03	王先生	海淀区学院路 31 号
10273	QUICK	3	2012/8/5 0:00	2012/9/2 0:00	2012/8/12 0:00	3	76.07	刘先生	八一路 43 号
10274	VINET	6	2012/8/6 0:00	2012/9/3 0:00	2012/8/16 0:00	1	6.01	余小姐	丰台区方庄北路 87 号
10275	MAGAA	1	2012/8/7 0:00	2012/9/4 0:00	2012/8/9 0:00	1	26.93	王炫皓	宣武区琉璃厂东大街 4

图 4-50

4.3.3 数据转换

当成功与远程数据库服务器或其他数据源建立连接后，可通过对连接对象进行再编辑，完成行列转换、特殊转换等操作。

1. 行列转换

(1) 转置功能

第一列数据成为新表的标题行，标题行则成为新表的记录项，如图 4-51 所示。

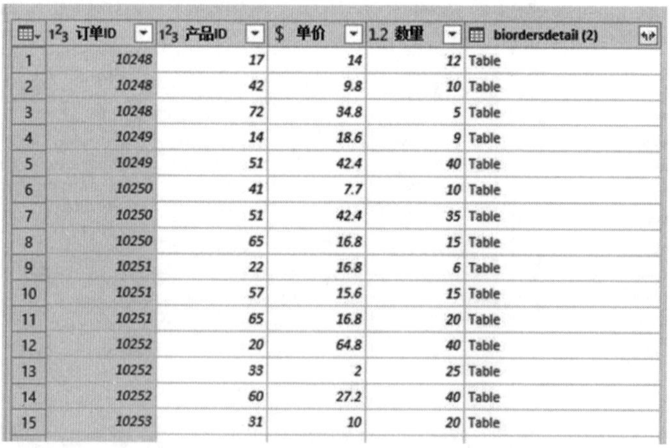

	订单ID	产品ID	单价	数量	biordersdetail (2)
1	10248	17	14	12	Table
2	10248	42	9.8	10	Table
3	10248	72	34.8	5	Table
4	10249	14	18.6	9	Table
5	10249	51	42.4	40	Table
6	10250	41	7.7	10	Table
7	10250	51	42.4	35	Table
8	10250	65	16.8	15	Table
9	10251	22	16.8	6	Table
10	10251	57	15.6	15	Table
11	10251	65	16.8	20	Table
12	10252	20	64.8	40	Table
13	10252	33	2	25	Table
14	10252	60	27.2	40	Table
15	10253	31	10	20	Table

图 4-51

转置后的数据如图 4-52 所示。

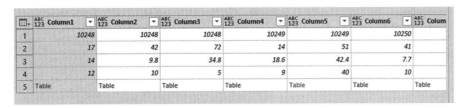

图 4-52

（2）反转行功能

该功能能够实现行的逆序显示，如图 4-53 所示。

	1²₃ 订单ID	1²₃ 产品ID	$ 单价	1.2 数量	biordersdetail (2)
1	10248	17	14	12	Table
2	10248	42	9.8	10	Table
3	10248	72	34.8	5	Table
4	10249	14	18.6	9	Table
5	10249	51	42.4	40	Table
6	10250	41	7.7	10	Table
7	10250	51	42.4	35	Table
8	10250	65	16.8	15	Table
9	10251	22	16.8	6	Table
10	10251	57	15.6	15	Table
11	10251	65	16.8	20	Table
12	10252	20	64.8	40	Table
13	10252	33	2	25	Table
14	10252	60	27.2	40	Table
15	10253	31	10	20	Table

	1²₃ 订单ID	1²₃ 产品ID	$ 单价	1.2 数量	biordersdetail (2)
26	11076	19	9.2	10	Table
27	11076	14	23.25	20	Table
28	11076	6	25	20	Table
29	11075	76	18	2	Table
30	11075	46	12	30	Table
31	11075	2	19	10	Table
32	11074	16	17.45	14	Table
33	11073	24	4.5	20	Table
34	11073	11	21	10	Table
35	11072	64	33.25	130	Table
36	11072	50	16.25	22	Table
37	11072	41	9.65	40	Table
38	11072	2	19	8	Table
39	11071	13	6	10	Table
40	11071	7	30	15	Table
41	11070	31	12.5	20	Table
42	11070	16	17.45	30	Table
43	11070	2	19	20	Table
44	11070	1	18	40	Table
45	11069	39	18	20	Table

图 4-53

2. 特殊转换

（1）拆分列

原始数据如图 4-54 所示，通过菜单栏中的"拆分列"功能选择不同的拆分模式，如图 4-55 选择拆分方法，如图 4-56 设置拆分参数。

1²₃ 订单ID	1²₃ 产品ID	$ 单价	1.2 数量	1.2 折扣	biorders
10248	17	14	12	0	Record
10248	42	9.8	10	0	Record
10248	72	34.8	5	0	Record
10249	14	18.6	9	0	Record
10249	51	42.4	40	0	Record
10250	41	7.7	10	0	Record
10250	51	42.4	35	0.150000006	Record
10250	65	16.8	15	0.150000006	Record
10251	22	16.8	6	0.050000001	Record
10251	57	15.6	15	0.050000001	Record
10251	65	16.8	20	0	Record
10252	20	64.8	40	0.050000001	Record

图 4-54

图 4-55

图 4-56

拆分后的结果如图 4-57 所示。

	AᵇC 订单ID.1	AᵇC 订单ID.2	1²3 产品ID	$ 单价	1.2 数量	1.2 折扣	biorders	
1	10	248	17	14	12	0	Record	Rec
2	10	248	42	9.8	10	0	Record	Rec
3	10	248	72	34.8	5	0	Record	Rec
4	10	249	14	18.6	9	0	Record	Rec
5	10	249	51	42.4	40	0	Record	Rec
6	10	250	41	7.7	10	0	Record	Rec
7	10	250	51	42.4	35	0.150000006	Record	Rec
8	10	250	65	16.8	15	0.150000006	Record	Rec
9	10	251	22	16.8	6	0.050000001	Record	Rec
10	10	251	57	15.6	15	0.050000001	Record	Rec
11	10	251	65	16.8	20	0	Record	Rec
12	10	252	20	64.8	40	0.050000001	Record	Rec
13	10	252	33	2	25	0.050000001	Record	Rec
14	10	252	60	27.2	40	0	Record	Rec
15	10	253	31	10	20	0	Record	Rec
16	10	253	39	14.4	42	0	Record	Rec
17	10	253	49	16	40	0	Record	Rec
18	10	254	24	3.6	15	0.150000006	Record	Rec
19	10	254	55	19.2	21	0.150000006	Record	Rec

图 4-57

（2）分组转换

根据订单 ID，对记录进行计数，如图 4-58 所示。

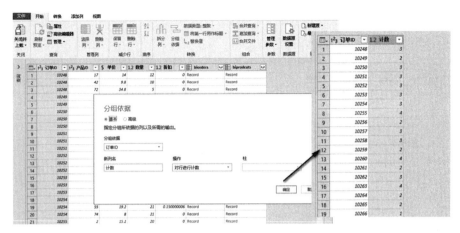

图 4-58

4.3.4　数据组合

利用 Power Query 可以实现数据合并、追加等操作。

1. 数据合并

合并查询是基于两个现有查询（或简称表）创建新查询。一个查询结果包含主表中的所有列，其中一列充当包含与辅助表关系的单个列。相关表中包含基于一个公共列值与主表中每一行匹配的所有行。如图 4-59 所示，订单 ID 是两个查询的公共列值。

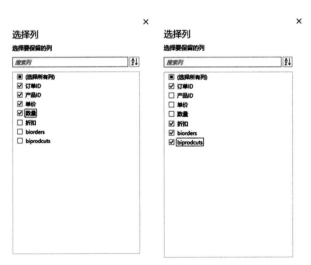

图 4-59

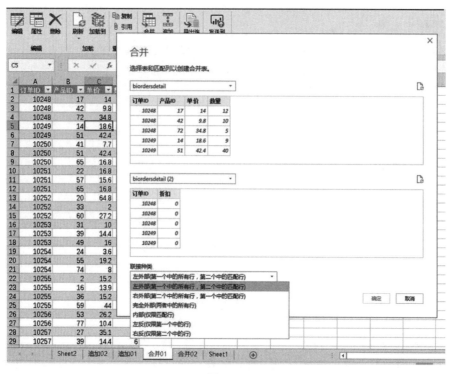

图 4-60

如图 4-60 所示，默认联接操作是内部联接，但从"联接种类"下拉列表中，也可以选择以下类型的联接操作：

（1）内部联接：仅引入主表和相关表中的匹配行。

（2）左外部联接：保留主表中的所有行，并引入相关表中的任何匹配行。

（3）右外部联接：保留相关表中的所有行，并引入主表中的任何匹配行。

（4）完全外部联接：引入主表和相关表中的所有行。

（5）左反联接：仅引入主表中没有相关表中任何匹配行的行。

（6）右反联接：仅引入相关表中没有主表中任何匹配行的行。

（7）交叉联接：通过将主表中的每一行与相关表中的每一行组合在一起，返回两个表中的行的笛卡尔值。

结果如图 4-61 所示。

2. 数据追加

追加操作会创建一个新查询，其中包含第一个查询的所有行，后跟第二个查询的所有行。追加操作至少需要两个查询，这些查询还可以基于不同的外部数据源。

假定 biordersdetail（3）和 biordersdetail（4）两个查询各有 100 条记录，通过追加功能成为具有 200 条记录的新查询，如图 4-62 所示。

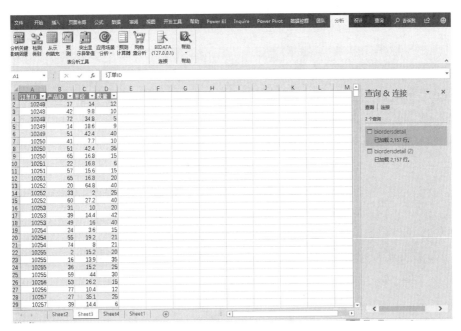

图 4-61

图 4-62

4.3.5　逆透视合并

如图 4-63 所示，第一行是省、自治区或直辖市的名称（如图中的左半部分），如果要让所有的城市之前或之后都附加上省、自治区或直辖市的属性（如图中的右半部分），则可以通过 Power Query 的逆透视功能快速实现，具体可分为三步。

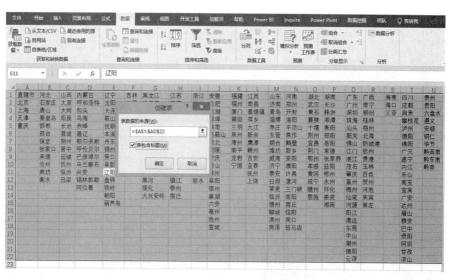

图 4-63

第一步，选择所有数据区域，单击"数据"菜单下的"自表格/区域"，选择其中的"包含标题栏"选项，如图 4-64 所示。

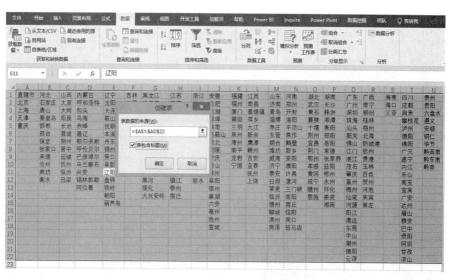

图 4-64

确定后得到如图 4-65 所示的结果。

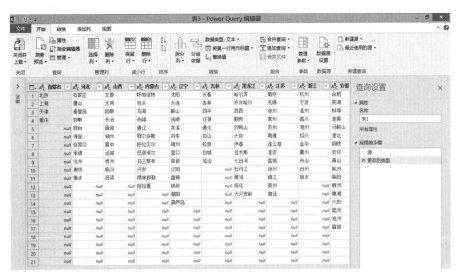

图 4-65

第二步，在 Power Query 编辑环境下，选中所有数据区域，单击"转换"菜单
项，选择"任意列"选项中的"逆透视列"，如图 4-66 所示。

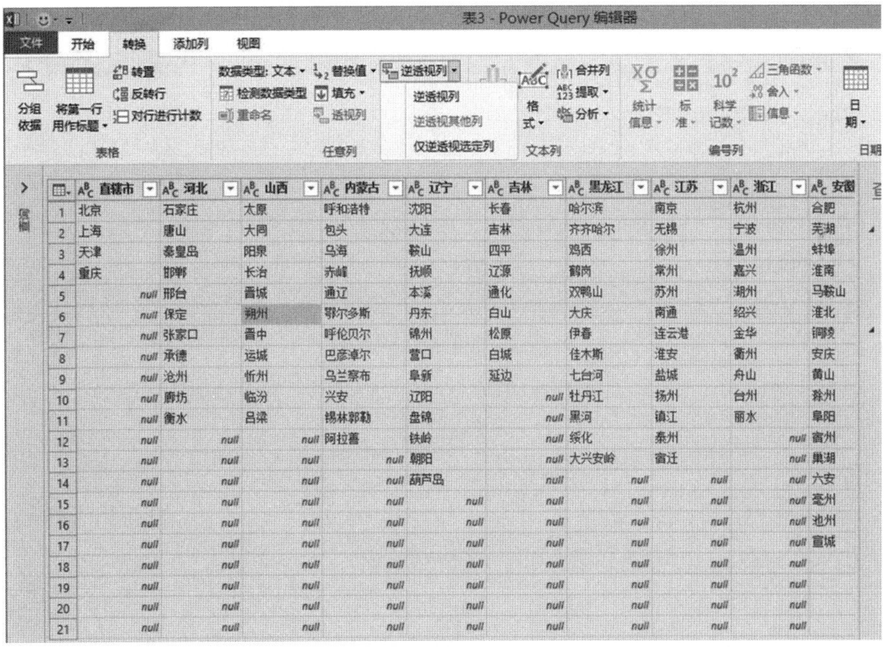

图 4-66

确定后得到如图 4-67 所示的结果，即每个城市都有其对应的省、自治区或直辖市
的属性。

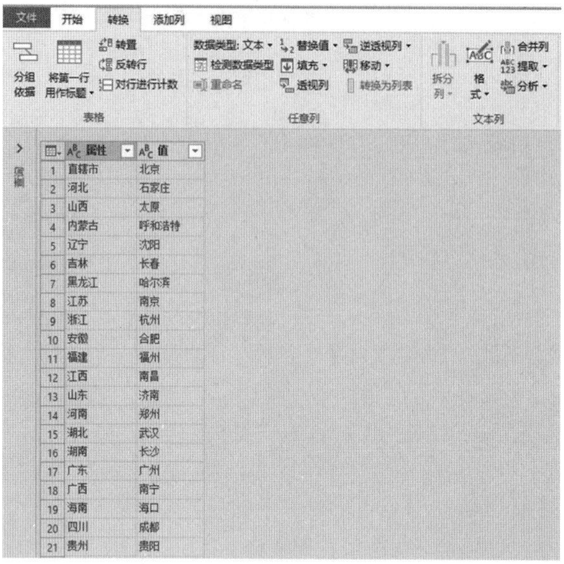

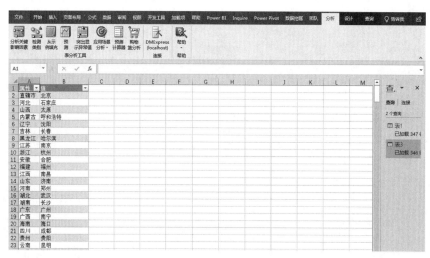

图 4-67

将该数据加载回 Excel 工作表中，如图 4-68 所示，即可为下一步的数据分析提供关联数据了。

图 4-68

4.4 小 结

在第 3 章对数据进行基础处理之后，根据对业务的理解和数据分析需求的变化，本章使用 Excel 高级函数、VBA 方法以及 Power Query 加载项对数据进行进一步处理，从而为高质量数据分析提供更加可靠的保障。

## 第 5 章

数据基础分析

本书前四章完成了对数据的基本处理，数据分析就成为下一个阶段的主要任务。本书将数据分析的内容分成两部分：基础分析，主要依靠 Excel 2016 系统的自带功能实现，如模拟分析功能、统计功能等；高级分析，主要依靠 Excel 2016 系统的扩展功能模块实现（如 Power Pivot）。

5.1 利用 Excel 进行数据基础分析

5.1.1 常规分析

基于 Excel 的数据基础分析的常规功能有模拟分析、分类汇总等。

1. 模拟分析

通过使用 Excel 中的模拟分析工具，可以在一个或多个公式中使用多个不同的值集浏览所有不同的结果。例如，可以通过执行模拟分析构建两个预算，并假设每个预算具有特定收益；或者可以指定希望公式产生的结果，然后确定哪个参数集可以产生此结果。Excel 能够提供数种不同工具帮助执行适合需求的分析。

Excel 附带三种模拟分析工具：方案管理器、单变量求解和模拟运算表。方案管理器和模拟运算表使用输入参数集确定可能产生的结果。模拟运算表虽然仅适用于 1 个或 2 个变量，但可以接受这些变量的多个不同值。方案管理器虽然可以具有多个变量，但最多只能包含 32 个值。单变量求解与方案管理器和模拟运算表原理不同，因为它使用结果并确定可能产生此结果的输入值。

除这三种工具外，还可安装有助于执行模拟分析的加载项，如规划求解加载项。规划求解加载项与单变量求解类似，但可以包含更多的变量。另外，还可以使用 Excel 中的填充柄和多种命令创建预测，如图 5-1 所示。

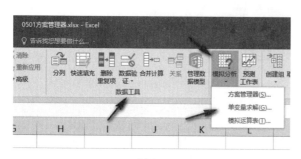

图 5-1   **图 5-2**

对于更高级的模型，可以使用"分析工具库"加载项，如图 5-2 所示。

（1）方案管理器

创业公司前三年所要发放的工资总额约 200 万元。公司员工分成四类：高层领导、中层领导、部门经理和一般员工，他们对应的原始系数如图 5-3 中的 B3：B6 区域所示。

公司员工类别	系数	人数	人均工资
高层	7	7	14800
中层	4	45	8500
部门	2.5	95	5300
员工	1	480	2100

系数参考表：

公司员工类别	系数1	系数2	系数3
高层	7	8	6
中层	4	5	3
部门	2.5	5	2
员工	1	1	1

图 5-3

图 5-3 中的人均工资计算公式为：

＝ROUND（2000000/SUMPRODUCT（＄C＄3：＄C＄6，＄B＄3：＄B＄6）＊B3，－2）＊区域或数组的乘积之和

如图 5-4 所示，为了分析在不同的工资系数情况下各类人员的人均工资情况，制

定了系数参考表。

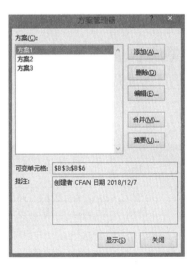

图 5-4　　　　　　　　　　　　　　　　　　图 5-5

单击"数据"菜单中的"模拟分析"选项，选择"方案管理器"，添加新方案，并对方案进行命名，设置可变单元格，如图 5-5 所示；同时设置可变单元格的值，如图 5-6 所示。

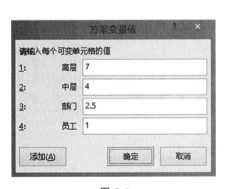

图 5-6　　　　　　　　　　　　　　　　　　图 5-7

在图 5-7 中单击"添加"按钮，将另外两组系数作为方案 2、方案 3 的值进行添加，结果如图 5-8 所示。

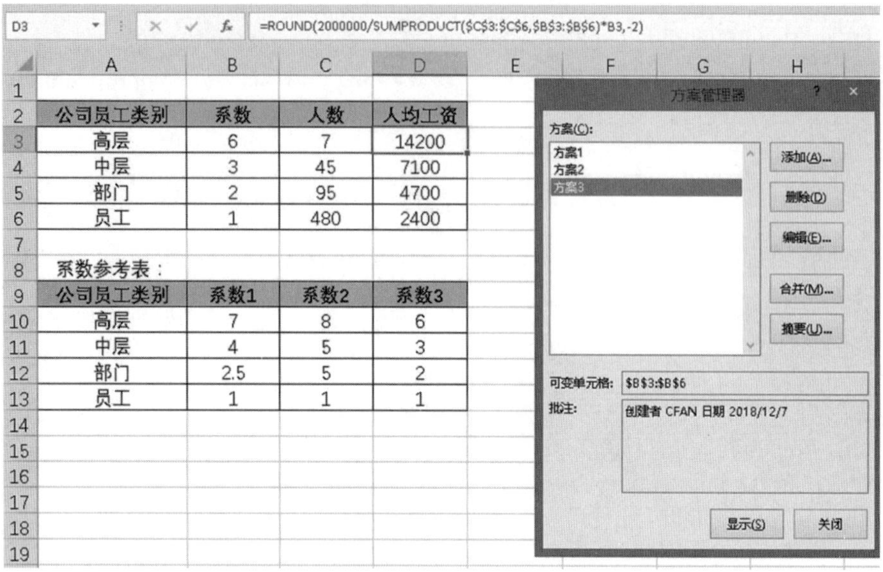

图 5-8

选择图 5-8 中的不同方案，单击"显示"按钮，可发现工作表 B3：B6 区域的系数已跟随方案发生变化，人均工资的值也相应调整。单击"摘要"，选择报表类型，可根据不同系数生成不同方案的汇总表，如图 5-9 所示。

图 5-9

图 5-10 为三个不同方案中，当系数发生变化后，在结果单元格区域分别列出当前值、方案 1、方案 2 和方案 3 的情况下平均工资的不同状态，公司决策层可根据不同方案所提供的信息决定在工资方面所要采取的策略。

方案摘要	当前值	方案1	方案2	方案3
可变单元格:				
高层	6	7	8	6
中层	3	4	5	3
部门	2	2.5	5	2
员工	1	1	1	1
结果单元格:				
$D$3	14200	14800	12900	14200
$D$4	7100	8500	8100	7100
$D$5	4700	5300	8100	4700
$D$6	2400	2100	1600	2400

注释: "当前值"这一列表示的是在
建立方案汇总时，可变单元格的值。
每组方案的可变单元格均以灰色底纹突出显示。

图 5-10

（2）单变量求解

2018 年 10 月 1 日起个人所得税起征点调整为 5000 元，个人所得税税率如图 5-11 所示。

级数	应纳税所得额(含税)	应纳税所得额(不含税)	税率(%)	速算扣除数
1	不超过3,000元的部分	不超过2,910元的部分	3	0
2	超过3,000元至12,000元的部分	超过2,910元至11,010元的部分	10	210
3	超过12,000元至25,000元的部分	超过11,010元至21,410元的部分	20	1410
4	超过25,000元至35,000元的部分	超过21,410元至28,910元的部分	25	2660
5	超过35,000元至55,000元的部分	超过28,910元至42,910元的部分	30	4410
6	超过55,000元至80,000元的部分	超过42,910元至59,160元的部分	35	7160
7	超过80,000元的部分	超过59,160元的部分	45	15160

图 5-11

背景假设：

如果公司员工小王 2018 年 11 月的税前工资是 15000 元，需要缴纳的各项社会保险金（五险一金暂不区分个人缴纳与企业缴纳）总额是 1400 元，则小王的税后工资计算过程如下：

应纳税所得额＝（税前工资－五险一金）－5000＝15000－1400－5000＝8600 元

参照个税税率表，小王不含税部分应该属于级数 2，即税率是 10％，速算扣除数是 210 元。

所要缴纳税费＝应纳税所得额×税率－速算扣除数＝8600×10％－210＝650 元

实发工资＝税前工资－五险一金－所要缴纳税费＝15000－1400－650＝12950 元

假设要根据公司各层级员工的税后工资（即实发工资）观察企业为每个员工实际支付的工资，则可以利用单变量求解，方法如图 5-12 所示。

	A	B	C	D	E	F
1						
2	公司员工类别	税后工资	应纳税所得	应发工资	五险一金	企业支出
3	高层	18000	16447.91667	19737.5	1000	20737.5
4	中层	13000			800	
5	部门	8000			600	
6	员工	3100			50	
7						

图 5-12

以高层的税后工资计算为例，具体步骤如下：

B3 单元格参考公式如下：

＝F3－E3－(ROUND(MAX((F3－5000)＊0.01＊{3,10,20,25,30,35,45}－{0,210,1410,2660,4410,7160,15160},0),2))

C3 单元格可输入任何数值，当然理想的数值是接近于税后工资，以减少迭代计算的次数。

D3 单元格参考公式如下：

＝C3＊(1＋20％)

E3 单元格为来自于固定支出的费用，假设四个层级的员工所要缴纳的"五险一金"总额如图 5-13 所示。

C6		× ✓ fx	=F6-E6-(ROUND(MAX((F6-5000)*0.01*{3,10,20,25,30,35,45}-{0,210,1410,2660,4410,7160,15160},0),2))		

	A	B	C	D	E	F	G
1							
2	公司员工类别	税后工资	应纳税所得			金	企业支出
3	高层	18000	16447.92	目标单元格(E): B6			20737.50
4	中层	13000	11453.70	目标值(V): 6000			14544.44
5	部门	8000	6805.56	可变单元格(C): $C$6			8766.67
6	员工	6000	5027.06	确定 取消			6082.47
7							

图 5-13

现在假定员工等级的税后工资约为 6000 元，那么企业应该支出的最终费用约为 6082 元，计算过程如下：单击 B6 单元格，选择"数据"菜单选项中的"模拟分析"，再选择其中的"单变量求解"，在"目标单元格"中选择 B6，"目标值"设置为税后工资即 6000 元，光标置于"可变单元格"中，单击 C6，之后点击"确定"，如图 5-13

所示。

通过单变量求解可以得出相应的税后工资条件下企业可能要支出的实际人工成本。

（3）模拟运算表

假设创业公司向银行借贷 100 万元，年利率因为各种原因可能在 5%—7.5% 之间浮动，现在需要计算在不同的贷款年限下公司每个月需要偿还的款额，这时可以通过模拟运算表进行计算，如图 5-14 所示。

图 5-14

A5 单元格参考公式：=PMT(B3/12,B2*12,B1)，计算的是贷款额度为 100 万元、年利率为 5%、还款年限为 3 年的情况下每个月应该还款的金额。

选择单元格区域 A5：E11，单击"数据"菜单，选择"模拟分析"中的"模拟运算表"，分别设置引用的行、列单元格为 B3、B2，确定后即可求得在不同还款年限、不同利率下的月还款金额，如图 5-14 所示。

2. 分类汇总

本书第 4 章中已介绍如何利用 SUBTOAL 函数进行分类汇总，因此不再对使用过程作详细描述。在此利用"数据"菜单下的"分类汇总"功能选项对订单表进行快速分类汇总。

首先，根据关键字段进行排序。如图 5-15 所示，根据客户、运货商进行自定义排序。

图 5-15

其次，选中所有数据区域，调用"数据"菜单的"分类汇总"功能，如图 5-16 所示。

图 5-16

注意：如果工作表是在"表"模式下，请将其转换为普通的工作区域，否则无法使用分类汇总功能。

选择"分类字段"为"客户"，"汇总方式"为"计数"，"选定汇总项"为"订单

ID”，单击“确定”后，如图 5-17 所示，将会出现三级汇总模式。

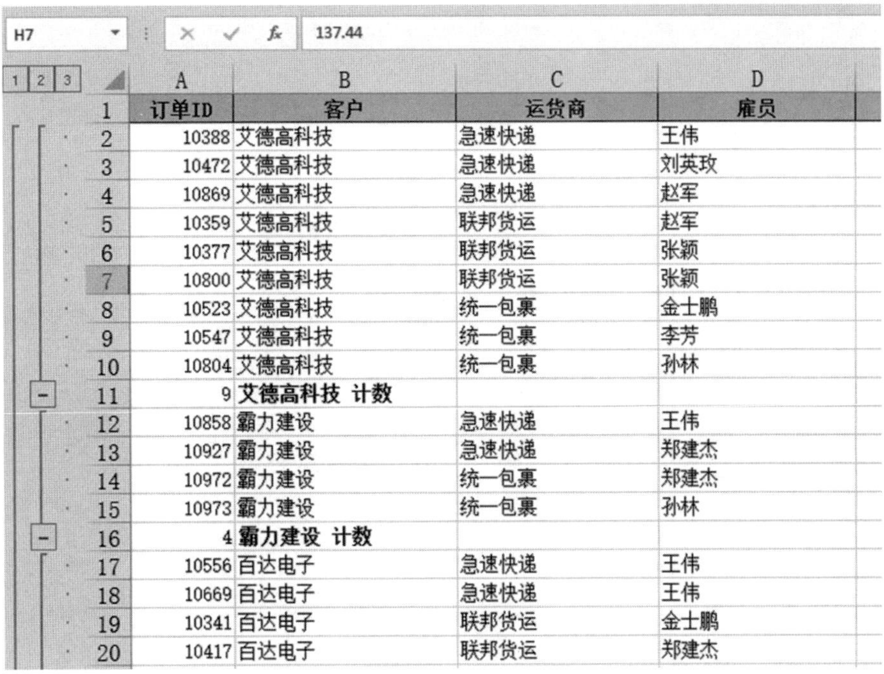

H7 137.44

	A	B	C	D
1	订单ID	客户	运货商	雇员
2	10388	艾德高科技	急速快递	王伟
3	10472	艾德高科技	急速快递	刘英玫
4	10869	艾德高科技	急速快递	赵军
5	10359	艾德高科技	联邦货运	赵军
6	10377	艾德高科技	联邦货运	张颖
7	10800	艾德高科技	联邦货运	张颖
8	10523	艾德高科技	统一包裹	金士鹏
9	10547	艾德高科技	统一包裹	李芳
10	10804	艾德高科技	统一包裹	孙林
11	9	**艾德高科技 计数**		
12	10858	霸力建设	急速快递	王伟
13	10927	霸力建设	急速快递	郑建杰
14	10972	霸力建设	统一包裹	郑建杰
15	10973	霸力建设	统一包裹	孙林
16	4	**霸力建设 计数**		
17	10556	百达电子	急速快递	王伟
18	10669	百达电子	急速快递	王伟
19	10341	百达电子	联邦货运	金士鹏
20	10417	百达电子	联邦货运	郑建杰

图 5-17

分别单击不同级别的汇总模式，即可看到不同层级的汇总数据，比如，1 级汇总中呈现的是总的订单数量，2 级汇总中呈现的是不同客户端订单总数，3 级汇总中呈现的是不同客户端订单明细及其汇总数量，如图 5-18 所示。

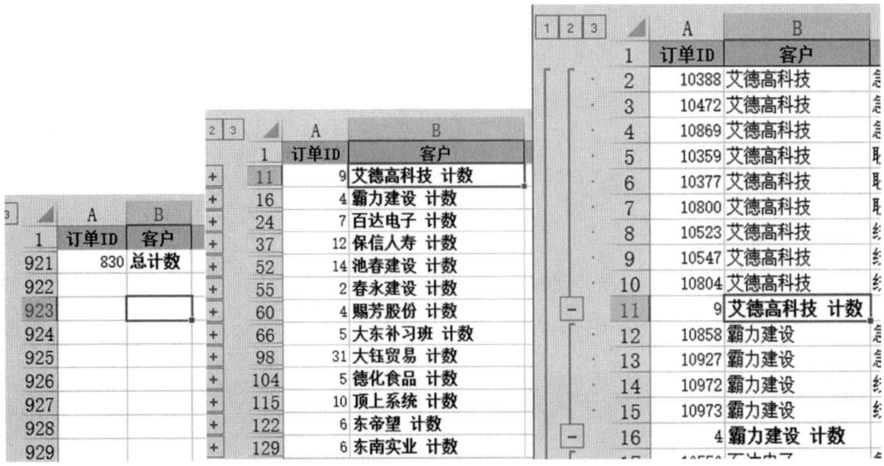

	A	B
1	订单ID	客户
921	830	**总计数**
922		
923		
924		
925		
926		
927		
928		
929		

	A	B
1	订单ID	客户
11	9	**艾德高科技 计数**
16	4	**霸力建设 计数**
24	7	**百达电子 计数**
37	12	**保信人寿 计数**
52	14	**池春建设 计数**
55	2	**春永建设 计数**
60	4	**赐芳股份 计数**
66	5	**大东补习班 计数**
98	31	**大钰贸易 计数**
104	5	**德化食品 计数**
115	10	**顶上系统 计数**
122	6	**东帝望 计数**
129	6	**东南实业 计数**

	A	B
1	订单ID	客户
2	10388	艾德高科技
3	10472	艾德高科技
4	10869	艾德高科技
5	10359	艾德高科技
6	10377	艾德高科技
7	10800	艾德高科技
8	10523	艾德高科技
9	10547	艾德高科技
10	10804	艾德高科技
11	9	**艾德高科技 计数**
12	10858	霸力建设
13	10927	霸力建设
14	10972	霸力建设
15	10973	霸力建设
16	4	**霸力建设 计数**

图 5-18

如果要继续在此汇总数据基础上分别对每个客户所涉及的运货商的订单数进行统计，则在 3 级模式下选择所有数据，然后单击“分类汇总”功能，在“分类汇总”对话框中，设置“分类字段”为“运货商”，“汇总方式”和“选定汇总项”不变，将“替换当前分类汇总”选项清除，点击“确定”后得到如图 5-19 所示的结果。

	A	B	C	D
1	订单ID	客户	运货商	雇员
2	10388	艾德高科技	急速快递	王伟
3	10472	艾德高科技	急速快递	刘英玫
4	10869	艾德高科技	急速快递	赵军
5	3		**急速快递 计数**	
6	10359	艾德高科技	联邦货运	赵军
7	10377	艾德高科技	联邦货运	张颖
8	10800	艾德高科技	联邦货运	张颖
9	3		**联邦货运 计数**	
10	10523	艾德高科技	统一包裹	金士鹏
11	10547	艾德高科技	统一包裹	李芳
12	10804	艾德高科技	统一包裹	孙林
13	3		**统一包裹 计数**	
14	9	**艾德高科技 计数**		
15	10858	霸力建设	急速快递	王伟
16	10927	霸力建设	急速快递	郑建杰
17	2		**急速快递 计数**	
18	10972	霸力建设	统一包裹	郑建杰
19	10973	霸力建设	统一包裹	孙林
20	2		**统一包裹 计数**	
21	4	**霸力建设 计数**		
22	10556	百达电子	急速快递	王伟

图 5-19

在图 5-19 中，在原来 3 级汇总数据的基础上，增加了一个层级，即根据不同运货商统计订单数以及根据不同客户统计订单数。

5.1.2 数据透视

Excel 中的数据透视表是计算、汇总和分析数据的强大工具，可帮助用户了解数据中的对比情况、模式和趋势。

1. 快速构建数据透视表

假设要对订单表进行透视分析，选择该表的所有数据后（保证数据的连续性，即中间不要出现空行、空列），单击“插入”工具栏中的“创建数据透视表”，如图 5-20 所示。

在图 5-20 中，“选择一个表或区域”就是当前表或者已经选择的区域。注意，此处的“表”指的是 Excel 特定的“表格”概念，而非一般的工作表。

“选择放置数据透视表的位置”往往选择新工作表（一般的 Excel 工作表），特别是对多数据量进行透视时，不建议将透视表结果放置于当前数据表中。

“选择是否想要分析多个表”选项则需要将多张表放置于数据模型中，此内容将

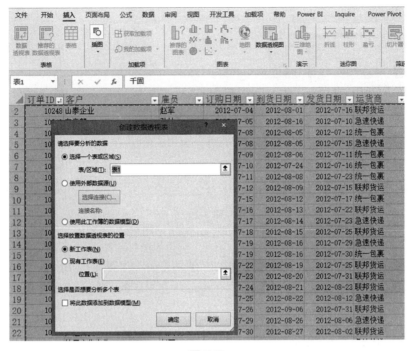

图 5-20

在下文中解释。

　　单击"确定"后，会在工作簿中插入一个新的工作表，并添加新的数据透视区域、数据透视表字段，以及筛选、列、行、值的设置对话框等，如图 5-21 所示。形成的透视表如图 5-22 所示。

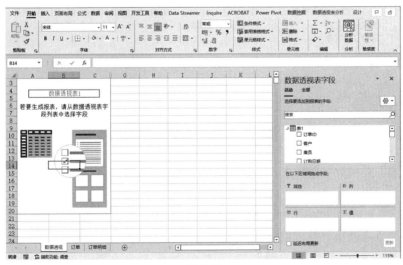

图 5-21

图 5-22

2. 构建关系型数据透视表

数据和数据、数据表和数据表之间往往存在关联，如图 5-23 所示，"订单"表中只显示客户在某个时间所下的订单编号，那么对于该订单下购买了哪几样商品，则要从"订单明细"表中查询。

	A	B
1	订单ID	客户
2	10248	山泰企业
3	10249	东帝望
4	10250	实翼
5	10251	千固
6	10252	福星制衣厂股份有限公司
7	10253	实翼
8	10254	浩天旅行社
9	10255	永大企业
10	10256	凯诚国际顾问公司
11	10257	远东开发
12	10258	正人资源

(a)

	A	B	C	D
1	订单ID	产品	单价	数量
2	10248	猪肉	￥14.00	12
3	10248	酸奶酪	￥34.80	5
4	10248	糙米	￥9.80	10
5	10249	卤肉干	￥42.40	40
6	10249	沙茶	￥18.60	9
7	10250	猪肉干	￥42.40	35
8	10250	虾子	￥7.70	10
9	10250	海苔酱	￥16.80	15

(b)

图 5-23

从图 5-23（a）中可以看到，客户山泰企业有一个订单，编号是 10248，那么在（b）图的订单明细表中，可以看到该订单号购买了三样商品，并显示出所购买商品的单价、数量等。

在单表关系的数据透视中，无法查询该订单下商品的详细信息，这时需要在创建数据透视表过程中选择多表方式来完成。

关系型数据透视表的建立有两种基本方式：

一是在原有创建单表数据透视关系的基础上选择如图 5-24 所示的"更多表格"，单击"是"之后在工作簿中增加一个新的工作表，如图 5-25 所示的"Sheet1"（"Sheet3"为之前创建的单表数据透视表）。

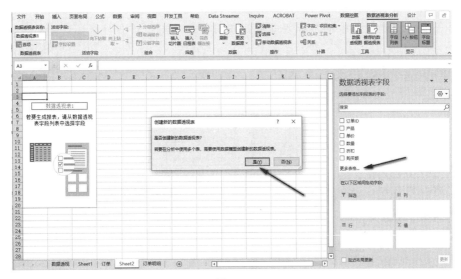

图 5-24

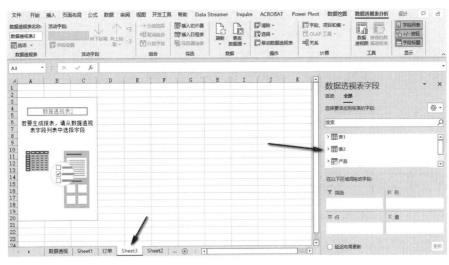

图 5-25

图 5-25 中的"数据透视表字段"多了一个选项"全部"，单击后可以看到其中有两张表即表 1 和表 2，展开后就是订单表和订单明细表中的相关字段。在对订单表和订单明细表分别创建单表数据透视表时，根据需要选择图 5-24 中的"将此数据添加到数据模型"选项，也可以得到如图 5-25 的结果。

二是在创建单表数据透视表时，若透视所需数据来自 Microsoft SQL Server 数据库、外部工作簿等时，在导入数据时即可选择是否要创建多表及它们之间的关系。下面分别介绍从外部工作簿和 Microsoft SQL Server 数据库引入透视所需数据的方案。

（1）从外部工作簿引入透视所需数据

如图 5-26 所示，先选择"使用外部数据源"，设置为"将此数据添加到数据模型"，并选择"浏览更多"，将数据源的类型设置为 Excel 文件，并定位到所需要引入的工作簿文件，选择其中的工作表即可，如图 5-26、图 5-27 所示。

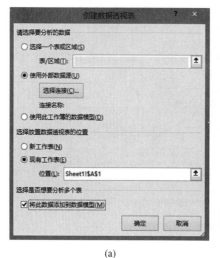　　　　

(a)　　　　　　　　　　　　　　　　　　(b)

图 5-26

图 5-27

引入透视数据表后，在数据透视表字段区域，单击"全部"可以看到两个来自外部工作簿文件的数据表，如图 5-28 所示。

（2）引入 Microsoft SQL Server 数据作为透视数据源

如图 5-26 所示，单击"浏览更多"及"新建源"，选择如图 5-29 所示的"Microsoft SQL Server"作为数据源。

选择 Microsoft SQL Server 数据作为数据源往往需要输入相关的服务器名称、登录数据库服务器的用户名和密码，如图 5-30 所示，这是连接本地的数据库服务器。其中，（b）图是连接后查看数据库 BIDATATEST 所看到的相关数据表列表。

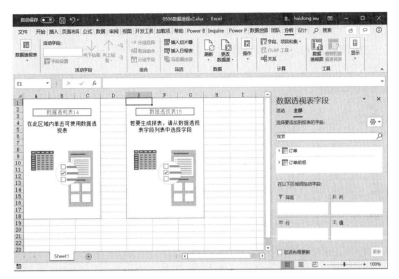

图 5-28

图 5-29

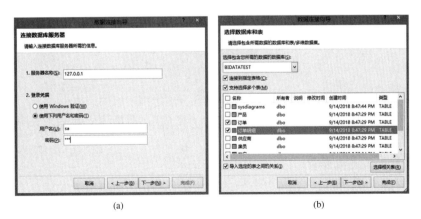

(a)　　　　　　　　　　　(b)

图 5-30

当 Microsoft SQL Server 数据库中各个表之间存在如图 5-31 所示的关系时，如图 5-32 所示选择某个有相关关系的数据表后，再若干次单击图 5-30 中的"选择相关表"，即可发现相关联的数据表都已经在数据透视表字段中呈现。

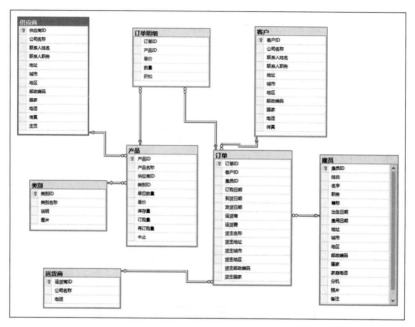

图 5-31

图 5-32

选择相关表的关系后，单击图 5-30 中的"完成"，即可建立起多表关联的透视数据源。

3. 简单数据透视分析

建立数据透视区域后，就可以开始进行数据分析，下面将从无关联单表和有关联多表的角度出发进行数据分析。

（1）单表数据透视分析

① 透视订单表中各客户的总运费

如图 5-33 所示，在已经建立了透视区域的"Sheet1"表中，将"客户"字段拖曳到"行"列表中，将"运货费"字段拖曳到"值"列表中，即完成了根据客户统计运货费的透视分析。

图 5-33

② 透视订单表中各客户各个季度的运货费

假设利用订购日期来统计客户不同季度的运货费，则将该字段拖曳到"行"列表中，如图 5-34 所示。

图 5-34

此时，"行"列表多了"年""订购日期"等字段，假设不需要显示年度的数据，那么单击"年"字段，选择"删除字段"，结果如图 5-35 所示。

图 5-35

也可以通过右单击季节所在的位置，选择"组合"，在对话框中选择需要的步长，如图 5-36 所示。

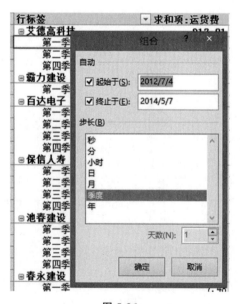

图 5-36

③ 透视不同雇员在不同季度、对不同客户的运货费情况

将"雇员"字段拖曳到"列"属性列表中，如图 5-37 所示。

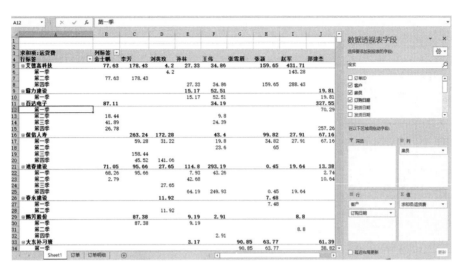

图 5-37

如果将"运货商"字段拖曳到"列"属性列表中，则可以得到如图 5-38 所示的结果。

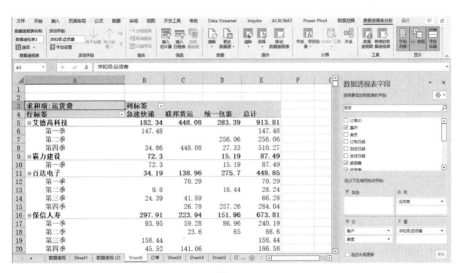

图 5-38

④ 通过筛选进行数据透视

将"货主地区"字段拖曳到"筛选"列表中，可以实现针对不同地区的数据筛选与显示，如图 5-39 所示。

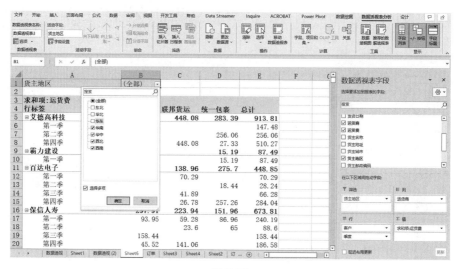

图 5-39

⑤ 通过切片器进行数据透视

对数据透视结果进行筛选有时不够灵活，这时可以使用切片器的方式进行。右单击需要切片的字段，比如"货主地区""货主城市"等，如图 5-40 所示。

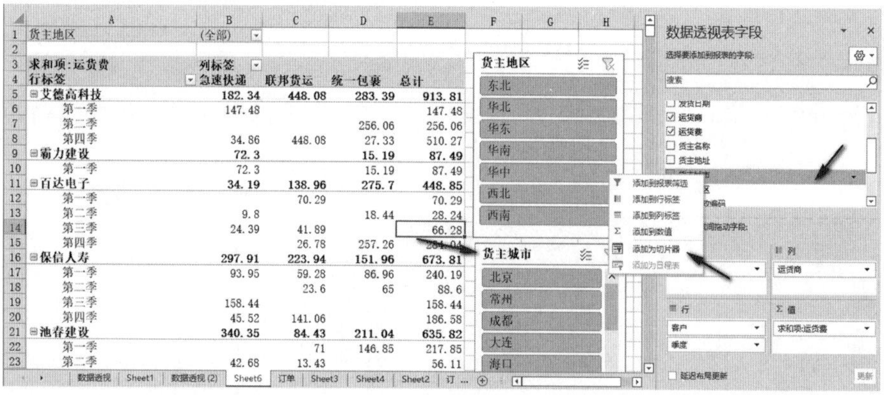

图 5-40

单击"货主地区"或"货主城市"切片器的选择列表，即可完成对数据透视表的筛选任务。如图 5-41 所示，选择华东地区，那么货主城市就会相应地发生变化，与华东地区相关的城市以可选择的方式显示，再对货主城市进行选择（CTRL＋单击可多选），就可以看到不同地区的运货费的比较。

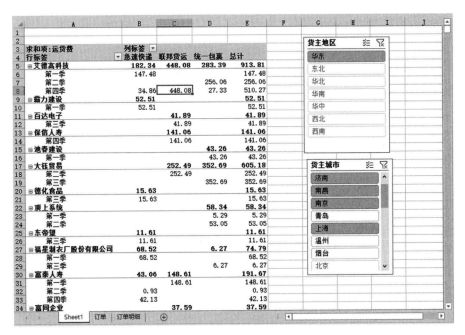

图 5-41

选择某切片器，单击菜单栏上的"选项"菜单，可对切片器的格式进行设置，如图 5-42 所示。

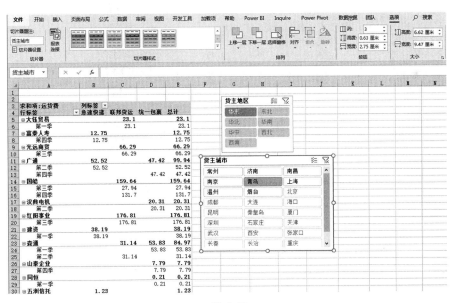

图 5-42

⑥ 以不同方式显示占比

数据透视中，默认统计数据都是以绝对值方式呈现的，如果要用百分比、差异的方式呈现统计结果，则可右单击透视结果数据区域，选择其中的"值显示方式"，如

图 5-43 所示。

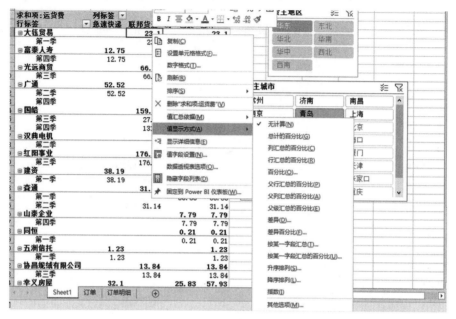

图 5-43

如图 5-44 所示，就是以总计的百分比形式显示的结果。

求和项:运货费	列标签			
行标签	急速快递	联邦货运	统一包裹	总计
□大钰贸易	0.00%	2.33%	0.00%	2.33%
第一季	0.00%	2.33%	0.00%	2.33%
□富泰人寿	1.29%	0.00%	0.00%	1.29%
第四季	1.29%	0.00%	0.00%	1.29%
□光远商贸	0.00%	6.69%	0.00%	6.69%
第三季	0.00%	6.69%	0.00%	6.69%
□广通	5.30%	0.00%	4.79%	10.09%
第二季	5.30%	0.00%	0.00%	5.30%
第四季	0.00%	0.00%	4.79%	4.79%
□国皓	0.00%	16.12%	0.00%	16.12%
第三季	0.00%	2.82%	0.00%	2.82%
第四季	0.00%	13.30%	0.00%	13.30%
□汉典电机	0.00%	0.00%	2.05%	2.05%
第二季	0.00%	0.00%	2.05%	2.05%
□红阳事业	0.00%	17.85%	0.00%	17.85%
第三季	0.00%	17.85%	0.00%	17.85%
□建资	3.86%	0.00%	0.00%	3.86%
第一季	3.86%	0.00%	0.00%	3.86%
□森通	0.00%	3.14%	5.43%	8.58%
第一季	0.00%	0.00%	5.43%	5.43%
第二季	0.00%	3.14%	0.00%	3.14%
□山泰企业	0.00%	0.00%	0.79%	0.79%

图 5-44

（2）多表数据透视分析

上文中的数据透视都是基于单张数据表的操作。如果要透视每个客户的平均单价、购买数量和购买总额，而这些数据来自另一张"订单明细表"，那么要先把多张表置于同一个数据模型中，请参考前文"构建关系型数据透视表"相关内容。如图 5-45 所示，将表 1 中的客户、表 2 中的单价分别拖曳到"行"列表和"值"列表，并将单价的透视结果设置为平均值。

(a)　　　　　　　　　　　　　　　　(b)

图 5-45

结果如图 5-46 所示，得到的是所有商品单价的平均值。且在透视表字段面板有
"可能需要表之间的关系"的提示。

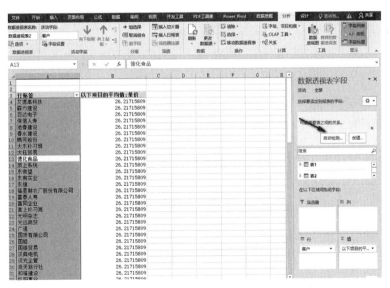

图 5-46

单击"自动检测"或者"创建"，可建立两张表之间的关系。两张表之间的关系
建立在订单 ID 字段，订单表中的订单 ID 字段是主键（primary key），订单明细表中

的订单 ID 字段是外键（foreign key）。自动检测或手工创建表之间的关系之后，透视区域的数据就得到了刷新，如图 5-47 所示。

图 5-47

单击"管理关系"，可看到两张表之间的关系，根据需要可以新建、编辑、停用、删除相关的关系。光标置于数据透视区域，在菜单栏上会出现"分析"菜单，在"分析"菜单中还可以对关系等进行调试，如图 5-48 所示。

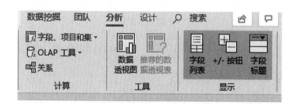

图 5-48

注意：若要能够建立起正常的关系，则主键值在表中必须具有唯一性。

接下来可以根据需要将两张表中的数据呈现在同一个数据透视区域。假设要统计不同客户的购买总额，那么需要在订单明细表中创建一个计算字段即购买额＝数量 * 单价（折扣暂时忽略不计），如图 5-49 所示。

	订单ID	产品	单价	数量	折扣	购买额
2	10248	猪肉	¥14.00	12	0.00%	168
3	10248	酸奶酪	¥34.80	5	0.00%	174
4	10248	糙米	¥9.80	10	0.00%	98
5	10249	猪肉干	¥42.40	40	0.00%	1696
6	10249	沙茶	¥18.60	9	0.00%	167.4
7	10250	猪肉干	¥42.40	35	15.00%	1484
8	10250	虾子	¥7.70	10	0.00%	77
9	10250	海苔酱	¥16.80	15	15.00%	252
10	10251	小米	¥15.60	15	5.00%	234
11	10251	糙米	¥16.80	6	5.00%	100.8

图 5-49

新创建的字段需要通过"分析"菜单中的"刷新"显示出来，将"购买额"字段拖曳到"值"列表，如图 5-50 所示。

图 5-50

可以在更多张表之间建立起必要的关系，然后再进行数据透视，比如将"产品"表也置于模型中，那么就可以透视出各客户在购买不同类产品时的购买总额，以及它们之间的关系，如图 5-51 所示。

图 5-51

4．度量值应用基础

普通数据透视表是在当前单元格所在的筛选条件下，对源数据作对应的筛选，然后对筛选结果的某一列进行聚合运算，主要是求和、计数、计算最大值与最小值等。

它有两个局限性，一是不能对透视表的筛选条件进行修改，如透视表的行区域是月份，那么 6 月份所在的行就无法计算 5 月份的数据；二是统计方式有限，如非重复计数、文本处理等都是普通数据透视表无法实现的。

多表关系的数据透视可以通过添加度量值来实现。度量值是在一定的筛选条件下对数据源的某一列进行聚合运算的结果，运算结果必须是唯一的单个值。度量值可以互相引用，但只能用于数据透视表的数值区域。

度量值相比普通数据透视表计算字段的优势在于：一是可以随意修改度量值计算的环境条件，突破透视表行、列区域已有的筛选条件；二是计算方式有更多的选择；三是用于计算度量值的 DAX 公式中有大量的内置函数，我们可以方便高效地写出非常复杂的计算公式。

如图 5-52 所示，若要显示每个客户所购商品种类中的最低价格，这时直接将单价置于值列表，单击"确定"后会报错，从而无法实现在原有透视表中体现不同分类商品的最低价格。

(a)   (b)

图 5-52

在数据透视表字段控制面板中，右单击"表 2"（即订单明细表），选择"添加度量值"。如图 5-53 所示，在"度量值"对话框中，对度量值进行命名，并设置正确的公式，可通过检查 DAX 公式来检查输入的公式是否符合规则。正确输入公式后，在表 2 中添加了一个字段，如图 5-54 所示。

图 5-53

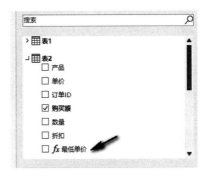

图 5-54

将度量值拖曳到值字段（其他列表不能容纳度量值字段），在透视区域显示了某类商品的最低单价，如点心类中最低单价数值是 9.2，如图 5-55 所示。

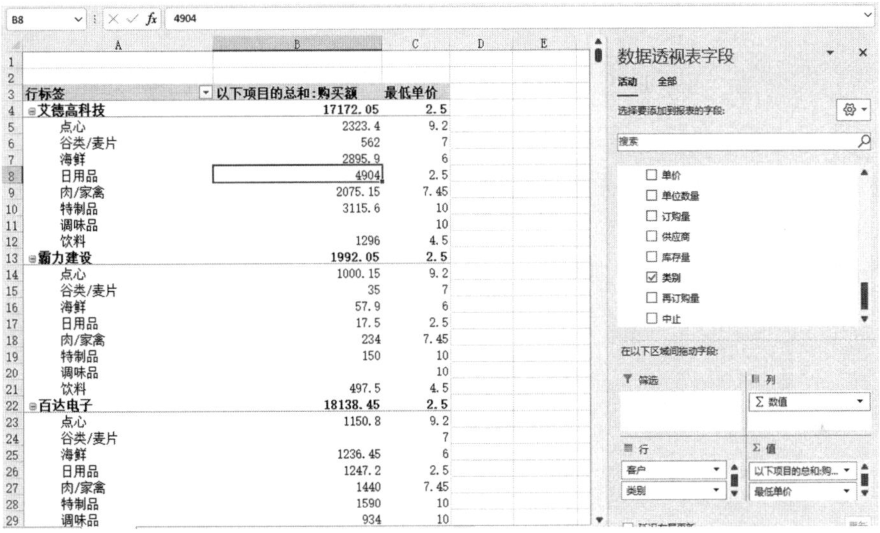

行标签	以下项目的总和:购买额	最低单价
艾德高科技	17172.05	2.5
点心	2323.4	9.2
谷类/麦片	562	7
海鲜	2895.9	6
日用品	4904	2.5
肉/家禽	2075.15	7.45
特制品	3115.6	10
调味品		10
饮料	1296	4.5
霸力建设	1992.05	2.5
点心	1000.15	9.2
谷类/麦片	35	7
海鲜	57.9	6
日用品	17.5	2.5
肉/家禽	234	7.45
特制品	150	10
调味品		10
饮料	497.5	4.5
百达电子	18138.45	2.5
点心	1150.8	9.2
谷类/麦片		7
海鲜	1236.45	6
日用品	1247.2	2.5
肉/家禽	1440	7.45
特制品	1590	10
调味品	934	10

图 5-55

关于度量值更多的用法将在后文利用 Power Pivot 进行数据分析时再进一步说明。

5.2　统计分析

在公司的经营管理过程中，对整理后的数据进行分析可以得到更有价值的信息，而要实现这个目标，需要使用相应的工具。

对数据进行分析的工具各种各样，比如 SPSS、SAS、R、MATLAB 等软件。对于很多学习者来说，可以使用 Excel 的统计功能来强化统计学等相关知识，如创建随机数、数据抽样、描述性统计分析、方差分析、相关系数分析以及构建直方图等功能。

要使用 Excel 中的统计功能，需要调用分析工具库。首先，打开文件菜单中的

"选项"功能，结果如图 5-56 所示。

图 5-56

然后，在"加载项"中选择"管理：Excel 加载项"，单击"转到"，在"加载项"对话框中选择"分析工具库"，如图 5-57 所示。再单击"数据"菜单选项，即可看到"数据分析"功能已经呈现，如图 5-58 所示。

图 5-57

图 5-58

下面主要根据订单表中的数据进行统计分析。该表有 830 条记录，有“到货时间”“运货费”等字段。单击工具栏上的“数据分析”，可以看到该功能模块下的各种数据统计分析选项，如图 5-59 所示。

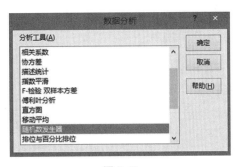

图 5-59

5.2.1　随机数发生器

利用随机数发生器，可以从众多数据中随机抽样一部分数据作为分析的数据源。

(1) 均匀随机数，以下限和上限来表征。其变量是通过对区域中的所有数值进行等概率抽取得到的。普通应用中使用范围 0 到 1 之间的均匀分布，它相当于工作表函数“= a+RAND() * (b−a)”，与函数“RANDBETWEEN (a,b)”的区别是，后者产生的是离散型随机数，而随机数发生器产生的是连续型随机数；后者产生可重复随机数，若想产生无重复随机数，应使用连续型，再利用 RANK 函数产生整型。通常，在进行抽样设计时需要产生无重复的整型均匀随机数。

单击“随机数发生器”，在对话框中输入相关的参数，如图 5-60 所示。之后，可以对“随机 ID”列进行排序，获取一定比例的样本数据，完成对数据的抽样，如图 5-61 所示。

图 5-60

	A	B	C	D	E
1	随机ID	订单ID	客户	运货商	雇员
2	0.770043031	10388	艾德高科技	急速快递	王伟
3	0.661061434	10472	艾德高科技	急速快递	刘英玫
4	0.637440107	10869	艾德高科技	急速快递	赵军
5	0.923612171	10359	艾德高科技	联邦货运	赵军
6	0.428479873	10377	艾德高科技	联邦货运	张颖
7	0.295815912	10800	艾德高科技	联邦货运	张颖
8	0.631488998	10523	艾德高科技	统一包裹	金士鹏
9	0.060853908	10547	艾德高科技	统一包裹	李芳
10	0.215124973	10804	艾德高科技	统一包裹	孙林
11	0.670705283	10858	霸力建设	急速快递	王伟
12	0.312082278	10927	霸力建设	急速快递	郑建杰
13	0.574053163	10972	霸力建设	统一包裹	郑建杰
14	0.098544267	10973	霸力建设	统一包裹	孙林
15	0.487990967	10556	百达电子	急速快递	王伟
16	0.248664815	10669	百达电子	急速快递	王伟
17	0.2260506	10341	百达电子	联邦货运	金士鹏
18	0.876400037	10417	百达电子	联邦货运	郑建杰

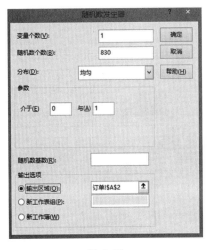

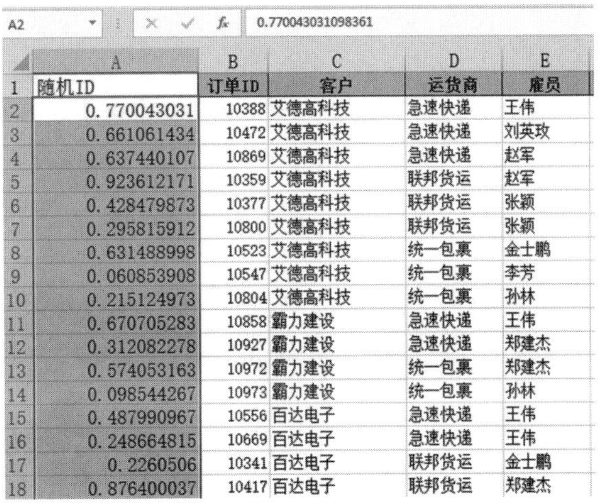

图 5-61

（2）正态随机数，以平均值和标准偏差来表征，相当于工作表函数"＝NORM-INV(rand()，mu，sigma)"。比如，要产生 8 行 8 列、平均值为 60、标准偏差为 10 的总体随机数，方法如图 5-62 所示。

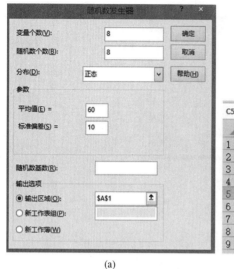

(a) (b)

图 5-62

（3）产生 0 或 1 分布随机数。假设要利用 Excel 数据分成功能呈现抛硬币中的正反面概率，以 1 代表正面，0 代表反面，则可以使用伯努利分布来获取随机变量值 1 或 0。假定抛硬币的总次数是 100 次，则构建了如图 5-63 所示的随机数。

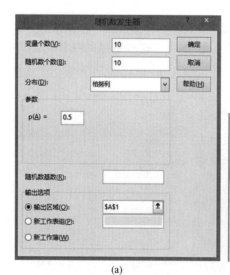

(a) (b)

图 5-63

计算正面次数及其频率，M2 单元格公式为：＝SUM(＄A＄2:J2)。使用散点图进行频率绘制，如图 5-64 所示。

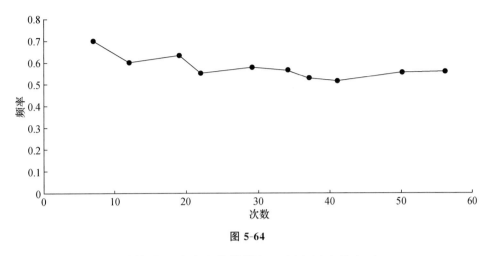

图 5-64

如图 5-64 所示，随着随机试验次数的增加，频率逐步趋向于 0.5。

（4）二项式分布随机数，以一系列试验中成功的概率（p 值）来表征。例如，可以依据试验次数生成一系列伯努利随机变量，这些变量之和为一个二项式随机变量。

某考生作单项选择题的测试，正确概率为 0.8，每次选择 10 道不同的题目，完成 10 次测试，模拟每次测试中正确选择的次数（结果在第一行中呈现），如图 5-65 所示。

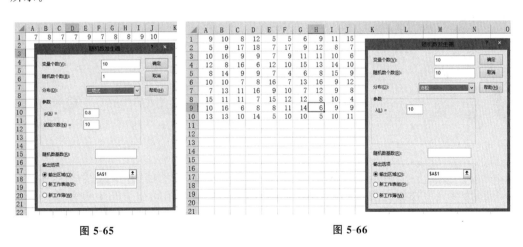

图 5-65　　　　　　　　　　　　　　　　图 5-66

（5）泊松分布随机数，以值 λ 来表征，λ 等于平均值的倒数。泊松分布经常用于表示单位时间内事件发生的次数。某学校组织大考改卷，每个小组平均每小时可完成 10 份卷子评阅任务，尝试进行 100 次模拟，并求其分布情况，如图 5-66 所示。

可以通过 Max() 和 Min() 函数求出 100 个数据的上限和下限，并根据其数值构建组的上限，从而计算其频数和频率。O2 单元格公式为：＝FREQUENCY(A1:J10，N2:N10)，结果如图 5-67 所示。

CORREL =FREQUENCY(A1:J10,N2:N10)

	A	B	C	D	E	F	G	H	I	J	K	L	M	N	O	P
1	9	10	8	12	5	5	6	9	11	15		Max	18	组上限	频数	频率
2	5	9	17	18	7	17	9	12	8	7		Min	4	4	N10)	0.02
3	10	16	9	9	7	9	11	11	10	6				6	11	0.11
4	12	8	16	6	12	10	15	13	14	10				8	19	0.19
5	8	14	9	9	7	4	6	8	15	9				10	29	0.29
6	10	10	7	8	16	7	13	16	9	12				12	16	0.16
7	7	13	11	16	9	10	7	12	9	8				14	9	0.09
8	15	11	11	7	15	12	12	8	10	4				16	11	0.11
9	10	16	6	8	8	11	14	6	9	9				18	3	0.03
10	13	13	10	14	5	10	10	5	10	11				20	0	0

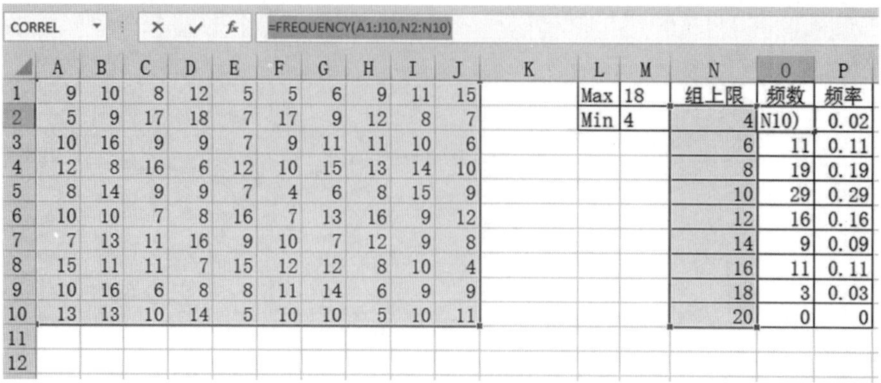

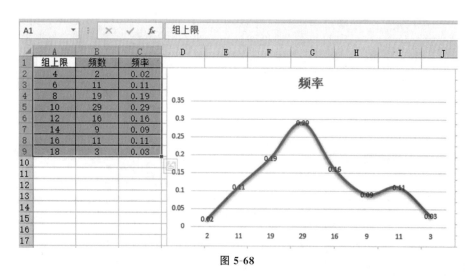

图 5-67

注意：先选择 O2：O10 区域后，点击“CTRL＋SHIFT＋ENTER”利用数组公式进行计算。

利用 Excel 图表功能将结果可视化，如图 5-68 所示。

A1 组上限

	A	B	C
1	组上限	频数	频率
2	4	2	0.02
3	6	11	0.11
4	8	19	0.19
5	10	29	0.29
6	12	16	0.16
7	14	9	0.09
8	16	11	0.11
9	18	3	0.03

图 5-68

(6) 重复序列，以下界和上界、步幅、数值的重复率和序列的重复率来表征。在生物遗传学中常用到重复序列。Excel 中的“模式”是按相同步长产生重复序列。如图 5-69 所示，产生了 1—5 之间共 3 组序列，每组中每个数字重复 2 次，共重复 10 个变量。

(7) 离散随机数，以数值及相应的概率区域来表征。该区域必须包含两列，左边一列包含数值，右边一列为与该行中的数值相对应的发生概率，所有概率的和必须为 1。

假设某产品的销售数量及概率已知，现在模拟 80 个销售人员销售该商品的随机数据，如图 5-70 所示。

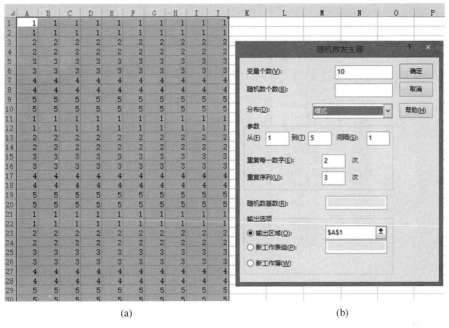

图 5-69

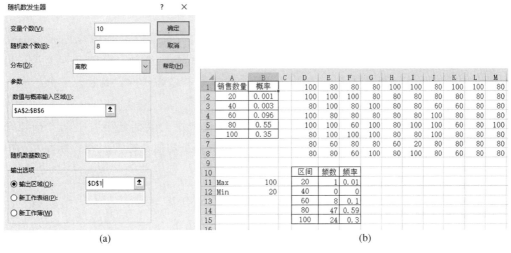

图 5-70

5.2.2　抽样

在"数学分析"功能中，利用"抽样"功能可以从数值型字段中随机抽取部分数据，也可以根据需要按照一定的记录间隔抽取一定的数据，如图 5-71 所示。点击"确定"后在"抽样结果"表中就有了 400 条随机抽取得到的数据。也可以使用固定的距离间隔法获取随机数据。

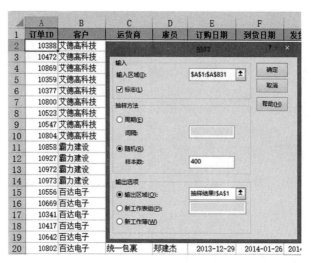

图 5-71

注意：在利用这两种方法随机抽取数据时，所设置的"输入区域"要保证具有唯一性，否则在后期的数据关联中可能会出现问题。如果没有唯一性数据字段，可通过增加辅助列完成。

5.2.3 描述统计

描述性统计分析是数据分析中常用的基础方法之一，能够展现数据的多方面特征，通过计算数据的平均值、标准误差、标准差、中位数、众数、峰度和偏度等，揭示数据的总体分布特性和类型，主要应用于数据的集中趋势分析、离散程度分析及分布分析。

假设对运货费进行描述性统计分析，可以通过调用"数据分析"中的"描述统计"功能实现，得到的结果如图 5-72 所示，可以看到平均值、标准误差、标准差、中位数、众数、峰度和偏度等统计结果。

（1）平均值反映了数据的平均水平。

（2）标准误差是指样本平均值的"抽样误差"。

（3）中位数是对数据趋中性的一种描述，是样本中数据从小到大排列后的中间值。若样本容量为奇数，则取中间的数值；若为偶数，则取中间两个数据的平均值。

（4）众数是样本数据中出现频率最高的数值。

（5）标准差是所选样本的标准差，是衡量数值相对于其平均值的离散程度的指标。

（6）方差是标准差的平方，同样是描述数据离散程度的指标。

（7）峰度是刻画测度数据分布陡缓程度的指标。若峰度＞0，则说明其分布较标准正态分布曲线更尖锐，也就是数据更向平均值聚集，属于尖峰分布；若峰度＜0，则说明其分布较标准正态分布曲线更宽阔一些，离散程度较大，属于平峰分布；若峰度＝0，则数据的分布性状即为标准正态分布曲线。

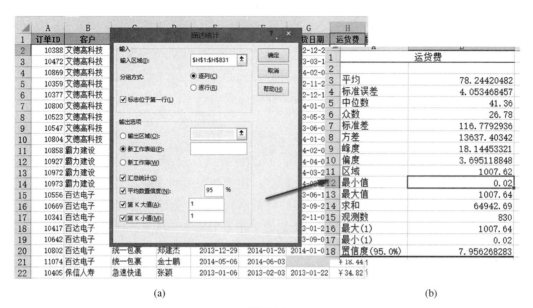

图 5-72

（8）偏度即偏态系数，也称不对称度，是测度数据分布的偏斜方向和程度的指标。若偏度＞0，则说明其分布较正态分布曲线更向右偏，称为正偏或右偏，说明存在偏大的极端值，有一条长尾拖在分布曲线的右端；若偏度＜0，则分布为负偏或左偏，存在较小的极端值；若偏度＝0，则数据的分布曲线左右对称。偏度的绝对值越大，说明数据分布曲线的偏斜程度越大，偏度＝0 是无偏斜的情况。

（9）最大值为整个数据系列中数值最大的一个，最小值为数据系列中数值最小的一个，它们刻画了数据的离散状况。最大值与最小值之差称为极差，它反映了样本数据整体涵盖的范围大小。

（10）置信水平表示样本数据的数值落在某一区间的概率，置信度则为在一定置信水平下，样本平均值可能出现的最大偏差，此时，总体平均值的置信区间即为样本平均值±置信度，求解置信区间的过程实际上就是置信度的求解过程。

置信度是总体均值区间估计的置信度，其中 95％的含义是总体均值有 95％的可能性出现在计算出的区间内。

在数理统计中，都假设样本（一般就是采集的数据）来自某一个总体。统计的目的就是通过样本来估计总体的性质。对总体均值的估计有很多种方法，如点估计和区间估计等。最简单的点估计就是用样本均值来估计总体均值。

区间估计的结果是一个区间，如(a,b)，表示根据所收集的数据计算出，总体均值有 95％的可能出现在区间(a,b)内。

Confidence Level 是总体均值的 95％置信区间长度的一半，具体的计算公式如下：
$$=\text{TINV}(0.05,829) * 116.779/\text{SQRT}(830)$$

其中，$\text{TINV}(0.05,829)$计算的是自由度为 $n-1=829$ 的 t 分布的 0.95 分位数，

这个数值可以通过 Excel 的函数 TINV()计算得到；116.779 即为图 5-72 中的标准差；SQRT(830)为样本量开根号的值。

由 Confidence Level 的值可知，总体均值的置信度为 95%的区间估计为：

$$[78.2442-7.9562, 78.2442+7.9562] = [70.288, 86.2004]$$

即总体均值有 95%的可能性落在上述区间内。

5.2.4 方差分析

方差分析（analysis of variance，ANOVA），又称“变异数分析”，是 R. A. Fisher 发明的，所以又称为“F 检验”，用于两个及以上样本均数差别的显著性检验。由于各种因素的影响，研究所得的数据呈波动状。造成波动的因素可分成两类：一是不可控的随机因素；二是研究中施加的对结果形成影响的可控因素。

（1）单因素方差分析

假设某公司需要在 3 家快递公司中选择合作伙伴，根据收集到的 3 家快递公司的 12 组收费数据，现在需要分析 3 家快递公司在收费上是否存在显著差异，这时可使用单因素方差分析方法，如图 5-73 所示。

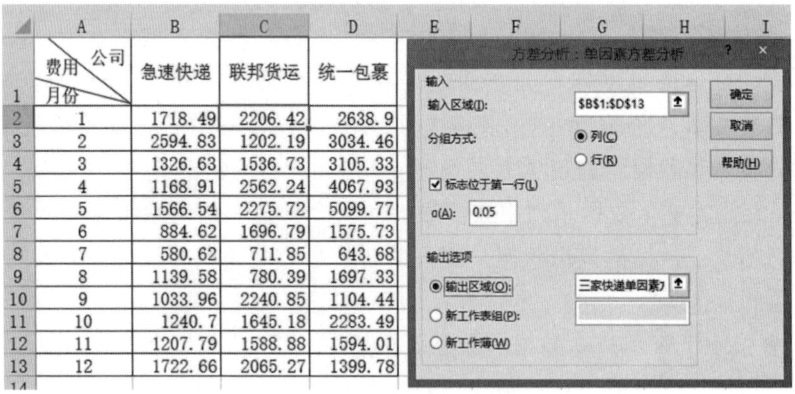

	A	B	C	D
1	费用 公司 月份	急速快递	联邦货运	统一包裹
2	1	1718.49	2206.42	2638.9
3	2	2594.83	1202.19	3034.46
4	3	1326.63	1536.73	3105.33
5	4	1168.91	2562.24	4067.93
6	5	1566.54	2275.72	5099.77
7	6	884.62	1696.79	1575.73
8	7	580.62	711.85	643.68
9	8	1139.58	780.39	1697.33
10	9	1033.96	2240.85	1104.44
11	10	1240.7	1645.18	2283.49
12	11	1207.79	1588.88	1594.01
13	12	1722.66	2065.27	1399.78

图 5-73

分析结果如图 5-74 所示。该结果包含两部分：第一部分是 SUMMARY，即对各个水平下的样本数据的描述统计，包括样本观测数、求和、平均数、方差。第二部分是方差分析，其中“差异源”即方差来源，SS 代表平方和，d*f* 代表自由度，MS 指均方，*F* 是检验统计量，*P*-value 是观测到的显著性水平，Fcrit 是检验临界值，可通过 *P*-value 的大小来判断组间的差异显著性，通常情况下，当 $P\leqslant 0.01$ 时，表示有极显著的差异；当 $0.01<P<0.05$ 时，表示有显著差异；当 $P\geqslant 0.05$ 时，表示没有显著差异。另外，通过 *F* 值也可以判断差异显著性，当 $F\geqslant \text{Fcrit}$ 时，表示有显著差异。

在上面的案例中，$P\text{-value}=0.026791>0.01$，且 $F=4.047443>\text{Fcrit}=3.284918$，说明在 $\alpha=0.05$ 的情况下，3 家快递公司的平均货物费用有显著差异。

2	方差分析：单因素方差分析						
3							
4	SUMMARY						
5	组	观测数	求和	平均	方差		
6	急速快递	12	16185.33	1348.778	262666		
7	联邦货运	12	20512.51	1709.376	351656.1		
8	统一包裹	12	28244.85	2353.738	1691100		
9							
10							
11	方差分析						
12	差异源	SS	df	MS	F	P-value	F crit
13	组间	6220711	2	3110355	4.047443	0.026791	3.284918
14	组内	25359648	33	768474.2			
15							
16	总计	31580358	35				

图 5-74

（2）双因素方差分析

如果某公司需要了解 3 家快递公司在不同地区的收费情况，分别收集了 3 家快递公司在 5 个地区的各 12 条数据，需要分析不同地区不同快递公司的费用情况，以及快递公司与地区的选择对货物费用的影响，这时可使用双因素方差分析方法，如图 5-75 所示。

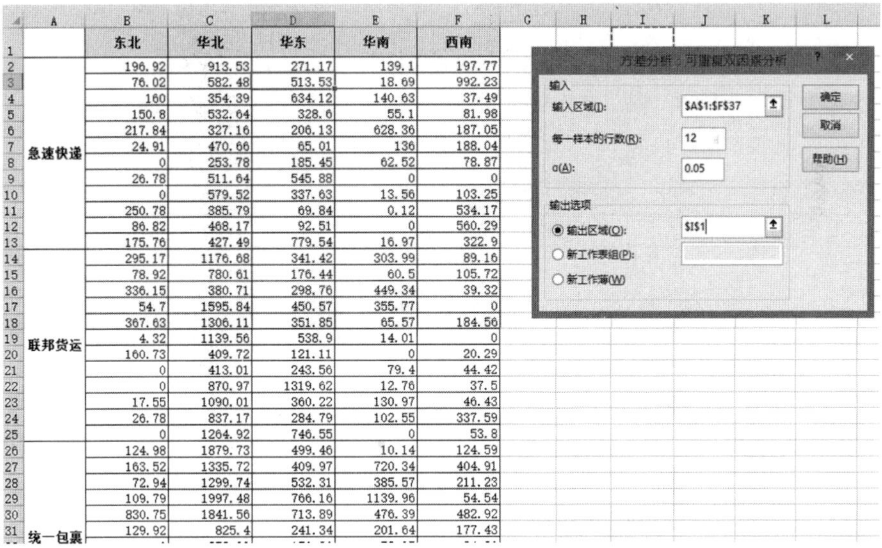

	A	B	C	D	E	F
1		东北	华北	华东	华南	西南
2	急速快递	196.92	913.53	271.17	139.1	197.77
3		76.02	582.48	513.53	18.69	992.23
4		160	354.39	634.12	140.63	37.49
5		150.8	532.64	328.6	55.1	81.98
6		217.84	327.16	206.13	628.36	187.05
7		24.91	470.66	65.01	136	188.04
8		0	253.78	185.45	62.52	78.87
9		26.78	511.64	545.88	0	0
10		0	579.52	337.63	13.56	103.25
11		250.78	385.79	69.84	0.12	534.17
12		86.82	468.17	92.51	0	560.29
13		175.76	427.49	779.54	16.97	322.9
14	联邦货运	295.17	1176.68	341.42	303.99	89.16
15		78.92	780.61	176.44	60.5	105.72
16		336.15	380.71	298.76	449.34	39.32
17		54.7	1595.84	450.57	355.77	0
18		367.63	1306.11	351.85	65.57	184.56
19		4.32	1139.56	538.9	14.01	0
20		160.73	409.72	121.11	0	20.29
21		0	413.01	243.56	79.4	44.42
22		0	870.97	1319.62	12.76	37.5
23		17.55	1090.01	360.22	130.97	46.43
24		26.78	837.17	284.79	102.55	337.59
25		0	1264.92	746.55	0	53.8
26	统一包裹	124.98	1879.73	499.46	10.14	124.59
27		163.52	1335.72	409.97	720.34	404.91
28		72.94	1299.74	532.31	385.57	211.23
29		109.79	1997.48	766.16	1139.96	54.54
30		830.75	1841.56	713.89	476.39	482.92
31		129.92	825.4	241.34	201.64	177.43

图 5-75

分析结果如图 5-76 所示。在分析结果第一部分“SUMMARY”中，可看到各个方案对应地区的样本观测数、求和、平均数、方差等数据。在第二部分“方差分析”中，可看到分析结果不但有样本因素［快递公司（因素 2）］和列因素［地区（因素 1）］的 F 统计量和 F 临界值，也有交互作用的 F 统计量和 F 临界值。

I	J	K	L	M	N	O
方差分析：可重复双因素分析						
SUMMARY	东北	华北	华东	华南	西南	总计
急速快递						
观测数	12	12	12	12	12	60
求和	1366.63	5807.25	4029.41	1211.05	3284.04	15698.38
平均	113.8858	483.9375	335.7842	100.9208	273.67	261.6397
方差	7942.656	28555.83	55320.47	30727.61	83979.18	59397.04
联邦货运						
观测数	12	12	12	12	12	60
求和	1341.95	11265.31	5233.79	1574.86	958.79	20374.7
平均	111.8292	938.7758	436.1492	131.2383	79.89917	339.5783
方差	20118.48	154593.4	105005	23318.13	9176.038	166223.5
统一包裹						
观测数	12	12	12	12	12	60
求和	2345.95	13510.49	5208.38	3665.87	2133.38	26864.07
平均	195.4958	1125.874	434.0317	305.4892	177.7817	447.7345
方差	58312.81	329737.7	65624.88	114161.3	21295.64	235287.8
总计						
观测数	36	36	36	36	36	
求和	5054.53	30583.05	14471.58	6451.78	6376.21	
平均	140.4036	849.5292	401.9883	179.2161	177.1169	
方差	28707.76	235932	73267.84	61222.87	42407.15	
方差分析						
差异源	SS	df	MS	F	P-value	F crit
样本	1048070	2	524034.8	7.095172	0.001107	3.050787
列	12787844	4	3196961	43.28528	8.47E-25	2.426438
交互	2219188	8	277398.6	3.755839	0.000456	1.994904
内部	12186560	165	73857.94			
总计	28241662	179				

图 5-76

对比 F 统计量和各自的 F 临界值，样本、列、交互的 F 统计量都大于 F 临界值，说明不同快递公司、地区都对货运费用有显著影响。此外，结果中 3 个 P-value 值都小于 0.01，说明不同快递公司和地区以及二者之间的交互作用对销售额都有显著影响。

5.2.5　相关分析

通过描述性统计能够发现数据存在的一定规律，但是在实际工作中，除了分析数据的规律外，最重要的是预测未来的数据。数据分析最终都是为了预测，即基于现有的历史数据预测未来的发展状况。但是预测不能只靠想，还必须使用数据工具中的相关分析和回归分析。

相关分析（correlation analysis）研究现象之间是否存在某种依存关系，并对具有依存关系的现象探讨其相关方向以及相关程度，是研究随机变量之间相关关系的一种统计方法。使用相关分析可分析一组数据和另外一组数据之间的关系，即判断这两组数据的变化是否相关。

要研究两组数据间的相关程度，使用相关系数 r 即可实现数据的相关描述。在 Excel 中，要计算相关系数，一般有两种方式：一是利用相关系数函数；二是利用相关分析系数工具。对于第一种方式，Excel 提供了两个计算两个变量之间相关系数的函数，即 CORREL 函数和 PEARSON 函数。

假设源数据是电影票房的相关数据，包括总票房、好评、排名、类型、平均票价和场均人次，均以数值型存储，如图 5-77 所示。

影片名	总票房(万)	好评	排名	类型	平均票价	场均人次
1. 赤壁(上)	27490	9	1	11	33	41
2. 画皮	20453	1	2	1	30	41
3. 非诚勿扰	17641	7	3	1	34	62
4. 功夫熊猫	15150	3	4	2	27	36
5. 功夫熊猫：师傅的秘密	15150	3	5	2	27	36
6. 功夫之王	14560	4	6	3	32	31
7. 007：大破量子危机	12046	7	7	3	31	29
8. 木乃伊3：龙帝之墓	11000	8	8	4	31	27
9. 梅兰芳	9739	9	9	5	33	36
10. 大灌篮	9578	6	10	1	29	30
11. 全民超人汉考克	9227	8	11	3	28	31
12. 钢铁侠	7712	6	12	3	30	26
13. 通缉令	7600	6	13	4	29	26
14. 国家宝藏：夺宝秘笈	7300	5	14	4	31	25
15. 史前一万年	7220	6	15	6	29	26
16. 集结号	7207	5	16	11	30	25
17. 纳尼亚传奇2：凯斯宾王子	6631	8	17	7	29	27
18. 叶问	6517	2	18	3	30	44
19. 尼斯湖怪·深水传说	6280	4	19	4	27	29
20. 地心历险记	6025	6	20	6	48	48
21. 三国之见龙卸甲	6015	2	21	11	29	25
22. 无敌浩克	5389	6	22	6	28	21

图 5-77

使用 CORREL 函数求总票房与好评之间存在的相关系数，如图 5-78 所示。使用"数据分析"工具中的"相关系数"功能，如图 5-79 所示。

图 5-78

图 5-79

计算结果如图 5-80 所示。

总票房与好评相关系数					
−0.0352066					
	总票房(万)	好评	排名	类型	平均票价	场均人次
总票房(万)	1					
好评	−0.03521	1				
排名	−0.47631	0.066262	1			
类型	0.143715	−0.03874	−0.23069	1		
平均票价	0.24078	0.009286	−0.20529	0.08239	1	
场均人次	−0.00921	−0.01004	−0.52588	0.168722	0.139064	1

图 5-80

对比利用 CORREL 函数和使用"数据分析"工具得到的相关系数结果，发现二者之间基本相同。

相关系数 r 值一般都介于 -1 和 1 之间，$r>0$ 为正相关，$r<0$ 为负相关，$r=0$ 为不相关，r 的绝对值越接近 1，相关性越强。根据 r 值计算结果可以看出，总票房与排名、排名与场均人次的相关性都较强，但都是负相关的。平均票价、类型与总票房有一定的正相关性。

5.2.6　回归分析

回归分析（regression analysis）是确定两种或两种以上变量间相互依赖的定量关系的一种统计分析方法。

在得到两组数据之间的相关程度之后，就可以使用回归分析进行预测了，换言之，相关分析是回归分析的基础和前提，回归分析是相关分析的深入和继续。但只有当数据之间高度相关时，进行回归分析寻求相关的具体形式才有意义。

假设某课程的期末成绩由两部分构成：组长评价分数和教师评价分数，需要分析哪一种评价分数与期末成绩相关性更高，并根据线性回归方程以及两种评价分数得到最终的期末成绩。

使用"数据分析"工具中的"回归"功能，如图 5-81 所示。

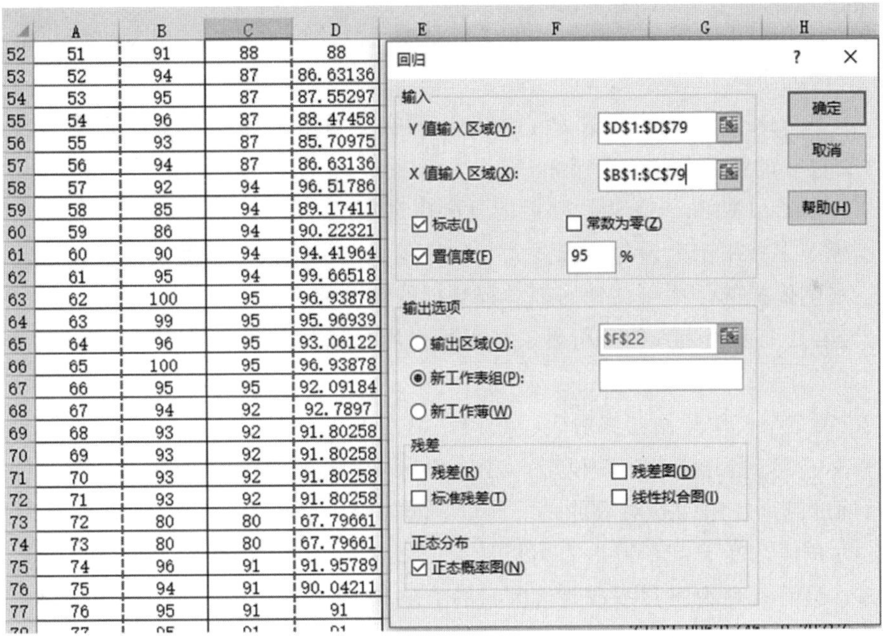

图 5-81

得到的结果如图 5-82 所示。

SUMMARY OUTPUT								
回归统计								
Multiple R	0.93327326							
R Square	0.87099899							
Adjusted R Squ	0.86755896							
标准误差	2.0113151							
观测值	78							
方差分析								
	df	SS	MS	F	gnificance F			
回归分析	2	2048.547	1024.274	253.1953891	4.44E-34			
残差	75	303.4041	4.045388					
总计	77	2351.952						
	Coefficients	标准误差	t Stat	P-value	Lower 95%	Upper 95%	下限 95.0%	上限 95.0%
Intercept	-40.465687	5.847019	-6.92074	1.30677E-09	-52.1135	-28.8178	-52.1135	-28.8178
组长评价	0.50875622	0.061471	8.276385	3.55291E-12	0.3863	0.631212	0.3863	0.631212
教师评价	0.91430176	0.066006	13.85179	2.29539E-22	0.782811	1.045793	0.782811	1.045793

图 5-82

回归分析的计算结果一共包括三个模块：

（1）第一个模块为回归统计表，其中主要包含 Multiple R、R Square、Adjusted R Square、标准误差和观测值。

① Multiple R 为复相关系数，也就是前面所说的相关系数，用来衡量 x 和 y 之间的相关程度大小。

② R Square 为复测定系数 R^2，用来说明自变量解释因变量变差的程度，从而测量同因变量 y 的拟合效果。

③ Adjusted R Square 为调整后的复测定系数。

④ 标准误差用于衡量拟合程度大小，值越小，说明拟合程度越好。

⑤ 观测值指的是用于估计回归方程数据的观测值个数。

（2）第二个模块为方差分析表，其主要作用是通过假设检验中的检验判断回归模型的回归效果。

（3）第三个模块是回归参数表。其中，第二列表示对应模型的回归系数，包括截距和斜率，可以据此建立回归模型；第三列为回归系数的标准误差，值越小，表明参数的精确度越高；第四列对应的是统计量 t 值，用于检验模型参数；第五列为各个回归系数的 P 值，当 $P<0.05$ 时，可以认为模型在 $\alpha=0.05$ 的水平下显著，或置信度达到 95%；最后几列为回归系数置信区间的上限和下限。

由图 5-82 可以看出，R 值为 0.93327，表示两种评价分数与期末成绩之间均高度正相关；复测定系数 R^2 为 0.87，表明用自变量可解释因变量变差的 87.10%；Adjusted R Square 为 0.87，表明自变量能解释因变量的 86.76%，因变量剩余的 13.24% 则由其他因素来解释。

回归参数表中，回归方程的截距和两个斜率分别为 -40.46、0.508、0.914。又因为 P 值小于 0.05，说明这两个自变量对期末成绩均有显著影响，但是，两个斜率中，教师评价对应的回归系数更大一些，说明教师评价对最终成绩的影响更大。

由此可得该回归分析的线性回归方程为：$y = -40.46 + 0.508 \times x_1 + 0.914 \times x_2$。

假设组长评价给了 88 分、教师评价给了 90 分，那么最终的得分就是：

$$y = -40.46 + 0.508 \times 88 + 0.914 \times 90 = 86.504$$

5.2.7　移动平均

移动平均是通过使用一组最近的实际数据预测未来一段时间或几年内公司产品的需求和生产能力的基础方法，适用于近期预测。移动平均法在没有季节性因素的前提下，可以有效地消除预测中的随机波动，在产品需求较为稳定时非常有效。移动平均根据预测中使用的每个元素的权重不同分为简单移动平均和加权移动平均。

（1）简单移动平均的各元素的权重都相等。

（2）加权移动平均给固定跨越期限内的每个变量值以不相等的权重。其原理是：历史各期产品需求的数据信息对预测未来期内的需求量的作用不同。除了以 n 为周期的周期性变化外，远离目标期的变量值的影响力相对较低，故应给予较低的权重。

如图 5-83 所示，在 C5 单元格输入的公式是：＝AVERAGE(B2:B4)，D5 单元格输入的公式是：＝B2 * 0.25＋B3 * 0.35＋B4 * 0.4（权重分别是 0.25、0.35 和 0.4），两个公式向下填充后即得到如图 5-83 所示的结果。

	A	B	C	D
1	年度	票房(万)	简单移动平均	加权移动平均
2	2008年	233207		
3	2009年	381446		
4	2010年	664962		
5	2011年	694045	426538.33	457792.65
6	2012年	1046103	580151	605716.2
7	2013年	1139792	801703.33	827597.45
8	2014年	1633415	959980	995564.1
9	2015年	2563264	1273103.3	1313819
10	2016年	2444745	1778823.7	1881948.9
11	2017年	3458818	2213808	2283394.2
12	2018年	3822579	2822275.7	2880004
13			3242047.3	3350804.2

图 5-83

若使用"数据分析"工具进行移动平均的计算，如图 5-84 所示，可以看到分析结果和用公式计算的结果基本相同。若要看到相关的趋势以及得到相应的方程式，则可使用图表输出，并在输出后设置预测值的相应属性，如图 5-85 所示。

	A	B	C	D	E
1	年度	票房(万)	简单移动平均	加权移动平均	数据分析工具
2	2008年	233207			
3	2009年	381446			#N/A
4	2010年	664962			#N/A
5	2011年	694045	426538.33	457792.65	426538.3
6	2012年	1046103	580151	605716.2	580151
7	2013年	1139792	801703.33	827597.45	801703.3
8	2014年	1633415	959980	995564.1	959980
9	2015年	2563264	1273103.3	1313819	1273103
10	2016年	2444745	1778823.7	1881948.9	1778824
11	2017年	3458818	2213808	2283394.2	2213808
12	2018年	3822579	2822275.7	2880004	2822276
13			3242047.3	3350804.2	3242047

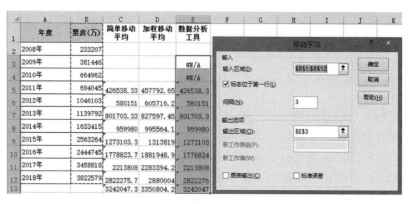

图 5-84

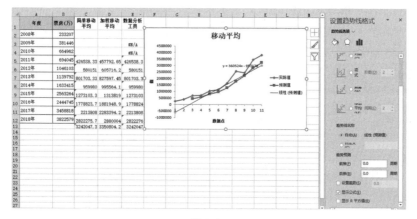

图 5-85

若要预测 2019 年的票房，并显示标准误差，如图 5-86 所示。标准误差表示预测值与实际值的误差，这个值越小越好，说明预测值与实际值越接近。从图 5-86 可以看出，标准误差比较大，这是因为原始数据的质量问题。

	A	B	C	D
1	年度	票房(万)	简单移动平均	标准误差
2	2008年	233207		
3	2009年	381446	#N/A	#N/A
4	2010年	664962	#N/A	#N/A
5	2011年	694045	426538.33	#N/A
6	2012年	1046103	580151	#N/A
7	2013年	1139792	801703.33	207805.11
8	2014年	1633415	959980	187114.4
9	2015年	2563264	1273103.3	271960.81
10	2016年	2444745	1778823.7	509085.29
11	2017年	3458818	2213808	515914.41
12	2018年	3822579	2822275.7	598293.32
13	预测2019年		3242047.3	514954.71

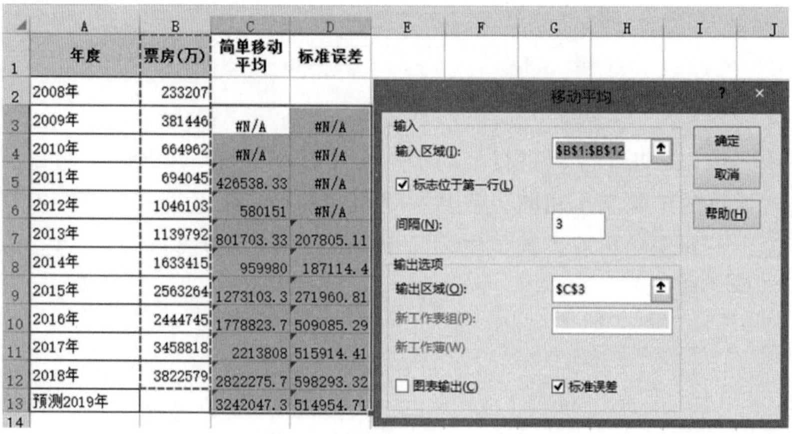

图 5-86

5.2.8　指数平滑

如上文所示，用简单移动平均法进行数据预测，对每个历史数据使用的是相同的权重，而实际情况可能是离需要预测的数据越近的历史数据越有影响力，因此，应使用加权移动平均法。加权移动平均法对于数据的分析预测更加接近真实值。

指数平滑是对加权移动平均法的另一种改进方法，特点是权数由近至远按指数规律递减，对较近的数据给予较大的权重。在不舍弃历史数据的前提下，给予历史数据较小的权重，达到逐渐降低对现在预测的影响程度的目的。

使用"数据分析"工具中的"指数平滑"预测 2019 年的票房，分别设置阻尼系数为 0.1、0.3、0.5、0.6 等，计算结果如图 5-87 所示。

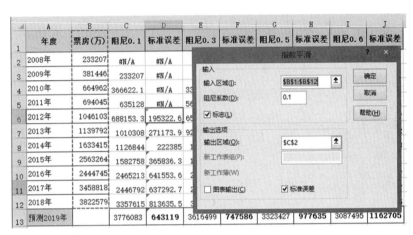

图 5-87

通过查看，可以得知 C14 的预测值公式是：$=0.9 * B12 + 0.1 * C12$，阻尼系数（β）为 0.1，平滑系数（α）为 0.9，$\alpha = 1 - \beta$。

对于阻尼系数，一般建议如下：

（1）如序列数据平稳、波动不大，阻尼系数为 0.1—0.3；

（2）如序列数据有明显的变化倾向，阻尼系数为 0.4—0.9。

5.2.9　t 检验

当一些样本均数与已知的总体均数有很大的差别时，一般来说有两个主要原因：一是抽样误差具有偶然性；二是样本来自不同的总体，从而使试验因素不同。这时，我们运用假设检验方法就能够排除误差的影响，区分差别在统计上是否成立，并了解误差发生的概率。

参数估计（parameter estimation）是根据从总体中抽取的样本估计总体分布中包含的未知参数的方法。人们常常需要根据手中的数据分析或推断数据反映的本质规律，即根据样本数据如何选择统计量去推断总体分布或分布的数字特征等。统计推断是数理统计研究的核心问题，是指根据样本数据对总体分布或分布的数字特征等作出合理的推断。它是统计推断的一种基本形式，是数理统计学的一个重要分支，分为点估计和区间估计两部分。

在"数据分析"工具中，假设检验也称为"显著性检验"，是统计推断中的一种重要的数据统计方法。它首先对研究总体的参数作出某种假设，然后从总体中抽取样本进行观察，用样本提供的信息对假设的正确性进行判断，从而决定假设是否成立。若观察结果与理论不符，则假设不成立；若观察结果与理论相符，则认为没有充分的证据表明假设错误。

t 检验，亦称"student t 检验"（Student's t test），主要用于样本含量较小（如 $n < 30$），总体标准差 σ 未知的正态分布。t 检验是用 t 分布理论来推论差异发生的概率，从而比较两个平均数的差异是否显著。

某公司对内部管理模式进行了更新，通过对 12 组管理成本数据进行比较分析，希望判断出实施新模式后公司的管理成本是否得到明显的降低，并试着分析成本降低能够达到 100 个单位。12 组数据如图 5-88 所示。

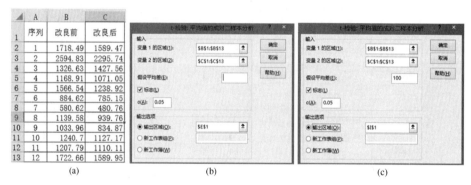

图 5-88

t 检验分析结果如图 5-89 所示。

t-检验：成对双样本均值分析		
	改良前	改良后
平均	1348.78	1207.543
方差	262666	225224.9
观测值	12	12
泊松相关系数	0.97805	
假设平均差	0	
df	11	
t Stat	4.4443	
P(T<=t) 单尾	0.00049	
t 单尾临界	1.79588	
P(T<=t) 双尾	0.001	
t 双尾临界	2.201	

t-检验：成对双样本均值分析		
	改良前	改良后
平均	1348.78	1207.54
方差	262666	225225
观测值	12	12
泊松相关系数	0.97805	
假设平均差	100	
df	11	
t Stat	1.2976	
P(T<=t) 单尾	0.1105	
t 单尾临界	1.7959	
P(T<=t) 双尾	0.22099	
t 双尾临界	2.20099	

图 5-89

假设新模式的实施对管理成本的降低没有起到作用。先看图 5-89 的左侧部分，即假设平均差为 0，管理成本没有降低。该部分呈现 t Stat$>t$ 双尾临界，且 P 双尾$<$ $\alpha(0.05)$，所以该假设是不成立的，说明实施新模式对于成本的降低有作用。再看图 5-89 的右侧部分，即假设平均差为 100，管理成本会降低 100 个单位。该部分呈现 t Stat$<t$ 单尾临界，且 P 单尾$>\alpha(0.05)$，所以假设成立，说明实施新模式能够有效降低 100 个单位的管理成本。

5.2.10　直方图

直方图是用于展示数据的分组分布状态的一种图形，用矩形的宽度和高度表示频数分布。通过直方图，用户可以很直观地看出数据分布的形状、中心位置以及离散程度等。

假设公司员工的月销售额如图 5-90（a）所示。图 5-90（b）在 D 列设置了月销售额的分段区域。调用"数据分析"工具中的"直方图"功能，如图 5-91 所示。直方图绘制结果如图 5-92 所示。根据直方图可知，公司大部分员工的月销售额在 9 万左右，如果要给员工制定销售任务，则在 8 万至 10 万之间是可行的。

	A	B
1	员工	月销售额（万）
2	郑建杰	11.26
3	李芳	10.88
4	张颖	8.86
5	王伟	8.69
6	刘英玫	7.48
7	金士鹏	6.66
8	赵军	7.91
9	孙林	8.94
10	张雪眉	2.38
11	王方宁	5.29
12	李楷固	8.18
13	周三川	8.86
14	李万军	8.07
15	刘凯	7.58
16	方德	9.1
17	吴为	8.99
18	赵磊	5.56
19	何云仁	2.23

D
上限值（接收区域）
2
4
6
8
10
12

(a)　　　　　　　(b)

图 5-90

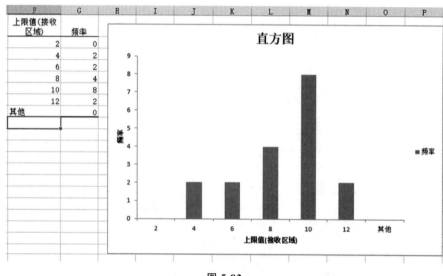

图 5-91

图 5-92

5.3 利用 Power Pivot 进行数据基础分析

Power Pivot 是微软公司自助式商业智能 Power BI 系列工具的核心组件，以免费加载的方式预装在 Excel 2013、2016 版本中（Excel 2010 版本需要单独安装相关插件），用户只需要在 Excel 中加载即可使用。（请参考 4.3 节的内容）

通过 Power Pivot，用户可轻松地在 Excel 中进行数据建模，执行比较复杂的数据分析，还可制作或自动更新企业级数据报告。它与 Excel 的区别如表 5-1 所示。

表 5-1　Power Pivot 与 Excel 区别

Excel	Power Pivot
Import data from data source 从数据源导入数据	Import data from different sources，filter data，rename columns and tables while importing 从不同数据源导入数据时，可过滤数据、重命名列名和表名
Tables can be on any worksheet in the workbook. Worksheets can have more than one table 工作簿中的工作表有多个，数据表可以存于任意的工作表中	Tables are organized into individual tabbed pages in Power Pivot window 在 Power Pivot 窗口下，表格以单独标签页组织在一起
Edit Values in individual cells in a table 在数据表独立单元格中编辑数据值	Cannot edit individual cells 无法编辑独立的单元格数据
Create relationships between tables in the relationships dialogue box 在关系对话框中创建表之间的关系	Create relationships in diagram view or create relationships dialogue box 在图示中创建关系或者创建关系对话框
Create calculations using formulas 使用公式创建计算	Create advanced calculations using data analysis expressions（DAX）language 使用 DAX 语言创建高级计算
Create hierarchies is not applicable 无法创建层级结构	Can define hierarchies to use everywhere in a workbook，including power view 可以在工作簿，包含 power view 的对象中创建层级结构
Creating KPI's is not applicable 无法创建 KPI's	Can create KPI's in pivot tables and power view 在透视表和 power view 中可创建 KPI's
Create perspectives is not applicable 无法创建透视	Can create perspectives to limit the number of columns and tables 可创建限制列、表数目的透视
Create pivot table and pivot chart reports 创建传统的透视图表报告	create pivot table reports and pivot charts and more 创建传统的透视图表报告，还有更多功能（如还可以与 Power BI、Power Viewer、Power Map 等无缝集成，提供多种数据呈现方式）
Create a basic data model 创建基本的数据模型	Create an advanced data model，by making enhancements like identifying default fields，images and unique values 创建高级的数据模型，包括识别默认字段、图片和唯一值
Can use VBA 可使用 VBA	Cannot use VBA 不可使用 VBA

(续表)

Excel	Power Pivot
Can group data 可创建数据聚合	Can group using DAX in calculated fields and calculated columns 通过使用 DAX 创建计算列、度量值进行数据的聚合
Import limited data 导入有限的数据集（每张表行数最多是1048576）	Can import data based on system's memory（huge） 导入的数据记录取决于系统的内存

Power Pivot 的独特功能包括以下几点：

（1）可导入数百万行的多个数据源的数据。可将数百万行数据的多个数据源导入单个 Excel 工作簿，为不同的数据之间创建关系，使用公式创建计算列和度量值，生成数据透视表和数据透视图，以便客户及时作出业务决策并进一步分析数据，这些操作在众多情况下都无需 IT 部门协助即可完成。

（2）快速计算和分析。Power Pivot 能够充分利用多核处理器、高容量内存处理进行快速计算，解决了在桌面型 PC 上大量数据分析受限问题。

（3）真正无限支持的数据源。可从任何位置导入和合并相关数据，数据源包括关系数据库、多维源、云服务、Excel 文件、文本文件和 Web 数据。

（4）安全和管理。利用 Power Pivot 管理仪表板使 IT 管理员可以监控和管理共享的应用程序，以确保安全、高可用性和性能。

（5）数据分析表达式（data analysis expression，DAX）。DAX 是扩展的 Excel 数据操作功能，可以使用更复杂的分组、计算和分析公式语言。

本节仅介绍 Power Pivot 的数据导入、模型及关系建立，以及数据返回的一般知识，利用 Power Pivot 进行数据分析的系统知识将在第 6 章阐述。

5.3.1 启用 Power Pivot

在 Excel 2013 或者 2016 版本中，Power Pivot 功能是内置但未启用的。启用 Power Pivot 的步骤如下：打开 Excel 程序后，选择"文件"菜单下的"选项"，单击"加载项"，在"管理"列表中选择"COM 加载项"，如图 5-93 所示。单击"转到"，在"COM 加载项"对话框中，选择"Microsoft Power Pivot for Excel"选项，单击"确定"即可看到在菜单栏中出现了"Power Pivot"选项，如图 5-94 所示。

5.3.2 导入数据

Power Pivot 中的数据可以是其所在的 Excel 工作簿中的数据，也可以是来自其他 Excel、SQL Server、Oracle 的数据。导入数据也是连接和导入其他数据源的过程。

在 Power Pivot 中导入数据与在 Excel 中导入数据是不同的，更准确地说，Power Pivot 导入数据是在数据模型管理平台上建立一个类关系型数据库。

假设在文件夹中有 8 个工作簿，其中均有相应的数据表存在，如图 5-95 所示。

图 5-93

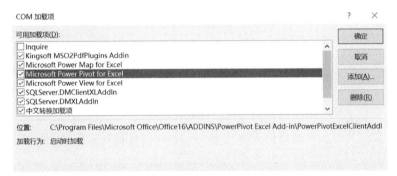

图 5-94

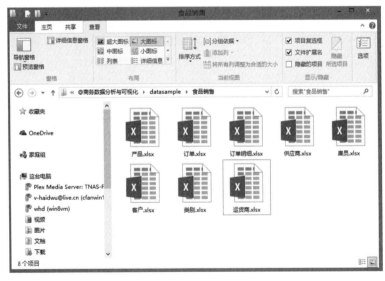

图 5-95

如果要对这 8 个表的数据及相关关系进行分析，则需要将这些表置于 Power Pivot 的数据模型中。单击"Power Pivot"菜单，再单击菜单栏上的"管理"，如图 5-96 所示。

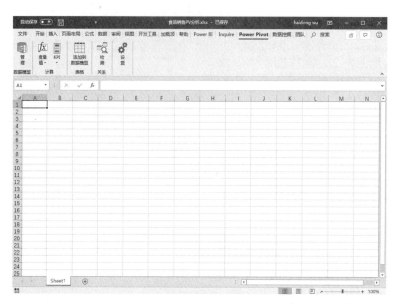

图 **5-96**

此时，会打开另一个空白的 Power Pivot for Excel 窗口，如图 5-97 所示。

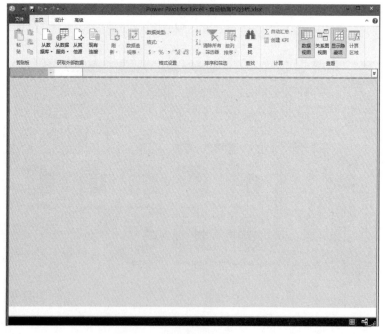

图 **5-97**

　　单击"主页"菜单下的"从数据库""从数据服务""从其他源""现有连接",均可将外部数据导入 Power Pivot 工作区域,如图 5-98 所示。

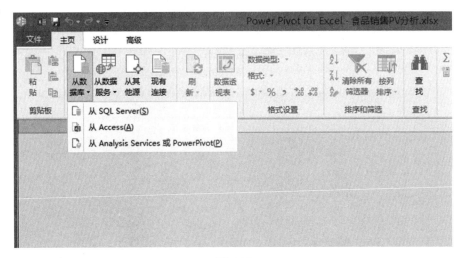

图 5-98

　　因为 8 个 Excel 文件数据属于其他源连接的范畴,所以,直接使用"从其他源"方式进行数据的连接与导入,如图 5-99 所示。

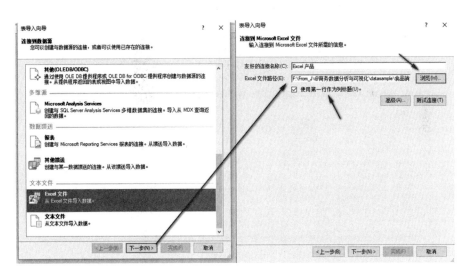

图 5-99

　　选择源工作簿中需要导入的数据表,如产品表等,如图 5-100 所示。

图 5-100

采用相似方法将其他 7 个工作表的数据连接并导入 Power Pivot 工作环境下，如图 5-101 所示。

图 5-101

在完成数据的连接和导入之后，单击 Power Pivot 工作窗口顶部的"▦"即可回到 Excel 工作表环境，如图 5-102 所示。此时的 Excel 工作表只是一张空白的数据表，所有要分析的数据已经置于 Power Pivot 的工作环境中。

单击"管理"回到 Power Pivot 环境，如图 5-101 所示，在这个环境下，只能对数据列进行删除、重命名等，不能对行和单元格的数据进行更改或者删除，但可以新增列、创建度量值，具体使用方法后文解释。

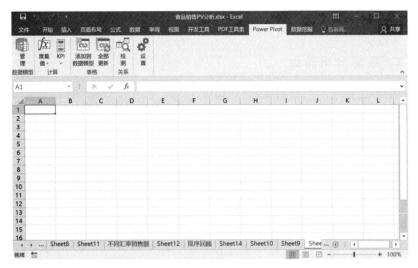

图 5-102

5.3.3　建立关系

为了进行数据的深度分析，往往需要建立表与表之间的关系。在创建数据连接和导入数据过程中（请参考 5.1.2 节），可以同时创建带有关系的数据源。

如果已置于 Power Pivot 中的数据表没有创建关系，那么在 Power Pivot 环境下，可单击"主页"菜单下的任务按钮"关系视图"，在关系视图下为 8 张表创建必要的关系。

通过将主键拖曳到外键所在的位置，即可完成相关表关系的创建，如图 5-103 所示。

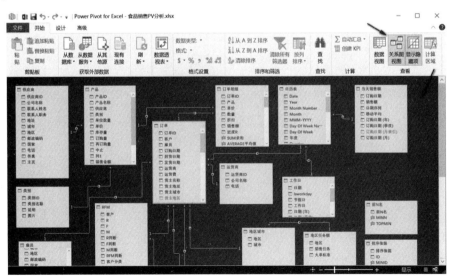

图 5-103

在不考虑 8 张表是否存在冗余数据、函数依赖关系是否最优化的情况下，共建立了 7 个 1∶N 的关系。

5.3.4　数据分析基础

单击图 5-103 所示的"数据视图"，即可切换回 Power Pivot 的工作表环境。下面以透视分析不同客户购买各类商品的数量总和为例说明如何使用 Power Pivot 进行数据分析，更加详细的数据深度分析请参考第 6 章。

在如图 5-104 所示的状态下，单击"主页"菜单下的"数据透视表"，出现创建数据透视表对话框，假设选择"新工作表"。

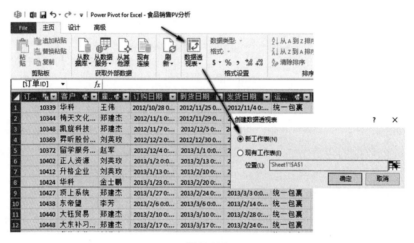

图 5-104

此时在"数据透视表字段"控制面板上，呈现出 8 张内含关系的数据表，根据需要，可将相关字段拖曳到行、值、列、筛选等列表中，如图 5-105 所示。

图 5-105

图 5-105 中的数据透视表数据分别来自 3 个 Power Pivot 中的 3 个数据表。因此，利用 Power Pivot 的系列功能会更加高效地完成数据分析。利用 Power Pivot 进行更加系统、深入的数据分析详见第 6 章相关内容。

5.4　小　　结

　　本章依据 Excel 自带的常规数据分析功能，如模拟分析、透视技术，以及统计分析功能，较为系统地帮助学习者激活 Excel 环境下的强大的数据分析功能，并将 Power Pivot 功能引入，为进一步理解常规分析中存在的短板，如模型中关系的创建和管理，以及后续的数据深度分析奠定基础。

第 6 章

数据深度分析——Power Pivot 篇

前述章节是基于某个或某些表格中的某些固有的属性所作的一些基础分析，分析过程所涉及的组织机构的点和面较少、较浅，分析结果也可能只在某个或某些部门内部使用。本章将利用 Power Pivot 等客户端工具，对数据进行进一步分析，第 7 章将利用 SQL Server DMAddin 插件进行数据挖掘，为商务智能、数据挖掘和大数据分析等相关课程作铺垫。

6.1 Power Pivot 数据深度分析概览

结合第 5 章利用 Power Pivot 进行数据分析的基础知识，本章将系统介绍如何使用 Power Pivot 及其相关工具进行更加深入的数据分析。相对于数据挖掘和大数据分析，Power Pivot 所作的数据分析是属于初阶类型的数据深度分析，包括如下内容：

（1）Power Pivot 数据深度分析的背景

（2）Power Pivot 数据深度分析的模型建立

（3）Power Pivot 数据深度分析的数据整理（计算列）

（4）Power Pivot 数据深度分析的度量值创建

（5）Power Pivot 数据深度分析的数据透视

（6）Power Pivot 数据深度分析的典型应用（KPI 等）

6.1.1 Power Pivot 数据深度分析的背景

利用 Power Pivot 进行数据深度分析，主要以第 5 章创建的包含 8 张原始数据表的数据模型为基础，开展趋势分析、年度增长率（YOY）分析、产品分析、客户分析，以及创建关键绩效指标、产品客户分类分析、RFY 分析、用量增长预测分析等，其中对必要的数据图表、关系进行必要的增减。

6.1.2 Power Pivot 数据深度分析的模型建立

第 5 章已经初步建立了 Power Pivot 的数据模型，并且建立了各表之间的关系，如图 6-1 所示。

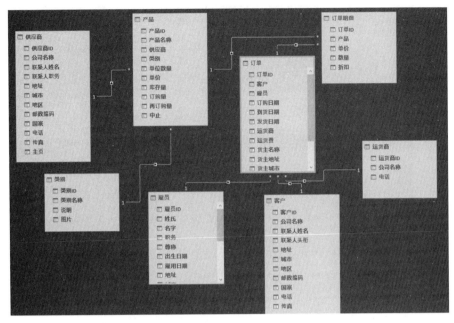

图 6-1

但在分析过程中，可能需要对已有数据模型进行修正、优化，比如，订单中体现各种日期，但缺少必要的月份、季度等数据；货主的城市、地区同时出现在订单表中，冗余数据较大，也有必要单独再创建一张地区城市表并与原来的订单表建立关系。这些数据、表、关系等对象的增减应根据数据深度分析的需求而定。

1. 创建日历表

日历表的作用类似一个跨越一定时间段的挂历，每天都在上面体现出来。其目的是为商业数据中的各种日期类型字段提供必要的快速支持，如不同格式的季度、工作日、周序等。

例如，订单表中，最早的订购日期是 2012 年 7 月 4 日，最新的订购日期是 2014 年 5 月 6 日。在 Power Pivot 窗口，单击"设计"菜单，选择"日期表"中的"新建"，如图 6-2 所示。新建日历表后，其起始日期是 1960 年 1 月 1 日，再次选择"日期表"，选择"更新范围"，如图 6-3 所示。将开始日期修改为 2012 年 1 月 1 日，结束日期修改为 2014 年 12 月 31 日，将订单表中的相关日期涵盖在其中，如图 6-4 所示。

根据需要将表名"calendar"更改为"日历表"。一般建议不使用中文为字段名、表名等。本书为了阐释便利，保留了源数据的中文命名方法，在实际业务流程中请根据需要设置。

2. 优化数据模型

(1) 创建地区、城市表

鉴于订单表中的数据存在大量冗余问题，需要创建独立的地区城市表并建立其间的关系。

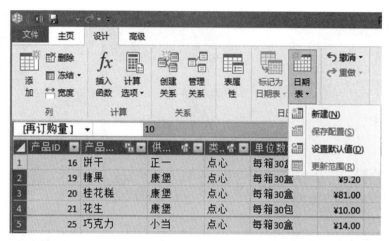

图 6-2

图 6-3

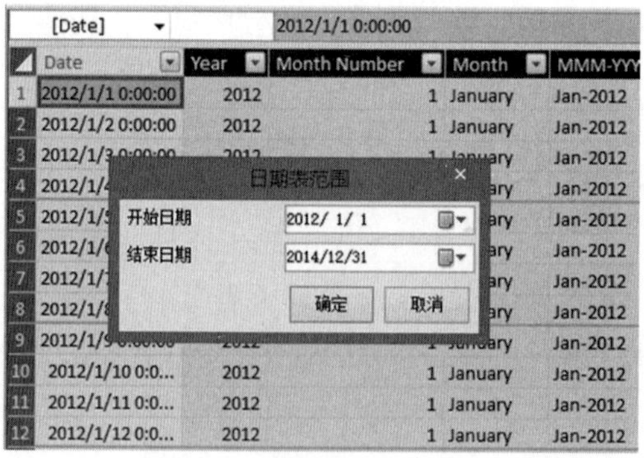

图 6-4

在订单表视图单击"主页"菜单中的"数据透视表"选项，系统会自动切换到 Excel 工作表模式，选择在新的工作表中创建透视区域，并将获取的城市和地区拖曳到"行"列表中，如图 6-5 所示。

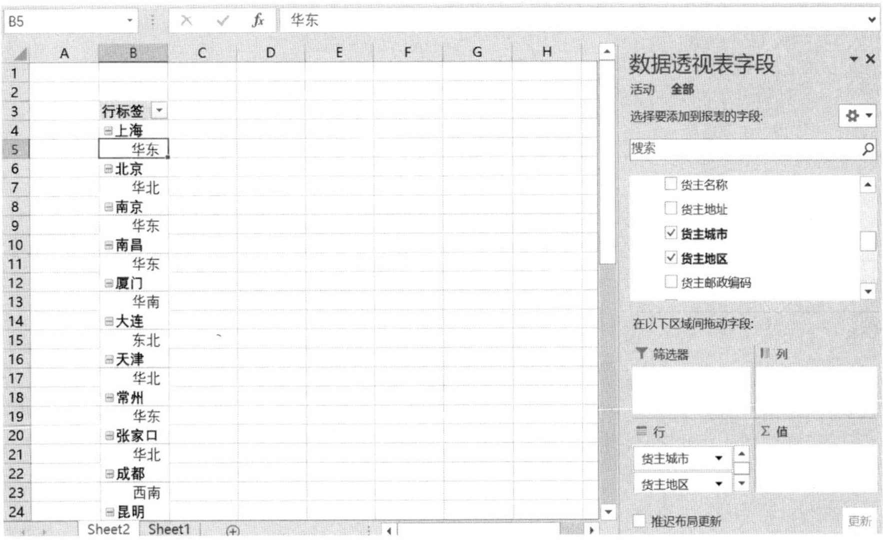

图 6-5

右单击数据透视区域，选择"数据透视表选项"，在对话框中选择"显示"，选中"经典数据透视表布局"选项，修改透视字段的名称为城市和地区之后，得到如图 6-6 所示的数据透视结果。

图 6-6

选中 B4：C28 数据区域，将其复制到非透视区域，比如 K3，将其粘贴为静态值，如图 6-7 所示。

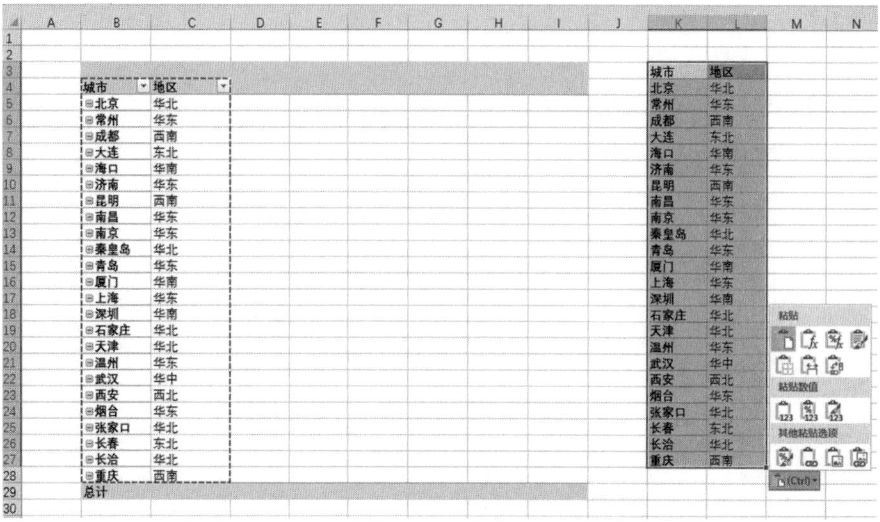

图 6-7

选中 K3：L27 数据区域，单击 Power Pivot 菜单中的"添加到数据模型"选项，根据提示进行设置，确定后在数据模型中就增加了另一张数据表，将表名改为"地区城市"，如图 6-8 所示。

图 6-8

单击"关系图视图"，在该视图下，分别对日历表、地区城市表与订单表的相关字段建立必要的关系，如图 6-9 所示。

一般地，会将一个国家或区域的城市与相关地区的对应关系置于完整的地区城市

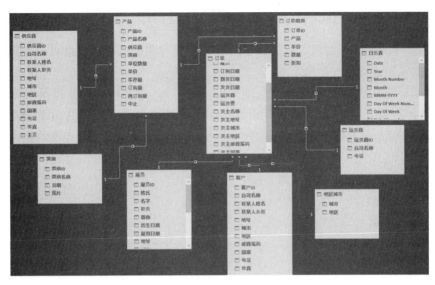

图 6-9

表中，这样若有新的记录包含新的城市和地区，就无须再刷新或重建，因此，一般在数据分析开始时就会准备好并维持比较完整的通用数据表，如日历表、地区城市表等。

（2）创建销售额任务表

根据不同地区，在数据模型中创建一张地区任务表，并建立相应的关系，如图6-10 所示，创建方法参考上文中创建地区城市表的方法。

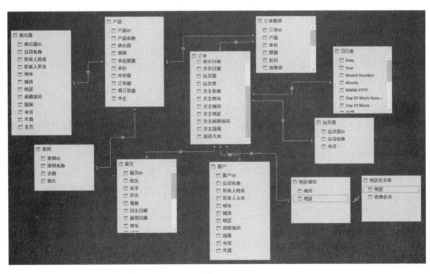

图 6-10

至此，该数据分析的模型中有了 11 张表及相关的关系，下文会根据需要进行必要的调整。

6.1.3　Power Pivot 数据深度分析的数据整理

数据整理的意义、过程、方法在本书第 3 章已有相关阐述，在此可以参照 Power Pivot 数据模型进行进一步的整理。

DAX 实际上是利用与 Excel 类似的 Power Pivot 相关函数对数据及关系进行处理、执行，再聚合。DAX 不是编程语言，而是一种公式语言，特别用于构建计算列（在 Power Pivot 表数据中，称为计算列）、度量值（在 Power Pivot 表数据外，也称为"计算字段"）。

DAX 函数主要包括如下几部分：[①]

(1) 聚合函数

(2) 计数函数

(3) 逻辑函数

(4) 信息函数

(5) 文本函数

(6) 日期时间函数

为了更好地开展数据分析，需要对相关维度（属性）进行系列整理，主要任务是在对业务理解的基础上，创建相关的计算列、度量值。本节介绍相关计算列的创建。

1. 增加年度计算列

计算列是基于原始数据的"行"进行计算，通常用于整理原始数据（包括对原始数据进行分组、合并等操作）或者增加辅助列，无须粘贴或导入值，可以在计算列中创建用于定义列值的 DAX 公式。如果某个数据透视表（或数据透视图）中包括 Power Pivot 表，则可以像使用任何其他数据列一样使用计算列，如需要将计算结果置于切片器或者数据透视表中的"行"或"列"时。

计算列中的公式类似于在 Excel 中创建的公式，但不能为表中的不同行创建不同的公式，因为 DAX 公式会自动应用到整个列。

当某列中包含公式时，将为每一行都计算值。一旦创建公式就将立即为列计算结果。只有在刷新基础数据或者手动重新计算时，才重新计算列值。可以创建基于度量值计算的列和其他计算的列，但是要避免使用相同的名称，因为这可能会导致混淆结果。引用的列最好为完全限定的列，以避免意外调用度量值。

在日历表中，右单击添加一个计算列，名称改为"年度"，如图 6-11 所示。

---

① 有了第 2—4 章知识作为铺垫，掌握 DAX 函数会更加高效。详细内容请参考微软官方网站相关内容：https://docs.microsoft.com/zh-cn/dax/data-analysis-expressions-dax-reference。

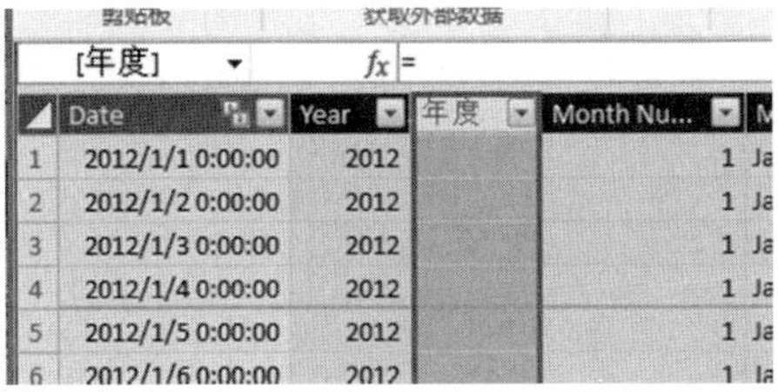

	Date	Year	年度	Month Nu...	M
1	2012/1/1 0:00:00	2012		1	Ja
2	2012/1/2 0:00:00	2012		1	Ja
3	2012/1/3 0:00:00	2012		1	Ja
4	2012/1/4 0:00:00	2012		1	Ja
5	2012/1/5 0:00:00	2012		1	Ja
6	2012/1/6 0:00:00	2012		1	Ja

图 6-11

年度列的数据来自 Date 列或者 Year 列的计算值，所以年度列也称为计算列，使用 DAX 函数：=Year([Date])&"年"，即可创建带有中文的年度列数据，如图 6-12 所示。

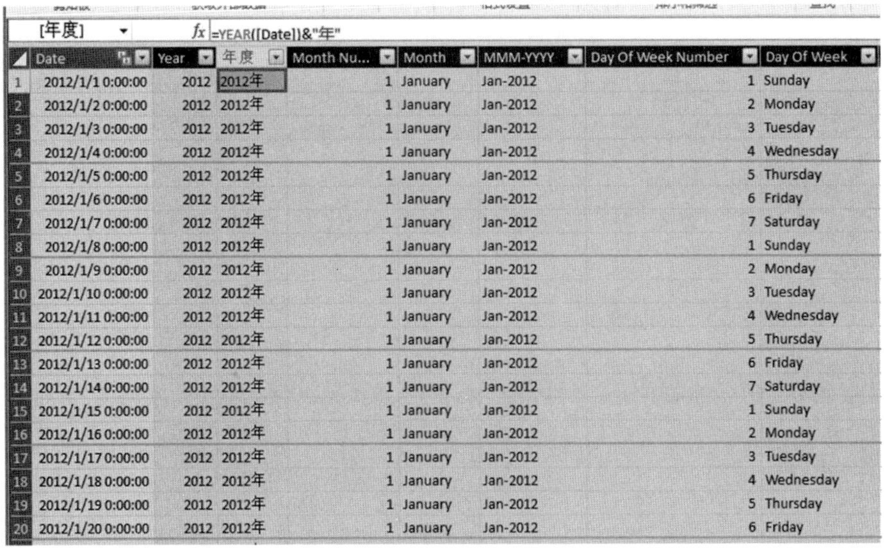

	Date	Year	年度	Month Nu...	Month	MMM-YYYY	Day Of Week Number	Day Of Week
1	2012/1/1 0:00:00	2012	2012年	1	January	Jan-2012	1	Sunday
2	2012/1/2 0:00:00	2012	2012年	1	January	Jan-2012	2	Monday
3	2012/1/3 0:00:00	2012	2012年	1	January	Jan-2012	3	Tuesday
4	2012/1/4 0:00:00	2012	2012年	1	January	Jan-2012	4	Wednesday
5	2012/1/5 0:00:00	2012	2012年	1	January	Jan-2012	5	Thursday
6	2012/1/6 0:00:00	2012	2012年	1	January	Jan-2012	6	Friday
7	2012/1/7 0:00:00	2012	2012年	1	January	Jan-2012	7	Saturday
8	2012/1/8 0:00:00	2012	2012年	1	January	Jan-2012	1	Sunday
9	2012/1/9 0:00:00	2012	2012年	1	January	Jan-2012	2	Monday
10	2012/1/10 0:00:00	2012	2012年	1	January	Jan-2012	3	Tuesday
11	2012/1/11 0:00:00	2012	2012年	1	January	Jan-2012	4	Wednesday
12	2012/1/12 0:00:00	2012	2012年	1	January	Jan-2012	5	Thursday
13	2012/1/13 0:00:00	2012	2012年	1	January	Jan-2012	6	Friday
14	2012/1/14 0:00:00	2012	2012年	1	January	Jan-2012	7	Saturday
15	2012/1/15 0:00:00	2012	2012年	1	January	Jan-2012	1	Sunday
16	2012/1/16 0:00:00	2012	2012年	1	January	Jan-2012	2	Monday
17	2012/1/17 0:00:00	2012	2012年	1	January	Jan-2012	3	Tuesday
18	2012/1/18 0:00:00	2012	2012年	1	January	Jan-2012	4	Wednesday
19	2012/1/19 0:00:00	2012	2012年	1	January	Jan-2012	5	Thursday
20	2012/1/20 0:00:00	2012	2012年	1	January	Jan-2012	6	Friday

图 6-12

如果要使用 Year 列（该列也是通过 DAX 函数“=Year([Date])”获取到的）进行年度列的数据计算，则可以使用以下函数完成：=[Year]&"年"。

请注意此处的 DAX 函数写法与一般 Excel 函数写法的不同之处：“[ ]”中间往往是字段名称，如果要引用其他表的数据则需添加单引号“‘’”，然后选择或输入表名称及列名称。

之所以要添加类似的计算列，主要是为了在进行数据深度分析及结果呈现时更加便利。

2. 增加季度计算列

在日历表中并没有呈现季度列，假设季度计算列有以下几种表示方式：

(1) 以阿拉伯数字表示季度计算列

添加新的计算列，命名为“Quarter”，在计算公式中输入“=ROUNDUP([Month Number]/3,0)”，回车后即可得到如图 6-13 所示的结果。

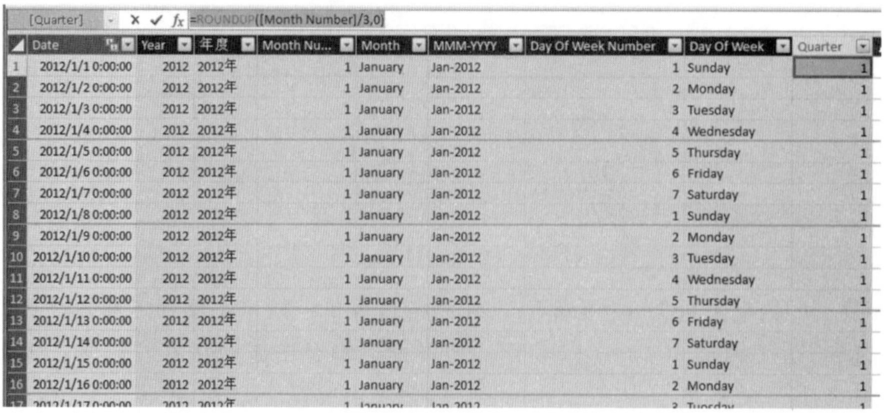

[Quarter] fx =ROUNDUP([Month Number]/3,0)

	Date	Year	年度	Month Nu...	Month	MMM-YYYY	Day Of Week Number	Day Of Week	Quarter
1	2012/1/1 0:00:00	2012	2012年	1	January	Jan-2012	1	Sunday	1
2	2012/1/2 0:00:00	2012	2012年	1	January	Jan-2012	2	Monday	1
3	2012/1/3 0:00:00	2012	2012年	1	January	Jan-2012	3	Tuesday	1
4	2012/1/4 0:00:00	2012	2012年	1	January	Jan-2012	4	Wednesday	1
5	2012/1/5 0:00:00	2012	2012年	1	January	Jan-2012	5	Thursday	1
6	2012/1/6 0:00:00	2012	2012年	1	January	Jan-2012	6	Friday	1
7	2012/1/7 0:00:00	2012	2012年	1	January	Jan-2012	7	Saturday	1
8	2012/1/8 0:00:00	2012	2012年	1	January	Jan-2012	1	Sunday	1
9	2012/1/9 0:00:00	2012	2012年	1	January	Jan-2012	2	Monday	1
10	2012/1/10 0:00:00	2012	2012年	1	January	Jan-2012	3	Tuesday	1
11	2012/1/11 0:00:00	2012	2012年	1	January	Jan-2012	4	Wednesday	1
12	2012/1/12 0:00:00	2012	2012年	1	January	Jan-2012	5	Thursday	1
13	2012/1/13 0:00:00	2012	2012年	1	January	Jan-2012	6	Friday	1
14	2012/1/14 0:00:00	2012	2012年	1	January	Jan-2012	7	Saturday	1
15	2012/1/15 0:00:00	2012	2012年	1	January	Jan-2012	1	Sunday	1
16	2012/1/16 0:00:00	2012	2012年	1	January	Jan-2012	2	Monday	1
17	2012/1/17 0:00:00	2012	2012年	1	January	Jan-2012	3	Tuesday	1

图 6-13

ROUNDUP 函数的用法和季度的求法请参考本书第 3 章相关内容。

注意：本例也可使用公式“=CEILING（MONTH（[DATE]），3，1)”求得季度值。

（2）带有其他字符季度计算列

比如，要用中文表示“第 1 季度”，或用英文字母与数字 Q1 代表第 1 季度，那么输入的 DAX 公式为：="第"&［Quarter］&"季度"或"Q"&［Quarter］，如图 6-14 所示。

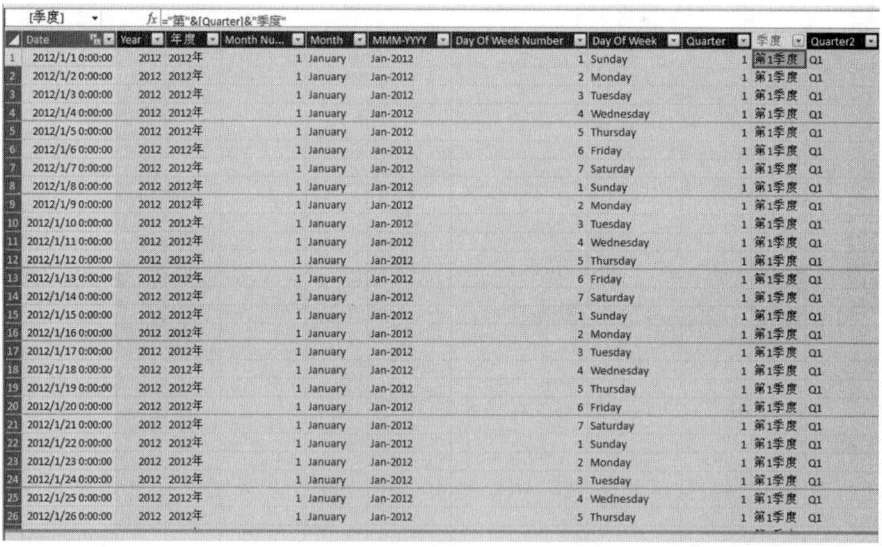

[季度] fx ="第"&[Quarter]&"季度"

	Date	Year	年度	Month Nu...	Month	MMM-YYYY	Day Of Week Number	Day Of Week	Quarter	季度	Quarter2
1	2012/1/1 0:00:00	2012	2012年	1	January	Jan-2012	1	Sunday	1	第1季度	Q1
2	2012/1/2 0:00:00	2012	2012年	1	January	Jan-2012	2	Monday	1	第1季度	Q1
3	2012/1/3 0:00:00	2012	2012年	1	January	Jan-2012	3	Tuesday	1	第1季度	Q1
4	2012/1/4 0:00:00	2012	2012年	1	January	Jan-2012	4	Wednesday	1	第1季度	Q1
5	2012/1/5 0:00:00	2012	2012年	1	January	Jan-2012	5	Thursday	1	第1季度	Q1
6	2012/1/6 0:00:00	2012	2012年	1	January	Jan-2012	6	Friday	1	第1季度	Q1
7	2012/1/7 0:00:00	2012	2012年	1	January	Jan-2012	7	Saturday	1	第1季度	Q1
8	2012/1/8 0:00:00	2012	2012年	1	January	Jan-2012	1	Sunday	1	第1季度	Q1
9	2012/1/9 0:00:00	2012	2012年	1	January	Jan-2012	2	Monday	1	第1季度	Q1
10	2012/1/10 0:00:00	2012	2012年	1	January	Jan-2012	3	Tuesday	1	第1季度	Q1
11	2012/1/11 0:00:00	2012	2012年	1	January	Jan-2012	4	Wednesday	1	第1季度	Q1
12	2012/1/12 0:00:00	2012	2012年	1	January	Jan-2012	5	Thursday	1	第1季度	Q1
13	2012/1/13 0:00:00	2012	2012年	1	January	Jan-2012	6	Friday	1	第1季度	Q1
14	2012/1/14 0:00:00	2012	2012年	1	January	Jan-2012	7	Saturday	1	第1季度	Q1
15	2012/1/15 0:00:00	2012	2012年	1	January	Jan-2012	1	Sunday	1	第1季度	Q1
16	2012/1/16 0:00:00	2012	2012年	1	January	Jan-2012	2	Monday	1	第1季度	Q1
17	2012/1/17 0:00:00	2012	2012年	1	January	Jan-2012	3	Tuesday	1	第1季度	Q1
18	2012/1/18 0:00:00	2012	2012年	1	January	Jan-2012	4	Wednesday	1	第1季度	Q1
19	2012/1/19 0:00:00	2012	2012年	1	January	Jan-2012	5	Thursday	1	第1季度	Q1
20	2012/1/20 0:00:00	2012	2012年	1	January	Jan-2012	6	Friday	1	第1季度	Q1
21	2012/1/21 0:00:00	2012	2012年	1	January	Jan-2012	7	Saturday	1	第1季度	Q1
22	2012/1/22 0:00:00	2012	2012年	1	January	Jan-2012	1	Sunday	1	第1季度	Q1
23	2012/1/23 0:00:00	2012	2012年	1	January	Jan-2012	2	Monday	1	第1季度	Q1
24	2012/1/24 0:00:00	2012	2012年	1	January	Jan-2012	3	Tuesday	1	第1季度	Q1
25	2012/1/25 0:00:00	2012	2012年	1	January	Jan-2012	4	Wednesday	1	第1季度	Q1
26	2012/1/26 0:00:00	2012	2012年	1	January	Jan-2012	5	Thursday	1	第1季度	Q1

图 6-14

再如，要将年度和季度的数字连接起来，但季度序数之前要添加一个“0”，如 201201 代表的是 2012 年第一季度，这时可以使用的 DAX 公式为：=［Year］&FORMAT(［Quarter］,"00")，结果如图 6-15 所示。

[YQ] =[Year]&FORMAT([Quarter],"00")

	Date	Year	年度	Month Nu...	Month	MMM-YYYY	Day Of Week Number	Day Of Week	Quarter	季度	Quarter2	YQ
1	2012/1/1 0:00:00	2012	2012年	1	January	Jan-2012	1	Sunday	1	第1季度	Q1	201201
2	2012/1/2 0:00:00	2012	2012年	1	January	Jan-2012	2	Monday	1	第1季度	Q1	201201
3	2012/1/3 0:00:00	2012	2012年	1	January	Jan-2012	3	Tuesday	1	第1季度	Q1	201201
4	2012/1/4 0:00:00	2012	2012年	1	January	Jan-2012	4	Wednesday	1	第1季度	Q1	201201
5	2012/1/5 0:00:00	2012	2012年	1	January	Jan-2012	5	Thursday	1	第1季度	Q1	201201
6	2012/1/6 0:00:00	2012	2012年	1	January	Jan-2012	6	Friday	1	第1季度	Q1	201201
7	2012/1/7 0:00:00	2012	2012年	1	January	Jan-2012	7	Saturday	1	第1季度	Q1	201201
8	2012/1/8 0:00:00	2012	2012年	1	January	Jan-2012	1	Sunday	1	第1季度	Q1	201201
9	2012/1/9 0:00:00	2012	2012年	1	January	Jan-2012	2	Monday	1	第1季度	Q1	201201
10	2012/1/10 0:00:00	2012	2012年	1	January	Jan-2012	3	Tuesday	1	第1季度	Q1	201201
11	2012/1/11 0:00:00	2012	2012年	1	January	Jan-2012	4	Wednesday	1	第1季度	Q1	201201
12	2012/1/12 0:00:00	2012	2012年	1	January	Jan-2012	5	Thursday	1	第1季度	Q1	201201
13	2012/1/13 0:00:00	2012	2012年	1	January	Jan-2012	6	Friday	1	第1季度	Q1	201201
14	2012/1/14 0:00:00	2012	2012年	1	January	Jan-2012	7	Saturday	1	第1季度	Q1	201201
15	2012/1/15 0:00:00	2012	2012年	1	January	Jan-2012	1	Sunday	1	第1季度	Q1	201201
16	2012/1/16 0:00:00	2012	2012年	1	January	Jan-2012	2	Monday	1	第1季度	Q1	201201
17	2012/1/17 0:00:00	2012	2012年	1	January	Jan-2012	3	Tuesday	1	第1季度	Q1	201201
18	2012/1/18 0:00:00	2012	2012年	1	January	Jan-2012	4	Wednesday	1	第1季度	Q1	201201
19	2012/1/19 0:00:00	2012	2012年	1	January	Jan-2012	5	Thursday	1	第1季度	Q1	201201
20	2012/1/20 0:00:00	2012	2012年	1	January	Jan-2012	6	Friday	1	第1季度	Q1	201201
21	2012/1/21 0:00:00	2012	2012年	1	January	Jan-2012	7	Saturday	1	第1季度	Q1	201201
22	2012/1/22 0:00:00	2012	2012年	1	January	Jan-2012	1	Sunday	1	第1季度	Q1	201201
23	2012/1/23 0:00:00	2012	2012年	1	January	Jan-2012	2	Monday	1	第1季度	Q1	201201
24	2012/1/24 0:00:00	2012	2012年	1	January	Jan-2012	3	Tuesday	1	第1季度	Q1	201201
25	2012/1/25 0:00:00	2012	2012年	1	January	Jan-2012	4	Wednesday	1	第1季度	Q1	201201
26	2012/1/26 0:00:00	2012	2012年	1	January	Jan-2012	5	Thursday	1	第1季度	Q1	201201

图 6-15

3. 增加销售额计算列

在订单明细表中，添加销售额计算列，计算公式为：=[单价]*[数量]*(1－折扣)，结果如图 6-16 所示。

	订单ID	产品	单价	数量	折扣	销售额
1	10248	猪肉	¥14.00	12	0	¥168.00
2	10248	酸奶酪	¥34.80	5	0	¥174.00
3	10248	糙米	¥9.80	10	0	¥98.00
4	10249	猪肉干	¥42.40	40	0	¥1,696.00
5	10249	沙茶	¥18.60	9	0	¥167.40
6	10250	虾子	¥7.70	10	0	¥77.00
7	10250	猪肉干	¥42.40	35	0.15	¥1,261.40
8	10250	海苔酱	¥16.80	15	0.15	¥214.20
9	10251	海苔酱	¥16.80	20	0	¥336.00
10	10251	小米	¥15.60	15	0.05	¥222.30
11	10251	糯米	¥16.80	6	0.05	¥95.76
12	10252	花奶酪	¥27.20	40	0	¥1,088.00
13	10252	浪花奶酪	¥2.00	25	0.05	¥47.50
14	10252	桂花糕	¥64.80	40	0.05	¥2,462.40
15	10253	运动饮料	¥14.40	42	0	¥604.80
16	10253	薯条	¥16.00	40	0	¥640.00
17	10253	温馨奶酪	¥10.00	20	0	¥200.00

图 6-16

4. 增加是否为大单计算列

假设要判断某个订单是否为大单，条件是该订单的销售额在 1000 元以上、销售数量在 50 件以上。该计算列的计算过程相对复杂，具体如下：

(1) 计算订单销售额

计算列销售额来自订单明细表，如图 6-16 所示，且销售额来自一个订单的多个商品销售额，因此要先计算单个订单中 n 个商品的总销售额，假设将计算结果暂时存放在订单表中的计算列“是否大单”中，公式如下：

=SUMX(FILTER('订单明细','订单明细'[订单 ID]='订单'[订单 ID]),'订单明细'[销售额])

公式含义如下：

FILTER 函数：在订单明细表中筛选出订单 ID 与订单表中订单 ID 相等的记录。该函数在 Excel 中不能使用。

SUMX 函数：第一参数是某个表对象，第二参数是所要进行求和的列名。

在本例中，通过 FILTER 函数得到 SUMX 的第一个表对象参数，然后对该表对象的销售额字段进行求和。计算结果如图 6-17 所示。

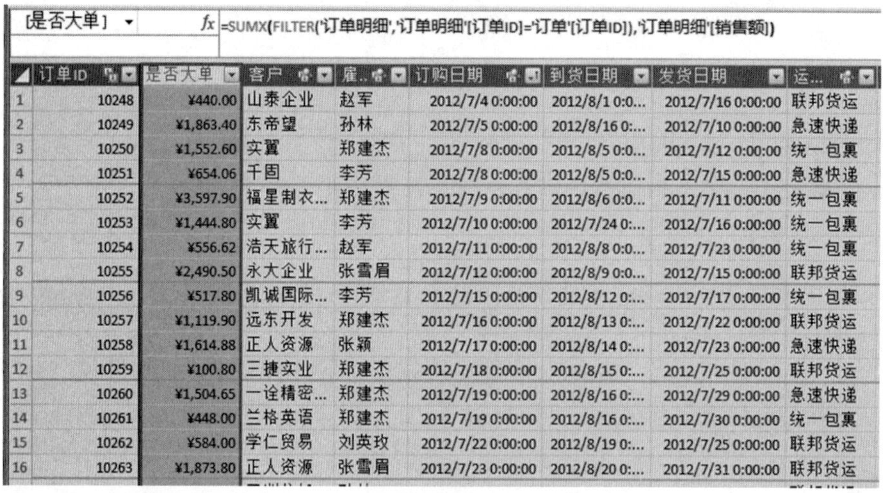
[是否大单] fx =SUMX(FILTER('订单明细','订单明细'[订单ID]='订单'[订单ID]),'订单明细'[销售额])

	订单ID	是否大单	客户	雇...	订购日期	到货日期	发货日期	运...
1	10248	¥440.00	山泰企业	赵军	2012/7/4 0:00:00	2012/8/1 0:0...	2012/7/16 0:00:00	联邦货运
2	10249	¥1,863.40	东帝望	孙林	2012/7/5 0:00:00	2012/8/16 0:...	2012/7/10 0:00:00	急速快递
3	10250	¥1,552.60	实翼	郑建杰	2012/7/8 0:00:00	2012/8/5 0:0...	2012/7/12 0:00:00	统一包裹
4	10251	¥654.06	千固	李芳	2012/7/8 0:00:00	2012/8/5 0:0...	2012/7/15 0:00:00	急速快递
5	10252	¥3,597.90	福星制衣...	郑建杰	2012/7/9 0:00:00	2012/8/6 0:0...	2012/7/11 0:00:00	统一包裹
6	10253	¥1,444.80	实翼	李芳	2012/7/10 0:00:00	2012/7/24 0:...	2012/7/16 0:00:00	统一包裹
7	10254	¥556.62	浩天旅行...	赵军	2012/7/11 0:00:00	2012/8/8 0:0...	2012/7/23 0:00:00	统一包裹
8	10255	¥2,490.50	永大企业	张雪眉	2012/7/12 0:00:00	2012/8/9 0:0...	2012/7/15 0:00:00	联邦货运
9	10256	¥517.80	凯诚国际...	李芳	2012/7/15 0:00:00	2012/8/12 0:...	2012/7/17 0:00:00	统一包裹
10	10257	¥1,119.90	远东开发	郑建杰	2012/7/16 0:00:00	2012/8/13 0:...	2012/7/22 0:00:00	联邦货运
11	10258	¥1,614.88	正人资源	张颖	2012/7/17 0:00:00	2012/8/14 0:...	2012/7/23 0:00:00	急速快递
12	10259	¥100.80	三捷实业	郑建杰	2012/7/18 0:00:00	2012/8/15 0:...	2012/7/25 0:00:00	联邦货运
13	10260	¥1,504.65	一诠精密...	郑建杰	2012/7/19 0:00:00	2012/8/16 0:...	2012/7/29 0:00:00	急速快递
14	10261	¥448.00	兰格英语	郑建杰	2012/7/19 0:00:00	2012/8/16 0:...	2012/7/30 0:00:00	统一包裹
15	10262	¥584.00	学仁贸易	刘英玫	2012/7/22 0:00:00	2012/8/19 0:...	2012/7/25 0:00:00	联邦货运
16	10263	¥1,873.80	正人资源	张雪眉	2012/7/23 0:00:00	2012/8/20 0:...	2012/7/31 0:00:00	联邦货运

图 6-17

从图 6-17 中可以得知，ID 为 10248 的订单，其销售总额是 440 元，其他类推。

(2) 计算订单销售数量

销售数量列来自订单明细表，如图 6-16 所示，且销售数量为一个订单的多个商品的销售数量，因此要先计算单个订单中 n 个商品的总销售数量，假设将计算结果暂时存放在订单表中的计算列“是否大单”中，公式如下：

=SUMX(FILTER('订单明细','订单明细'[订单 ID]='订单'[订单 ID]),'订单明细'[销售额])

得到的结果如图 6-18 所示。

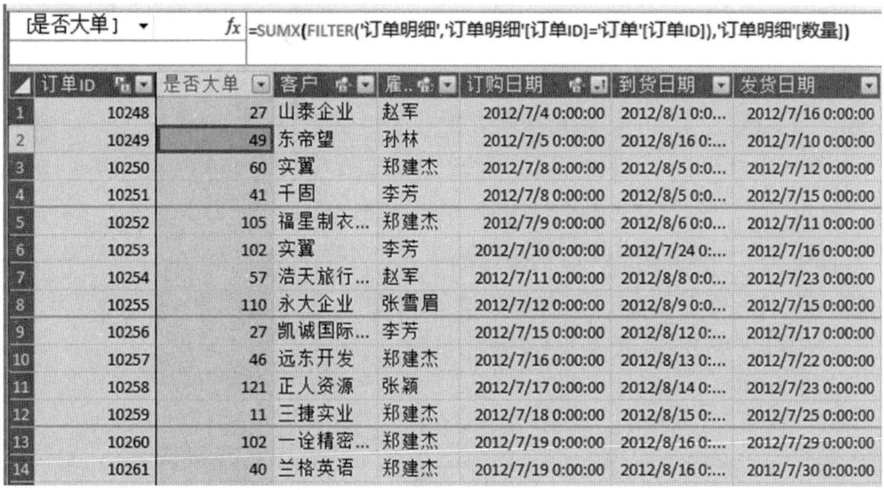

[是否大单]　f_x =SUMX(FILTER('订单明细','订单明细'[订单ID]='订单'[订单ID]),'订单明细'[数量])

	订单ID	是否大单	客户	雇...	订购日期	到货日期	发货日期
1	10248	27	山泰企业	赵军	2012/7/4 0:00:00	2012/8/1 0:0...	2012/7/16 0:00:00
2	10249	49	东帝望	孙林	2012/7/5 0:00:00	2012/8/16 0:...	2012/7/10 0:00:00
3	10250	60	实翼	郑建杰	2012/7/8 0:00:00	2012/8/5 0:0...	2012/7/12 0:00:00
4	10251	41	千固	李芳	2012/7/8 0:00:00	2012/8/5 0:0...	2012/7/15 0:00:00
5	10252	105	福星制衣...	郑建杰	2012/7/9 0:00:00	2012/8/6 0:0...	2012/7/11 0:00:00
6	10253	102	实翼	李芳	2012/7/10 0:00:00	2012/7/24 0:...	2012/7/16 0:00:00
7	10254	57	浩天旅行...	赵军	2012/7/11 0:00:00	2012/8/8 0:0...	2012/7/23 0:00:00
8	10255	110	永大企业	张雪眉	2012/7/12 0:00:00	2012/8/9 0:0...	2012/7/15 0:00:00
9	10256	27	凯诚国际...	李芳	2012/7/15 0:00:00	2012/8/12 0:...	2012/7/17 0:00:00
10	10257	46	远东开发	郑建杰	2012/7/16 0:00:00	2012/8/13 0:...	2012/7/22 0:00:00
11	10258	121	正人资源	张颖	2012/7/17 0:00:00	2012/8/14 0:...	2012/7/23 0:00:00
12	10259	11	三捷实业	郑建杰	2012/7/18 0:00:00	2012/8/15 0:...	2012/7/25 0:00:00
13	10260	102	一诠精密...	郑建杰	2012/7/19 0:00:00	2012/8/16 0:...	2012/7/29 0:00:00
14	10261	40	兰格英语	郑建杰	2012/7/19 0:00:00	2012/8/16 0:...	2012/7/30 0:00:00

图 6-18

从图 6-18 中可以得知，ID 为 10248 的订单含有 3 样产品共 27 件，其他类推。

(3) IF 条件判断

根据判断是否为大单的假设条件，利用 IF 函数，如果满足条件，则标注为 1，否则为 0，公式如下：

=IF((SUMX(FILTER('订单明细','订单明细'[订单 ID]='订单'[订单 ID]),'订单明细'[数量])>=50)&&(SUMX(FILTER('订单明细','订单明细'[订单 ID]='订单'[订单 ID]),'订单明细'[销售额])>=1000),1,0)

结果如图 6-19 所示。

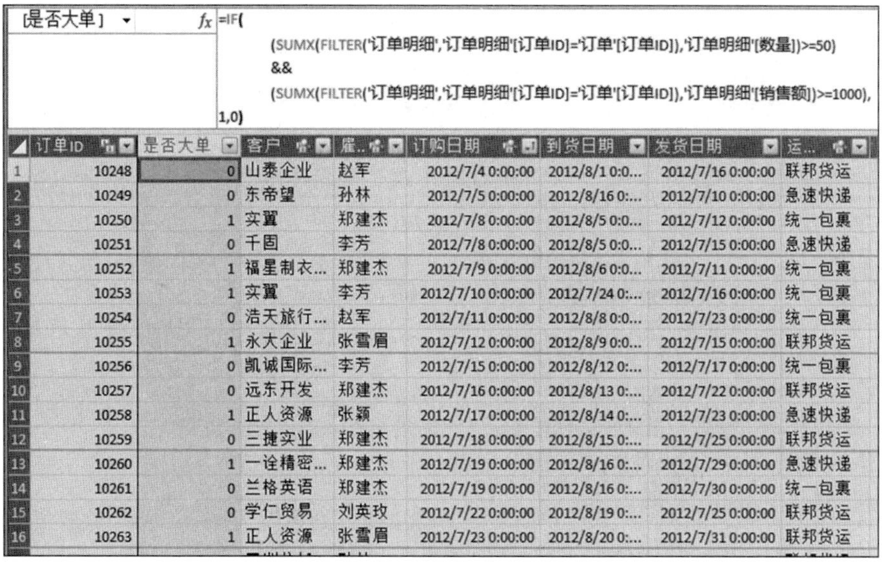

[是否大单]　f_x =IF(
(SUMX(FILTER('订单明细','订单明细'[订单ID]='订单'[订单ID]),'订单明细'[数量])>=50)
&&
(SUMX(FILTER('订单明细','订单明细'[订单ID]='订单'[订单ID]),'订单明细'[销售额])>=1000),
1,0)

	订单ID	是否大单	客户	雇...	订购日期	到货日期	发货日期	运...
1	10248	0	山泰企业	赵军	2012/7/4 0:00:00	2012/8/1 0:0...	2012/7/16 0:00:00	联邦货运
2	10249	0	东帝望	孙林	2012/7/5 0:00:00	2012/8/16 0:...	2012/7/10 0:00:00	急速快递
3	10250	1	实翼	郑建杰	2012/7/8 0:00:00	2012/8/5 0:0...	2012/7/12 0:00:00	统一包裹
4	10251	0	千固	李芳	2012/7/8 0:00:00	2012/8/5 0:0...	2012/7/15 0:00:00	急速快递
5	10252	1	福星制衣...	郑建杰	2012/7/9 0:00:00	2012/8/6 0:0...	2012/7/11 0:00:00	统一包裹
6	10253	1	实翼	李芳	2012/7/10 0:00:00	2012/7/24 0:...	2012/7/16 0:00:00	统一包裹
7	10254	0	浩天旅行...	赵军	2012/7/11 0:00:00	2012/8/8 0:0...	2012/7/23 0:00:00	统一包裹
8	10255	1	永大企业	张雪眉	2012/7/12 0:00:00	2012/8/9 0:0...	2012/7/15 0:00:00	联邦货运
9	10256	0	凯诚国际...	李芳	2012/7/15 0:00:00	2012/8/12 0:...	2012/7/17 0:00:00	统一包裹
10	10257	0	远东开发	郑建杰	2012/7/16 0:00:00	2012/8/13 0:...	2012/7/22 0:00:00	联邦货运
11	10258	1	正人资源	张颖	2012/7/17 0:00:00	2012/8/14 0:...	2012/7/23 0:00:00	急速快递
12	10259	0	三捷实业	郑建杰	2012/7/18 0:00:00	2012/8/15 0:...	2012/7/25 0:00:00	联邦货运
13	10260	1	一诠精密...	郑建杰	2012/7/19 0:00:00	2012/8/16 0:...	2012/7/29 0:00:00	急速快递
14	10261	0	兰格英语	郑建杰	2012/7/19 0:00:00	2012/8/16 0:...	2012/7/30 0:00:00	统一包裹
15	10262	0	学仁贸易	刘英玫	2012/7/22 0:00:00	2012/8/19 0:...	2012/7/25 0:00:00	联邦货运
16	10263	1	正人资源	张雪眉	2012/7/23 0:00:00	2012/8/20 0:...	2012/7/31 0:00:00	联邦货运

图 6-19

为了更加清晰、完整地展现相关的公式，在 DAX 公式中用了"ALT＋回车"的方法进行了分行。从相关公式的应用过程中可以体验到 Power Pivot DAX 公式与 Excel 公式的异同点，以及 DAX 公式的灵活性和强大功能。

注意：SUMX、FILTER 函数无法在 Excel 中使用。

5. 增加"北上广深"计算列

在订单表中，根据货主所在的城市增加一个计算列，名为"北上广深"，若符合条件，则标注为 1，否则为 0。应用公式如下：

＝SWITCH([货主城市],"广州",1,"北京",1,"上海",1,"深圳",1,0)

注意：SWITCH 公式无法在 Excel 中使用。

运行结果如图 6-20 所示。

| [北上广深] ▼ | fx =SWITCH([货主城市],"广州",1,"北京",1,"上海",1,"深圳",1,0) |

▲	订单ID	是否大单	客户	北上广深	雇..	订购日期
1	10248	0	山泰企业	1	赵军	2012/7/
2	10249	0	东帝望	0	孙林	2012/7/
3	10250	1	实翼	0	郑建杰	2012/7/
4	10251	0	千固	0	李芳	2012/7/
5	10252	1	福星制衣...	0	郑建杰	2012/7/
6	10253	1	实翼	0	李芳	2012/7/1
7	10254	0	浩天旅行...	0	赵军	2012/7/1
8	10255	1	永大企业	1	张雪眉	2012/7/1
9	10256	0	凯诚国际...	0	李芳	2012/7/1
10	10257	0	远东开发	1	郑建杰	2012/7/1
11	10258	1	正人资源	0	张颖	2012/7/1
12	10259	0	三捷实业	1	郑建杰	2012/7/1
13	10260	1	一诠精密...	1	郑建杰	2012/7/1
14	10261	0	兰格英语	0	郑建杰	2012/7/1
15	10262	0	学仁贸易	1	刘英玫	2012/7/2

图 6-20

实现本计算列还可以使用 IF 方式，IF 方式有两种，一种是 Excel 函数中常用的嵌套方式，请参考本书前文所述；另一种是用或条件(OR)"‖"进行判断，具体公式如下：

＝IF([货主城市]="广州"‖[货主城市]="上海"‖[货主城市]="北京"‖[货主城市]="深圳",1,0)

运行结果如图 6-21 所示。

图 6-21

6. 增加姓名计算列

在雇员表中，员工的姓氏和名字是分开的，可使用文本或其他函数将二者连接成为一个新的计算列，比如 "&" 连接符、CONCATENATE 等函数，如图 6-22 所示。

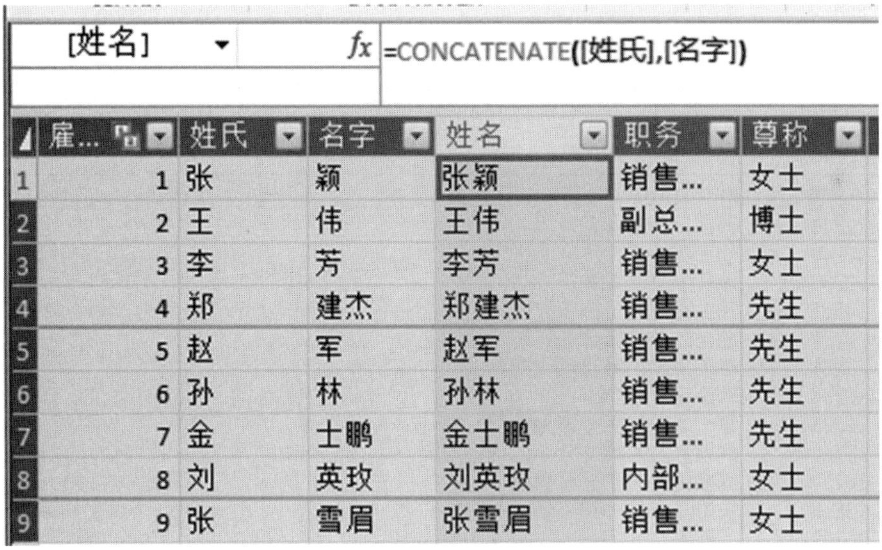

图 6-22

注意：使用 CONCATENATEX 函数可将表中某个字段都连接成字符串，并可在两个文本之间使用分隔符，以及对连接的字符串进行排序，如图 6-23 所示。

[订单ID] ▾ fx PRODUCTS:=CONCATENATEX('订单明细',[产品],",",[产品],ASC)

	订单ID	产品	单价	数量	折扣
1	10248	猪肉	¥14.00	12	0
2	10248	酸奶酪	¥34.80	5	0
3	10248	糙米	¥9.80	10	0
4	10249	猪肉干	¥42.40	40	0
5	10249	沙茶	¥18.60	9	0
6	10250	虾子	¥7.70	10	0
7	10250	猪肉干	¥42.40	35	0.15
8	10250	海苔酱	¥16.80	15	0.15
9	10251	海苔酱	¥16.80	20	0
10	10251	小米	¥15.60	15	0.05
11	10251	糯米	¥16.80	6	0.05
12	10252	花奶酪	¥27.20	40	0
13	10252	浪花奶酪	¥2.00	25	0.05
14	10252	桂花糕	¥64.80	40	0.05
15	10253	运动饮料	¥14.40	42	0
16	10253	薯条	¥16.00	40	0
17	10253	温馨奶酪	¥10.00	20	0
18	10254	鸡精	¥8.00	21	0
	PRODUCTS: 白米,白米,白米,...				

图 6-23

若将数据返回到透视表，则可为下一步数据挖掘构建相应的数据集，如图 6-24 所示。

行标签	PRODUCTS
10248	糙米,酸奶酪,猪肉
10249	沙茶,猪肉干
10250	海苔酱,虾子,猪肉干
10251	海苔酱,糯米,小米
10252	桂花糕,花奶酪,浪花奶酪
10253	薯条,温馨奶酪,运动饮料
10254	鸡精,汽水,鸭肉
10255	饼干,光明奶酪,牛奶,鱿鱼
10256	辣椒粉,盐水鸭
10257	辣椒粉,牛肉干,运动饮料
10258	白奶酪,麻油,牛奶
10259	干贝,花生
10260	山渣片,苏打水,虾子,小米
10261	花生,蜜桃汁
10262	白米,海鲜粉,麻油
10263	饼干,黄鱼,鸡精,汽水
10264	牛奶,虾子
10265	苏打水,猪肉
10266	德国奶酪
10267	光明奶酪,柠檬汁,虾米

图 6-24

7. 增加物流时长计算列

在订单表中，有发货日期和到货日期，若要根据这两列数据计算货物在物流上的耗时，可使用 DATEDIFF 函数进行计算，具体公式如下：

＝DATEDIFF([发货日期],[到货日期],DAY)

运行结果如图 6-25 所示。

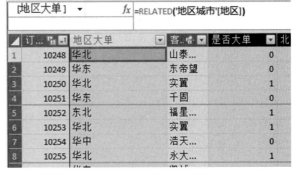

图 **6-25**

注意：到货日期一定要大于发货日期，否则将会使得整个计算列呈现错误状态。

8. 增加是否为地区大单计算列

与之前判断某个订单是否为大单不同，每个地区大单的判断标准不同，如图 6-26 所示。

地区	销售任务	大单标准
1 东北	100000	1000
2 华北	500000	1000
3 华东	300000	800
4 华南	150000	600
5 华中	100000	500
6 西北	20000	1000
7 西南	100000	1000

图 **6-26**

图 **6-27**

判断某个订单是否为该地区的大单，基本流程是：判断该订单所属地区，对该订单进行销售额的求和，根据前两个已求条件进行大单判断。

（1）判断该订单所属地区

公式如下：

＝RELATED（'地区城市'［地区］）

运行结果如图 6-27 所示。

（2）根据订单号求销售额总和

参考上文中的跨表条件求和公式：

＝SUMX（FILTER（'订单明细','订单明细'［订单 ID］＝'订单'［订单 ID］），'订单明细'［销售额］）

计算结果如图 6-28 所示。

[地区大单] ▼	fx =SUMX(FILTER('订单明细','订单明细'[订单ID]='订单'[订单ID]),'订单明细'[销售额])						
订...	地区大单 ▼	客... ▼	是否大单 ▼	北上广深 ▼	雇... ▼	订... ▼	到货日
1	10248	¥440.00	山泰...	0	1	赵军	2012/7/4...	2012/8
2	10249	¥1,863.40	东帝望	0	0	孙林	2012/7/5...	2012/8
3	10250	¥1,552.60	实置	1	0	郑建杰	2012/7/8...	2012/8
4	10251	¥654.06	千固	0	0	李芳	2012/7/8...	2012/8
5	10252	¥3,597.90	福星...	1	0	郑建杰	2012/7/9...	2012/7
6	10253	¥1,444.80	实置	1	0	李芳	2012/7/1...	2012/7
7	10254	¥556.62	浩天...	0	0	赵军	2012/7/1...	2012/8
8	10255	¥2,490.50	永大...	1	1	张雪眉	2012/7/1...	2012/8
9	10256	¥517.80	凯诚...	0	0	李芳	2012/7/1...	2012/7
10	10257	¥1,119.90	远东...	0	1	郑建杰	2012/7/1...	2012/8
11	10258	¥1,614.88	正人...	1	0	张颖	2012/7/1...	2012/8
12	10259	¥100.80	三捷...	0	1	郑建杰	2012/7/1...	2012/8
13	10260	¥1,504.65	一诠...	1	1	郑建杰	2012/7/1...	2012/8
14	10261	¥448.00	兰格...	0	0	郑建杰	2012/7/1...	2012/8
15	10262	¥584.00	学仁...	0	1	刘英玫	2012/7/2...	2012/8

图 6-28

（3）根据已求条件判断是否为地区大单

根据已求的两个条件，结合 IF 函数的嵌套功能，直接判断是否为地区大单也是允许的，但嵌套条件过多将会导致运行效率低下。

使用 DAX 函数可以提高效率，公式如下：

＝IF（RELATED（'地区城市'［地区］）＝RELATED（'地区城市'［地区］）&&（SUMX（FILTER（'订单明细','订单明细'［订单 ID］＝'订单'［订单 ID］），'订单明细'［销售额］））＞＝RELATED（'地区任务额'［大单标准］），1，0）

运行结果如图 6-29 所示。

9. 增加当日营收计算列

在订单表中增加一个计算列，名为"订单总额"，计算每个订单的销售额，计算公式如下：

＝SUMX（FILTER（'订单明细','订单'［订单 ID］＝'订单明细'［订单 ID］），'订单明细'［销售额］）

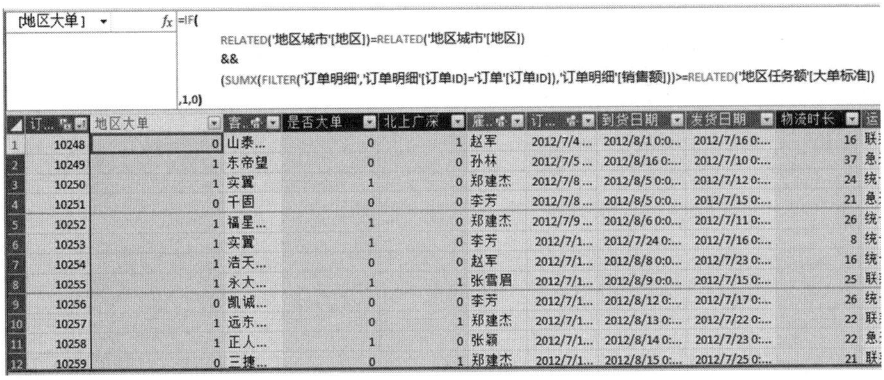

图 6-29

计算结果如图 6-30 所示。

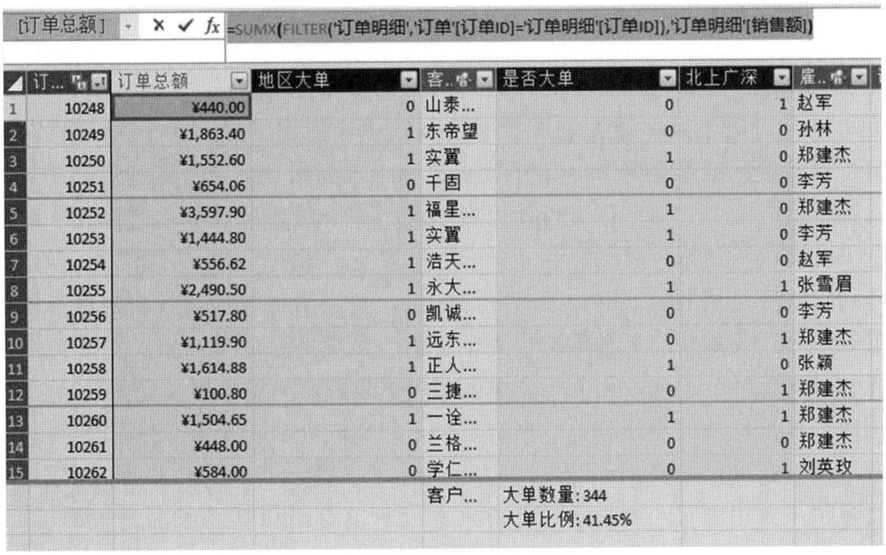

图 6-30

在日历表中，增加一个计算列，名为"当日营收"，对应 Date 列中的日期值，对订单表和订单明细表中的数据进行销售额按日汇总，计算公式如下：

＝SUMX（FILTER（'订单','日历表'［Date］＝'订单'［订购日期］），'订单'［订单总额］）

运行结果如图 6-31 所示，计算列"当日营收"并非每天都有销售额，且最早的销售额是从 2012 年 7 月 4 日开始。

6.1.4　Power Pivot 数据深度分析的度量值创建

度量值是基于数据透视表中所处的单元格上下文进行计算，其结果只能置于透视表的"值"区域，如果要基于度量值结果进行其他聚合，如"平均销售额""大单比

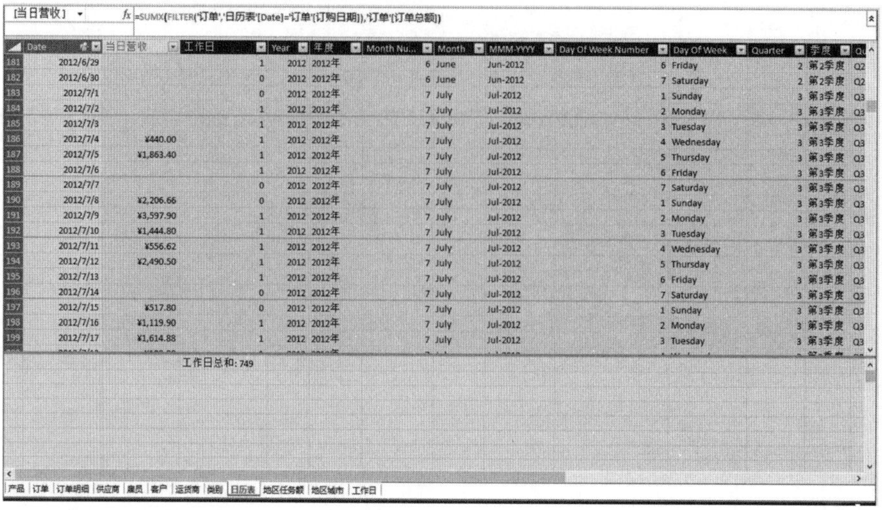

图 6-31

例"等也可以使用度量值进行计算,是二次的数据维度设置。

度量值专门用于数据透视表或数据透视图中,使用 Power Pivot 数据创建公式。度量值可以基于标准聚合函数,如计数或求和,也可以使用 DAX 函数定义需要的公式。在数据透视表的"值"区域可使用度量值。如果想要放置数据透视表不同区域的计算结果,需改为使用计算列。

定义显式度量值的公式时,没有任何反应,直到添加数据透视表的度量值。添加度量值时,利用公式计算了数据透视表中"值"区域的每个单元格。结果为对每个行和列标题进行了组合创建,因为每个单元格中可以有不同的度量值结果。

创建的度量值被保存于其源数据的表中,将出现在数据透视表字段列表和工作簿中,所有用户都可以使用。

度量值不占用内存,如果通过计算列和度量值都可以实现某种透视分析的目的,则优先选择度量值方法。

1. 基本度量值的计算

利用 DAX 聚合函数对销售额的总和、平均值、中位值、最大值、最小值等进行统计,使用的是度量值的方案,结果如图 6-32 所示。

公式如下:

SUM 求和:=SUM('订单明细'[销售额])

切换到 Excel 工作表环境下的 Power Pivot 选项,单击"度量值"中的"管理度量值",在对话框中可以看到创建的度量值列表及其公式,如图 6-33 所示。

在 Power Pivot 环境下,对订单明细进行数据透视表的创建,返回到 Excel 环境后,拖曳相关度量值到值列表中,以城市为行标签,分析结果如图 6-34 所示。

根据不同的数据分析需求以及计算列、度量值,可在透视表中得到不同的数据分析结果。

	订单ID ⬌ ▾	产品 ⬌ ▾	单价 ▾	数量 ▾	折扣 ▾	销售额 ▾
		[销售额] ▾ ✕ ✓ *fx*	SUM求和:=SUM('订单明细'[销售额])			
1	10508	运动饮料	¥18.00	10	0	¥180.00
2	10577	运动饮料	¥18.00	10	0	¥180.00
3	10614	运动饮料	¥18.00	5	0	¥90.00
4	10647	运动饮料	¥18.00	20	0	¥360.00
5	10762	运动饮料	¥18.00	16	0	¥288.00
6	10827	运动饮料	¥18.00	21	0	¥378.00
7	10830	运动饮料	¥18.00	28	0	¥504.00
8	10895	运动饮料	¥18.00	45	0	¥810.00
9	10977	运动饮料	¥18.00	30	0	¥540.00
10	11069	运动饮料	¥18.00	20	0	¥360.00
11	10576	苹果汁	¥18.00	10	0	¥180.00
12	10590	苹果汁	¥18.00	20	0	¥360.00
13	10609	苹果汁	¥18.00	3	0	¥54.00
14	10611	苹果汁	¥18.00	6	0	¥108.00
15	10628	苹果汁	¥18.00	25	0	¥450.00
16	10691	苹果汁	¥18.00	30	0	¥540.00
17	10729	苹果汁	¥18.00	50	0	¥900.00
18	10752	苹果汁	¥18.00	8	0	¥144.00
19	10869	苹果汁	¥18.00	40	0	¥720.00

SUM求和: 1265843.7395
AVERAGE平均值: 586.8538
MEDIAN中位值: 337.5
MAX最大值: 15810
MIN最小值: 4.8
COUNTA计数: 2157
COUNT计数: 2157
DISTINCTCOUNT非重复计数: 830

图 6-32

图 6-33

2. 与大单相关的度量值

在订单表中已经对是否为大单进行了标注，接着在该表中创建两个度量值：大单数量和大单比例。

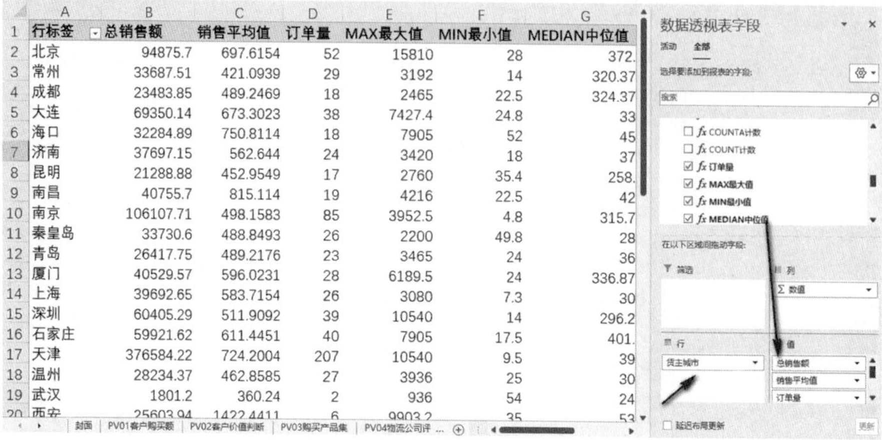

	A	B	C	D	E	F	G
1	行标签	总销售额	销售平均值	订单量	MAX最大值	MIN最小值	MEDIAN中位值
2	北京	94875.7	697.6154	52	15810	28	372.
3	常州	33687.51	421.0939	29	3192	14	320.37
4	成都	23483.85	489.2469	18	2465	22.5	324.37
5	大连	69350.14	673.3023	38	7427.4	24.8	33
6	海口	32284.89	750.8114	18	7905	52	45
7	济南	37697.15	562.644	24	3420	18	37
8	昆明	21288.88	452.9549	17	2760	35.4	258.
9	南昌	40755.7	815.114	19	4216	22.5	42
10	南京	106107.71	498.1583	85	3952.5	4.8	315.7
11	秦皇岛	33730.6	488.8493	26	2200	49.8	28
12	青岛	26417.75	489.2176	23	3465	24	36
13	厦门	40529.57	596.0231	28	6189.5	24	336.87
14	上海	39692.65	583.7154	26	3080	7.3	30
15	深圳	60405.29	511.9092	39	10540	14	296.2
16	石家庄	59921.62	611.4451	40	7905	17.5	401.
17	天津	376584.22	724.2004	207	10540	9.5	39
18	温州	28234.37	462.8585	27	3936	25	30
19	武汉	1801.2	360.24	2	936	54	24
20	西安	25603.94	1422.4411	6	9903.2	35	53

图 6-34

大单数量计算公式如下：

大单数量：= SUM([是否大单])

大单比例计算公式如下：

大单比例：=SUM([是否大单])/COUNT([是否大单])

最终结果如图 6-35 所示。

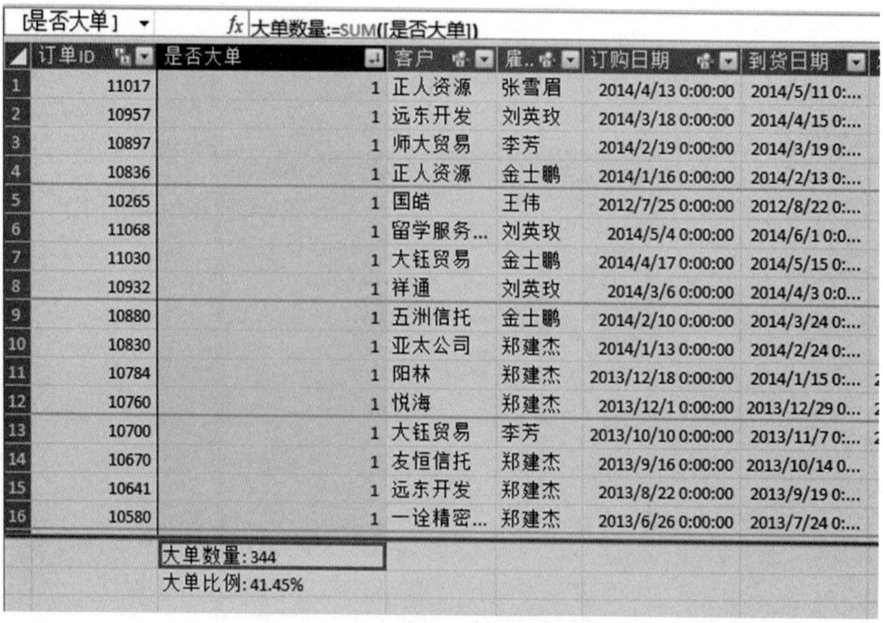

	订单ID	是否大单	客户	雇...	订购日期	到货日期
1	11017	1	正人资源	张雪眉	2014/4/13 0:00:00	2014/5/11 0:...
2	10957	1	远东开发	刘英玫	2014/3/18 0:00:00	2014/4/15 0:...
3	10897	1	师大贸易	李芳	2014/2/19 0:00:00	2014/3/19 0:...
4	10836	1	正人资源	金士鹏	2014/1/16 0:00:00	2014/2/13 0:...
5	10265	1	国皓	王伟	2012/7/25 0:00:00	2012/8/22 0:...
6	11068	1	留学服务...	刘英玫	2014/5/4 0:00:00	2014/6/1 0:0...
7	11030	1	大钰贸易	金士鹏	2014/4/17 0:00:00	2014/5/15 0:...
8	10932	1	祥通	刘英玫	2014/3/6 0:00:00	2014/4/3 0:0...
9	10880	1	五洲信托	金士鹏	2014/2/10 0:00:00	2014/3/24 0:...
10	10830	1	亚太公司	郑建杰	2014/1/13 0:00:00	2014/2/24 0:...
11	10784	1	阳林	郑建杰	2013/12/18 0:00:00	2014/1/15 0:...
12	10760	1	悦海	郑建杰	2013/12/1 0:00:00	2013/12/29 0...
13	10700	1	大钰贸易	李芳	2013/10/10 0:00:00	2013/11/7 0:...
14	10670	1	友恒信托	郑建杰	2013/9/16 0:00:00	2013/10/14 0...
15	10641	1	远东开发	郑建杰	2013/8/22 0:00:00	2013/9/19 0:...
16	10580	1	一诠精密...	郑建杰	2013/6/26 0:00:00	2013/7/24 0:...

图 6-35

大单比例的显示方式默认是小数点方式，通过工具栏中的“格式设置”，将其设置为自己所需要的格式，如百分比方式。

根据订单表和订单明细表数据，创建透视表，返回到 Excel 工作表环境下，如图 6-36 所示。

图 6-36

从图 6-36 可看到大单数量在不同城市的分布情况。

3. 客户数度量值

在订单表中，通过计算"客户数"度量值，计算不重复的客户数量，公式如下：

客户数：＝DISTINCTCOUNT（'订单'［客户］）

运行结果如图 6-37 所示。

图 6-37

通过返回数据透视表的方法，可得到不同城市的客户数量，如图 6-38 所示。

图 6-38

4. YTD/QTD/MTD 度量值

YTD 指的是 Year to Date，即当前财年的第一天至当前日期的时间跨度，可用于商务趋势分析、数据比较，以及修正投资回报、收入与净支出等；QTD 指的是 Quarter to Date，以季度为时间跨度进行累计；MTD 指的是 Month to Date，以月为时间跨度进行累计。

在 Power Pivot 的订单明细表中，使用 TOTALPYTD 函数依据销售额建立 YTD 度量值，公式如下：

年累计 YTD：=TOTALYTD([SUM 求和],'日历表'[Date])

结果如图 6-39 所示。

订单ID	产品	单价	数量	折扣	销售额
10248	猪肉	¥14.00	12	0	¥168.00
10248	酸奶酪	¥34.80	5	0	¥174.00
10248	糙米	¥9.80	10	0	¥98.00
10249	猪肉干	¥42.40	40	0	¥1,696.00
10249	沙茶	¥18.60	9	0	¥167.40
10250	虾子	¥7.70	10	0	¥77.00
10250	猪肉干	¥42.40	35	0.15	¥1,261.40
10250	海苔酱	¥16.80	15	0.15	¥214.20
10251	海苔酱	¥16.80	20	0	¥336.00
10251	小米	¥15.60	15	0.05	¥222.30
10251	糙米	¥16.80	6	0.05	¥95.76
10252	花奶酪	¥27.20	40	0	¥1,088.00
10252	浪花奶酪	¥2.00	25	0.05	¥47.50
10252	桂花糕	¥64.80	40	0.05	¥2,462.40
10253	运动饮料	¥14.40	42	0	¥604.80
10253	薯条	¥16.00	40	0	¥640.00
10253	温馨奶酪	¥10.00	20	0	¥200.00
10254	鸡精	¥8.00	21	0	¥168.00

COUNT计数: 2157
DISTINCTCOUNT非重复计数: 830
年累计YTD: 440674.57

图 6-39

将该结果返回到透视表中，如图 6-40 所示。

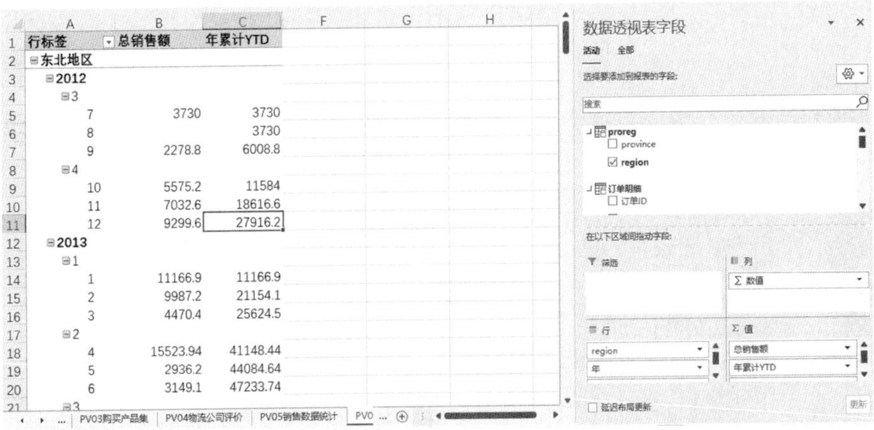

图 6-40

从图 6-40 可以看出，"销售额"列计算的是每个月总销售额以及年度总销售额；"年累计 YTD"列计算的是从第一个月开始逐月销售额的累计情况。

注意：在数据透视表字段控制面板中"行"列表的时间字段来自日历表，而非订单明细表。

回到 Power Pivot 中，为销售额添加 QTD 和 MTD 度量值，如图 6-41 和图 6-42 所示。

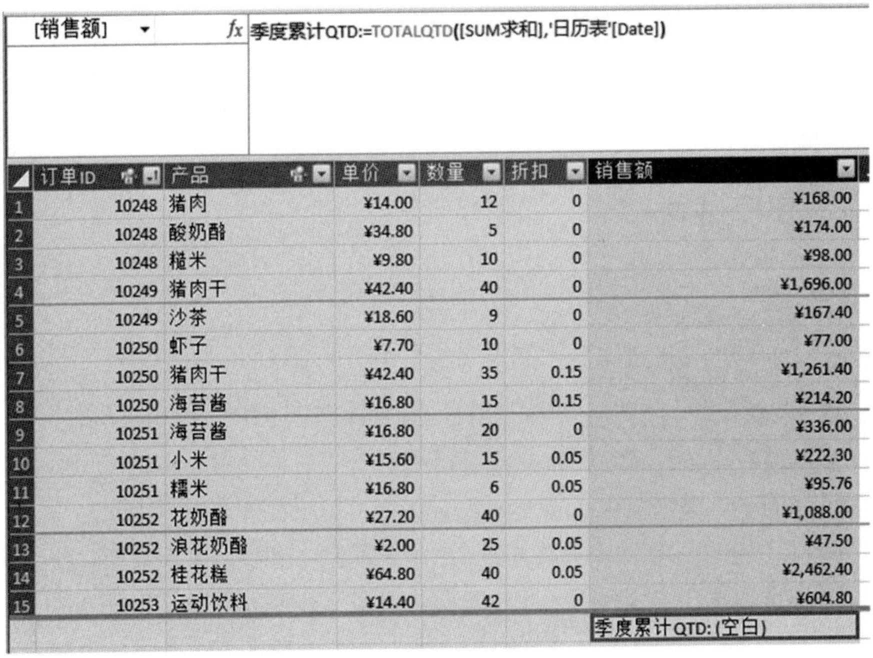

图 6-41

[销售额] f_x 月累计MTD:=TOTALMTD([SUM求和],'日历表'[Date])

	订单ID	产品	单价	数量	折扣	销售额
1	10248	猪肉	¥14.00	12	0	¥168.00
2	10248	酸奶酪	¥34.80	5	0	¥174.00
3	10248	糙米	¥9.80	10	0	¥98.00
4	10249	猪肉干	¥42.40	40	0	¥1,696.00
5	10249	沙茶	¥18.60	9	0	¥167.40
6	10250	虾子	¥7.70	10	0	¥77.00
7	10250	猪肉干	¥42.40	35	0.15	¥1,261.40
8	10250	海苔酱	¥16.80	15	0.15	¥214.20
9	10251	海苔酱	¥16.80	20	0	¥336.00
10	10251	小米	¥15.60	15	0.05	¥222.30
11	10251	糯米	¥16.80	6	0.05	¥95.76
12	10252	花奶酪	¥27.20	40	0	¥1,088.00
13	10252	浪花奶酪	¥2.00	25	0.05	¥47.50
14	10252	桂花糕	¥64.80	40	0.05	¥2,462.40
15	10253	运动饮料	¥14.40	42	0	¥604.80
						季度累计QTD: (空白)
						月累计MTD: (空白)

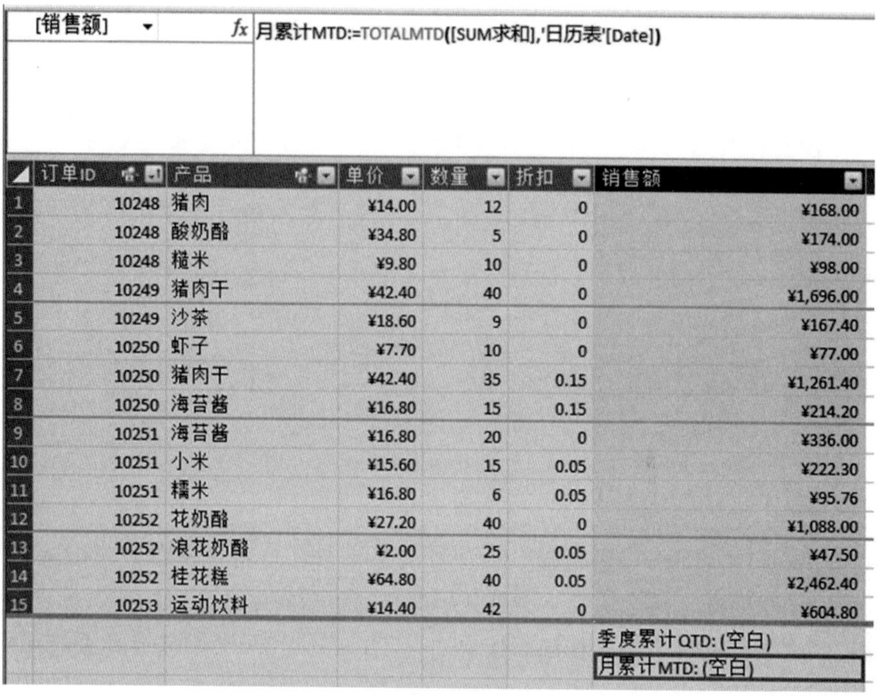

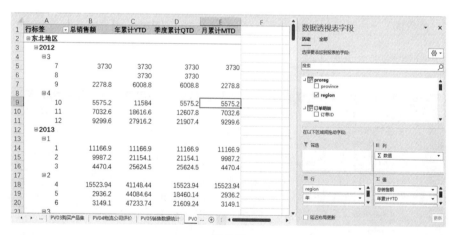

图 6-42

利用 YTD、QTD、MTD 三个度量值进行数据透视的结果如图 6-43 所示。

	A	B	C	D	E
1	行标签	总销售额	年累计YTD	季度累计QTD	月累计MTD
2	⊟东北地区				
3	⊟2012				
4	⊟3				
5	7	3730	3730	3730	3730
6	8		3730	3730	
7	9	2278.8	6008.8	6008.8	2278.8
8	⊟4				
9	10	5575.2	11584	5575.2	5575.2
10	11	7032.6	18616.6	12607.8	7032.6
11	12	9299.6	27916.2	21907.4	9299.6
12	⊟2013				
13	⊟1				
14	1	11166.9	11166.9	11166.9	11166.9
15	2	9987.2	21154.1	21154.1	9987.2
16	3	4470.4	25624.5	25624.5	4470.4
17	⊟2				
18	4	15523.94	41148.44	15523.94	15523.94
19	5	2936.2	44084.64	18460.14	2936.2
20	6	3149.1	47233.74	21609.24	3149.1

图 6-43

注意：TD 系列函数属于时间智能函数。

财年与日历年往往不同，如将 6 月 30 日作为上一财年结束的日期，那么在使用 TD 系列函数时需要用上 YearEndDate 参数，如图 6-44 所示。

[销售额] fx 财年累计YTD:=TOTALYTD([SUM求和],'日历表'[Date],'日历表'[Date]<TODAY(),"6-30")

	订单ID	产品	单价	数量	折扣	销售额
1	10248	猪肉	¥14.00	12	0	¥168.00
2	10248	酸奶酪	¥34.80	5	0	¥174.00
3	10248	糙米	¥9.80	10	0	¥98.00
4	10249	猪肉干	¥42.40	40	0	¥1,696.00
5	10249	沙茶	¥18.60	9	0	¥167.40
6	10250	虾子	¥7.70	10	0	¥77.00
7	10250	猪肉干	¥42.40	35	0.15	¥1,261.40
8	10250	海苔酱	¥16.80	15	0.15	¥214.20
9	10251	海苔酱	¥16.80	20	0	¥336.00
10	10251	小米	¥15.60	15	0.05	¥222.30
11	10251	糯米	¥16.80	6	0.05	¥95.76
12	10252	花奶酪	¥27.20	40	0	¥1,088.00
13	10252	浪花奶酪	¥2.00	25	0.05	¥47.50
14	10252	桂花糕	¥64.80	40	0.05	¥2,462.40
15	10253	运动饮料	¥14.40	42	0	¥604.80
16	10253	薯条	¥16.00	40	0	¥640.00
17	10253	温馨奶酪	¥10.00	20	0	¥200.00
18	10254	鸡精	¥8.00	21	0	¥168.00

季度累计QTD: (空白)
月累计MTD: (空白)
财年累计YTD: (空白)

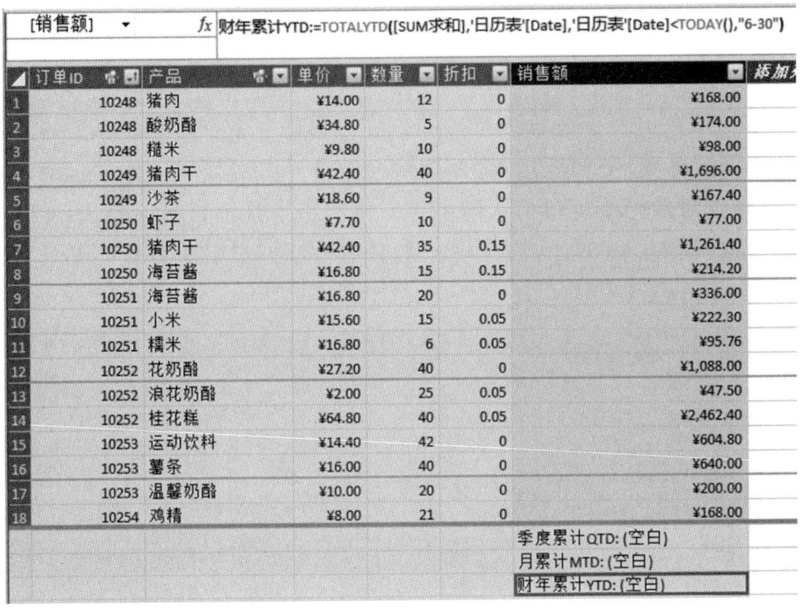

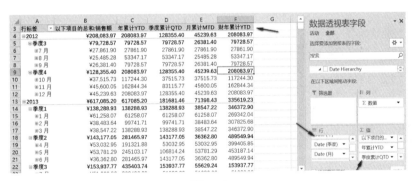

图 6-44

将度量值返回 Excel 的数据透视表中，如图 6-45 所示。

	A 行标签	B 以下项目的总和:销售额	C 年累计YTD	D 季度累计QTD	E 月累计MTD	F 财年累计YTD
4	2012	¥208,083.97	208083.97	128355.40	45239.63	208083.97
5	季度3	¥79,728.57	79728.57	79728.57	26381.40	79728.57
6	7 月	¥27,861.90	27861.90	27861.90	27861.90	27861.90
7	8 月	¥25,485.28	53347.17	53347.17	25485.28	53347.17
8	9 月	¥26,381.40	79728.57	79728.57	26381.40	79728.57
9	季度4	¥128,355.40	208083.97	128355.40	45239.63	208083.97
10	10 月	¥37,515.73	117244.30	37515.73	37515.73	117244.30
11	11 月	¥45,600.05	162844.34	83115.77	45600.05	162844.34
12	12 月	¥45,239.63	208083.97	128355.40	45239.63	208083.97
13	2013	¥617,085.20	617085.20	181681.46	71398.43	335619.23
14	季度1	¥138,288.93	138288.93	138288.93	38547.22	346372.90
15	1 月	¥61,258.07	61258.07	61258.07	61258.07	269342.04
16	2 月	¥38,483.64	99741.71	99741.71	38483.64	307825.68
17	3 月	¥38,547.22	138288.93	138288.93	38547.22	346372.90
18	季度2	¥143,177.05	281465.97	143177.05	36362.80	489549.94
19	4 月	¥53,032.95	191321.88	53032.95	53032.95	399405.85
20	5 月	¥53,781.29	245103.17	106814.24	53781.29	453187.14
21	6 月	¥36,362.80	281465.97	143177.05	36362.80	489549.94
22	季度3	¥153,937.77	435403.74	153937.77	55629.24	153937.77

图 6-45

从图 6-45 可以看出，2013 年第一季度的年累计 YTD 和财年累计 YTD 两个度量值存在区别，因为计算的数据来源不同，从 2013 年的 7 月开始，财年累计 YTD 又开始了新一财年的汇总。

5. YoY/QoQ/MoM 度量值

(1) YoY（Year over Year）指的是当期数据较去年同期的变动情况，一般用来考查公司的财务状况是向良好发展抑或向恶性发展。其计算公式如下：

年增长率=((当期财年数据−上一财年数据)/上一财年数据)*100

(2) QoQ（Quarter over Quarter）指的是当期数据较上一财政季度的变动情况。QoQ 相对于 YoY 而言具有更高的不稳定性，但相对于 MoM 而言却更加稳定，如用来进行 GDP 的季度比较。其计算公式如下：

季度增长率=((当期季度数据－上一季度数据)/上一季度数据)＊100

(3) MoM (Month-over-Month) 指的是当期数据较上一月份的变动情况。其计算公式如下:

月增长率=((当期月份数据－上一月份数据)/上一月份数据)＊100

下面以计算同比 YoY 和环比 MoM 为例。在 Power Pivot 中要计算同比 YoY、环比 MoM，需要先添加两个度量值，即上年销售额和上月销售额，公式分别是:

上年销售额:=CALCULATE([SUM 求和],DATEADD('日历表'[Date],－1,YEAR))

上月销售额:=CALCULATE([SUM 求和],DATEADD('日历表'[Date],－1,MONTH))

结果如图 6-46 所示。

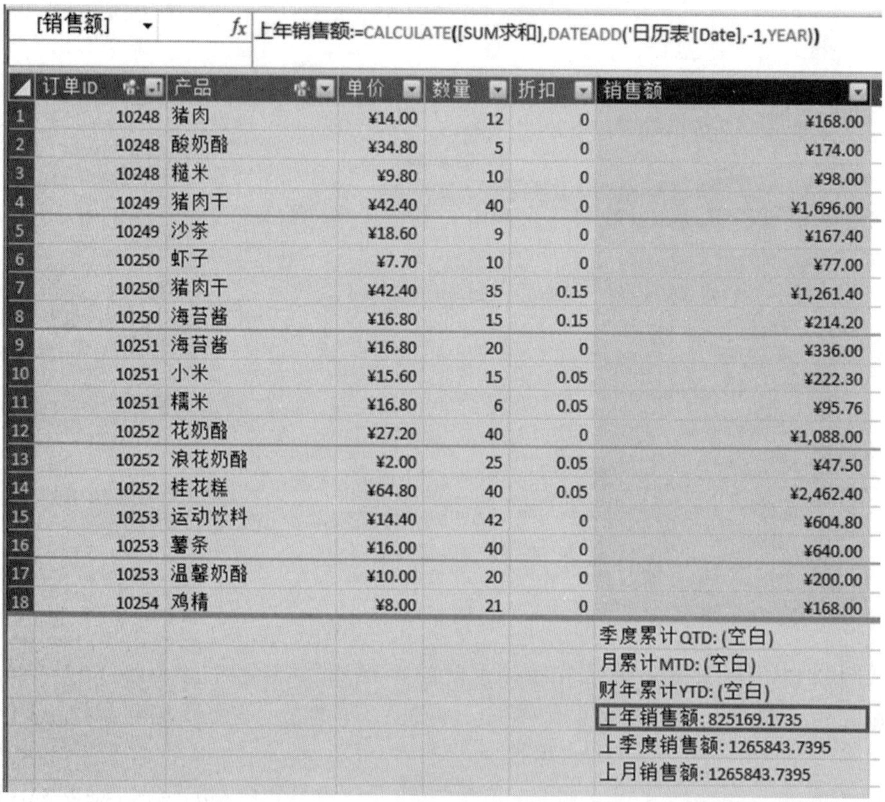

[销售额] fx 上年销售额:=CALCULATE([SUM求和],DATEADD('日历表'[Date],-1,YEAR))

	订单ID	产品	单价	数量	折扣	销售额
1	10248	猪肉	¥14.00	12	0	¥168.00
2	10248	酸奶酪	¥34.80	5	0	¥174.00
3	10248	糙米	¥9.80	10	0	¥98.00
4	10249	猪肉干	¥42.40	40	0	¥1,696.00
5	10249	沙茶	¥18.60	9	0	¥167.40
6	10250	虾子	¥7.70	10	0	¥77.00
7	10250	猪肉干	¥42.40	35	0.15	¥1,261.40
8	10250	海苔酱	¥16.80	15	0.15	¥214.20
9	10251	海苔酱	¥16.80	20	0	¥336.00
10	10251	小米	¥15.60	15	0.05	¥222.30
11	10251	糯米	¥16.80	6	0.05	¥95.76
12	10252	花奶酪	¥27.20	40	0	¥1,088.00
13	10252	浪花奶酪	¥2.00	25	0.05	¥47.50
14	10252	桂花糕	¥64.80	40	0.05	¥2,462.40
15	10253	运动饮料	¥14.40	42	0	¥604.80
16	10253	薯条	¥16.00	40	0	¥640.00
17	10253	温馨奶酪	¥10.00	20	0	¥200.00
18	10254	鸡精	¥8.00	21	0	¥168.00

季度累计QTD: (空白)
月累计MTD: (空白)
财年累计YTD: (空白)
上年销售额: 825169.1735
上季度销售额: 1265843.7395
上月销售额: 1265843.7395

图 6-46

此处使用了 CALCULATE 函数，该函数功能非常强大，可以使用多个筛选条件。

DATEADD 函数中，“－1” 参数指的是往回计算，“YEAR” 所在的参数值可以用 DAY、MONTH、QUARTER 来替代，分别表示上一年、前一天、上个月、上个季度等。

注意：可以使用 SAMEPERIODLASTYEAR 函数进行上一年度数据的统计，具体用法如图 6-47 所示。

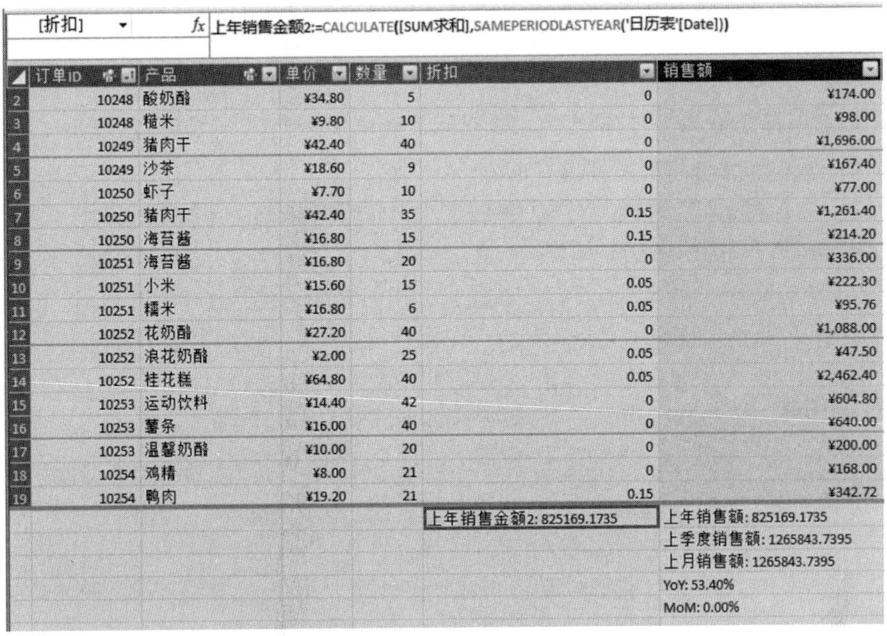

图 6-47

可以看出，用 SAMEPERIODLASTYEAR 函数得到的上年销售额的结果与之前用其他方法获取的结果相同，但该函数没有之前的方法灵活，因为该函数无法像 DATEADD 函数那样，可以协助灵活获取其他如上月、上季度的统计数据。

回到 Excel 透视区域，分别将上年销售额、上月销售额拖曳到"值"列表中，保留原来的销售额、YTD、MTD 等信息，如图 6-48 所示。

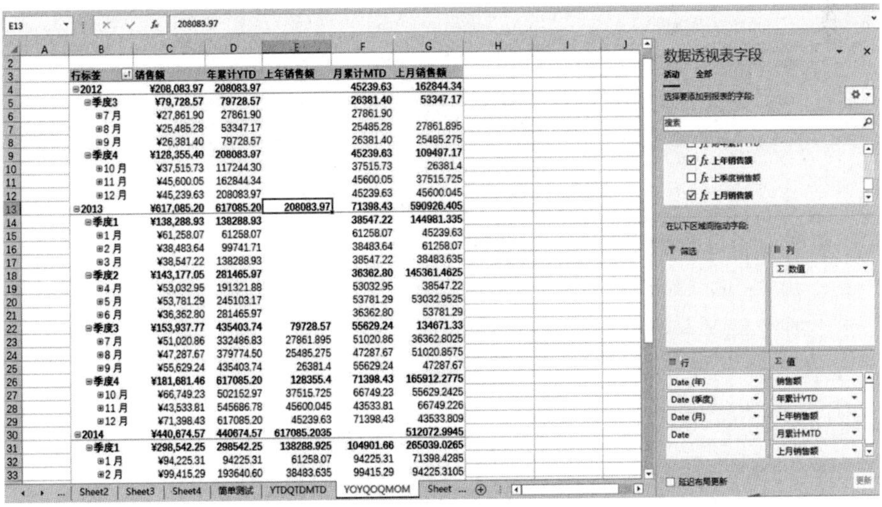

图 6-48

从结果可以看出，E13 单元格显示的是 2012 年的销售额总和（实际数据从 7 月份开始），E30 单元格显示的是 2013 年的销售额总和。E22 单元格以上有众多空白位置，表示 2012 年的同期数据缺失。类似的还有 G6 单元格数据缺失，这是因为 2012 年 7 月之前的数据是缺失的。

有了上年销售额和上月销售额，接着可开始创建 YoY、MoM 等度量值了。

创建 YoY 所使用的公式如下：

YoY：=DIVIDE([SUM 求和]−[上年销售额],[上年销售额])

创建 MoM 所使用的公式如下：

MoM：=DIVIDE([SUM 求和]−[上月销售额],[上月销售额])

度量值计算结果如图 6-49 所示。

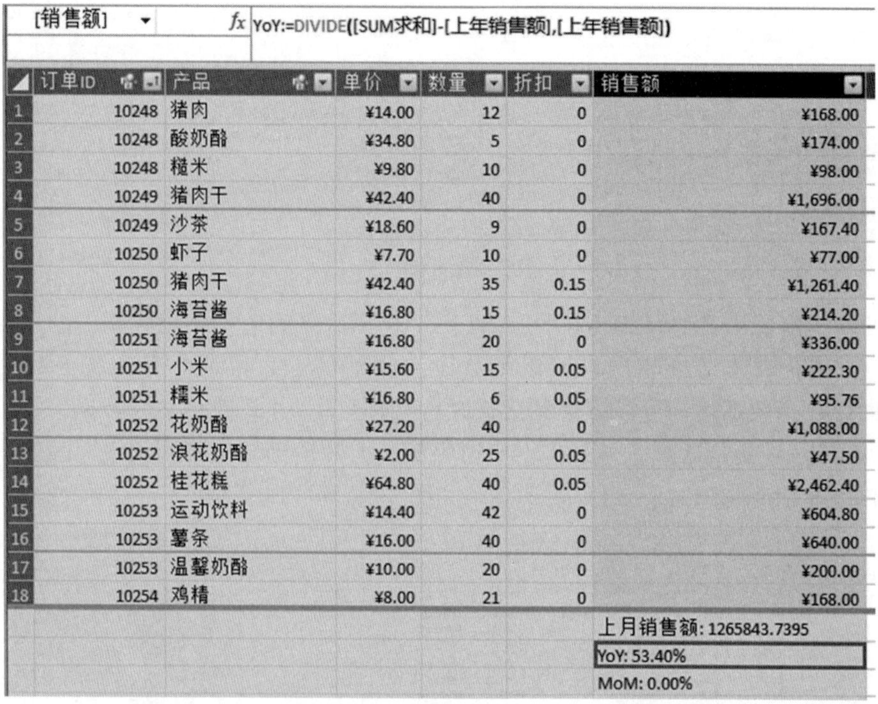
[销售额] fx YoY:=DIVIDE([SUM求和]-[上年销售额],[上年销售额])

	订单ID	产品	单价	数量	折扣	销售额
1	10248	猪肉	¥14.00	12	0	¥168.00
2	10248	酸奶酪	¥34.80	5	0	¥174.00
3	10248	糙米	¥9.80	10	0	¥98.00
4	10249	猪肉干	¥42.40	40	0	¥1,696.00
5	10249	沙茶	¥18.60	9	0	¥167.40
6	10250	虾子	¥7.70	10	0	¥77.00
7	10250	猪肉干	¥42.40	35	0.15	¥1,261.40
8	10250	海苔酱	¥16.80	15	0.15	¥214.20
9	10251	海苔酱	¥16.80	20	0	¥336.00
10	10251	小米	¥15.60	15	0.05	¥222.30
11	10251	糯米	¥16.80	6	0.05	¥95.76
12	10252	花奶酪	¥27.20	40	0	¥1,088.00
13	10252	浪花奶酪	¥2.00	25	0.05	¥47.50
14	10252	桂花糕	¥64.80	40	0.05	¥2,462.40
15	10253	运动饮料	¥14.40	42	0	¥604.80
16	10253	薯条	¥16.00	40	0	¥640.00
17	10253	温馨奶酪	¥10.00	20	0	¥200.00
18	10254	鸡精	¥8.00	21	0	¥168.00
						上月销售额: 1265843.7395
						YoY: 53.40%
						MoM: 0.00%

图 6-49

将度量值返回透视表中，结果如图 6-50 所示。

由图 6-50 可知，YoY 实际上是同比的结果（本期与去年同期的比较），MoM 实际上是环比的结果（本期与上期的比较）。

6. 工作日度量值

工作日度量值的创建对于分析工作日的平均销售额、平均利润等有重要意义。假设已有一张 Excel 工作表，其格式如图 6-51 所示，包括了从 2012 年 1 月 1 日到 2014 年 12 月 31 日的日期、法定节假日和是否为五天工作日以及最终工作日等相关属性。

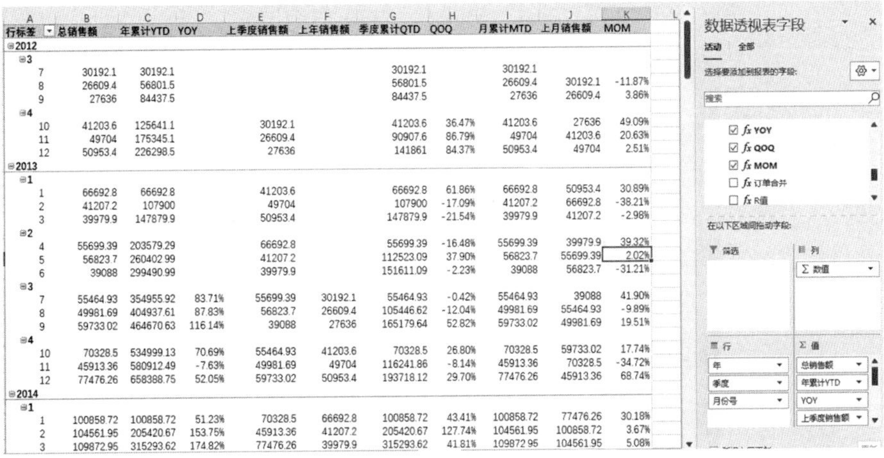

行标签	总销售额	年累计YTD	YOY	上季度销售额	上年销售额	季度累计QTD	QOQ	月累计MTD	上月销售额	MOM
⊟2012										
⊟3										
7	30192.1	30192.1				30192.1		30192.1		
8	26609.4	56801.5				56801.5		26609.4	30192.1	-11.87%
9	27636	84437.5				84437.5		27636	26609.4	3.86%
⊟4										
10	41203.6	125641.1		30192.1		41203.6	36.47%	41203.6	27636	49.09%
11	49704	175345.1		26609.4		90907.6	86.79%	49704	41203.6	20.63%
12	50953.4	226298.5		27636		141861	84.37%	50953.4	49704	2.51%
⊟2013										
⊟1										
1	66692.8	66692.8		41203.6		66692.8	61.86%	66692.8	50953.4	30.89%
2	41207.2	107900		49704		107900	-17.09%	41207.2	66692.8	-38.21%
3	39979.9	147879.9		50953.4		147879.9	-21.54%	39979.9	41207.2	-2.98%
⊟2										
4	55699.39	203579.29		66692.8		55699.39	-16.48%	55699.39	39979.9	39.32%
5	56823.7	260402.99		41207.2		112523.09	37.90%	56823.7	55699.39	2.02%
6	39088	299490.99		39979.9		151611.09	-2.23%	39088	56823.7	-31.21%
⊟3										
7	55464.93	354955.92	83.71%	55699.39	30192.1	55464.93	-0.42%	55464.93	39088	41.90%
8	49981.69	404937.61	87.83%	56823.7	26609.4	105446.62	-12.04%	49981.69	55464.93	-9.89%
9	59733.02	464670.63	116.14%	39088	27636	165179.64	52.82%	59733.02	49981.69	19.51%
⊟4										
10	70328.5	534999.13	70.69%	55464.93	41203.6	70328.5	26.80%	70328.5	59733.02	17.74%
11	45913.36	580912.49	-7.63%	49981.69	49704	116241.86	-8.14%	45913.36	70328.5	-34.72%
12	77476.26	658388.75	52.05%	59733.02	50953.4	193718.12	29.70%	77476.26	45913.36	68.74%
⊟2014										
⊟1										
1	100858.72	100858.72	51.23%	70328.5	66692.8	100858.72	43.41%	100858.72	77476.26	30.18%
2	104561.95	205420.67	153.75%	45913.36	41207.2	205420.67	127.74%	104561.95	100858.72	3.67%
3	109872.95	315293.62	174.82%	77476.26	39979.9	315293.62	41.81%	109872.95	104561.95	5.08%

图 6-50

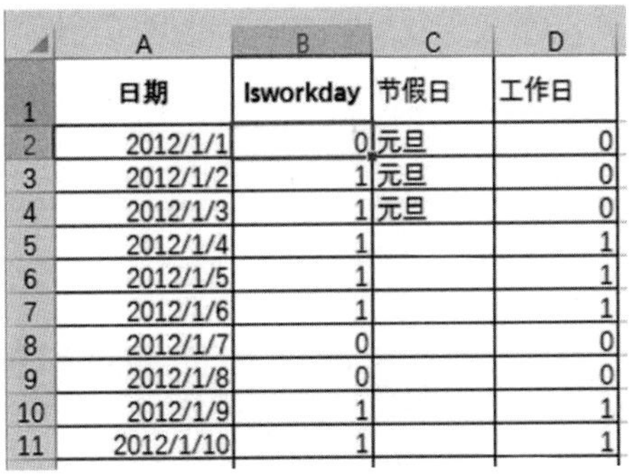

日期	Isworkday	节假日	工作日
2012/1/1	0	元旦	0
2012/1/2	1	元旦	0
2012/1/3	1	元旦	0
2012/1/4	1		1
2012/1/5	1		1
2012/1/6	1		1
2012/1/7	0		0
2012/1/8	0		0
2012/1/9	1		1
2012/1/10	1		1

图 6-51

Isworkday 的计算公式是：=IF（WEEKDAY（A2，2）>5，0，1），只能计算出五天工作日的情况。法定节假日要进行特定的标注后，才能得到如“工作日”属性中的相关值，该列的计算公式可参考：=IF（C2="工作日"，1，IF（C2=""，B2，IF（C2 <>"工作日"，0，1）））。

复制所有的数据区域后，回到 Power Pivot 工作区域，单击“日历表”任意位置，选择“粘贴”，提示输入新的表名，比如“工作日”，得到如图 6-52 所示的 Power Pivot 表。

在关系视图中，为日历表和工作日量表创建基于“Date”和“日期”属性的关系，请注意工作日表中的“日期”属性为主键，而日历表中的“Date”属性为外键，如图 6-53 所示。

回到关系视图中的日历表，新建一个计算列“工作日”，计算公式如下：

=RELATED('工作日'[工作日])

计算结果如图 6-54 所示。

为“工作日”计算列创建工作日总和度量值，公式如下：

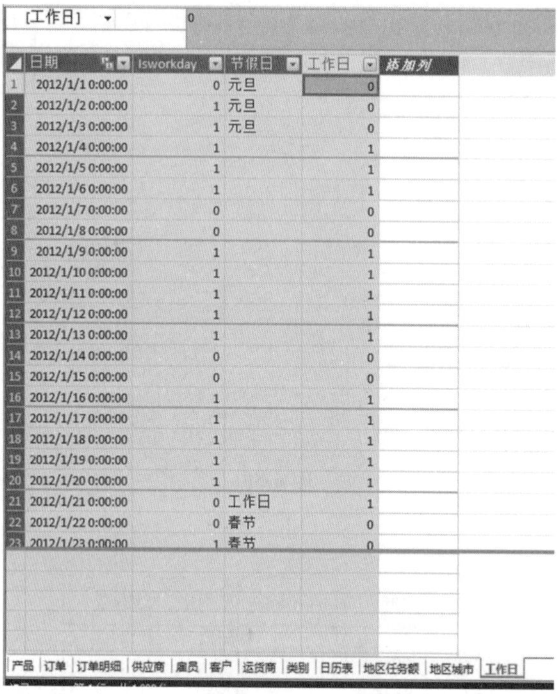

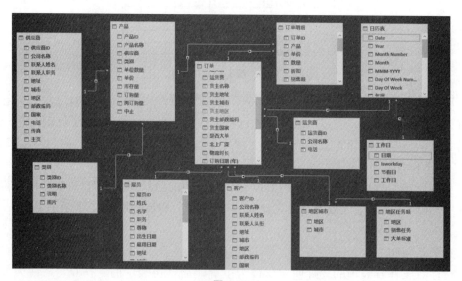

图 6-52

图 6-53

工作日总和：＝SUM('日历表'[工作日])

结果如图 6-55 所示。

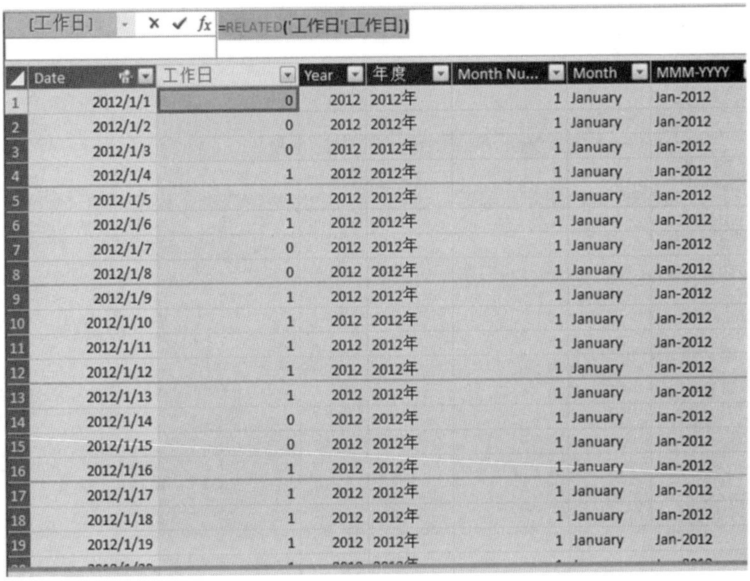

[工作日]　=RELATED('工作日'[工作日])

	Date	工作日	Year	年度	Month Nu...	Month	MMM-YYYY
1	2012/1/1	0	2012	2012年	1	January	Jan-2012
2	2012/1/2	0	2012	2012年	1	January	Jan-2012
3	2012/1/3	0	2012	2012年	1	January	Jan-2012
4	2012/1/4	1	2012	2012年	1	January	Jan-2012
5	2012/1/5	1	2012	2012年	1	January	Jan-2012
6	2012/1/6	1	2012	2012年	1	January	Jan-2012
7	2012/1/7	0	2012	2012年	1	January	Jan-2012
8	2012/1/8	0	2012	2012年	1	January	Jan-2012
9	2012/1/9	1	2012	2012年	1	January	Jan-2012
10	2012/1/10	1	2012	2012年	1	January	Jan-2012
11	2012/1/11	1	2012	2012年	1	January	Jan-2012
12	2012/1/12	1	2012	2012年	1	January	Jan-2012
13	2012/1/13	1	2012	2012年	1	January	Jan-2012
14	2012/1/14	0	2012	2012年	1	January	Jan-2012
15	2012/1/15	0	2012	2012年	1	January	Jan-2012
16	2012/1/16	1	2012	2012年	1	January	Jan-2012
17	2012/1/17	1	2012	2012年	1	January	Jan-2012
18	2012/1/18	1	2012	2012年	1	January	Jan-2012
19	2012/1/19	1	2012	2012年	1	January	Jan-2012

图 6-54

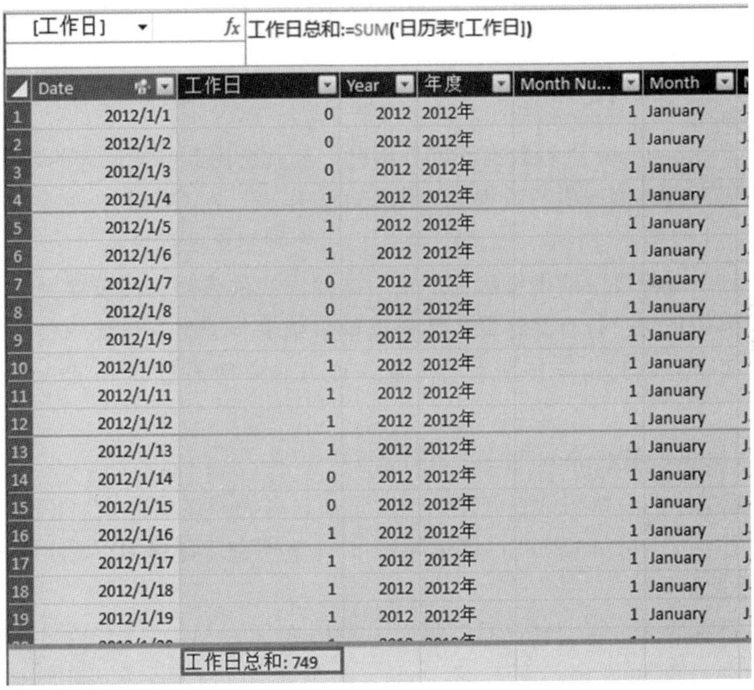

[工作日]　工作日总和:=SUM('日历表'[工作日])

	Date	工作日	Year	年度	Month Nu...	Month
1	2012/1/1	0	2012	2012年	1	January
2	2012/1/2	0	2012	2012年	1	January
3	2012/1/3	0	2012	2012年	1	January
4	2012/1/4	1	2012	2012年	1	January
5	2012/1/5	1	2012	2012年	1	January
6	2012/1/6	1	2012	2012年	1	January
7	2012/1/7	0	2012	2012年	1	January
8	2012/1/8	0	2012	2012年	1	January
9	2012/1/9	1	2012	2012年	1	January
10	2012/1/10	1	2012	2012年	1	January
11	2012/1/11	1	2012	2012年	1	January
12	2012/1/12	1	2012	2012年	1	January
13	2012/1/13	1	2012	2012年	1	January
14	2012/1/14	0	2012	2012年	1	January
15	2012/1/15	0	2012	2012年	1	January
16	2012/1/16	1	2012	2012年	1	January
17	2012/1/17	1	2012	2012年	1	January
18	2012/1/18	1	2012	2012年	1	January
19	2012/1/19	1	2012	2012年	1	January

工作日总和: 749

图 6-55

如何计算工作日的销售额？先计算是否为工作日订单，如果是，则计算其销售额，公式如下：

=IF(RELATED('日历'[ISWORKDAY])=1,SUMX(FILTER('订单明细','订

单明细′[订单 ID]=′订单′[订单 ID]),′订单明细′[销售额]),0)

结果如图 6-56 所示。

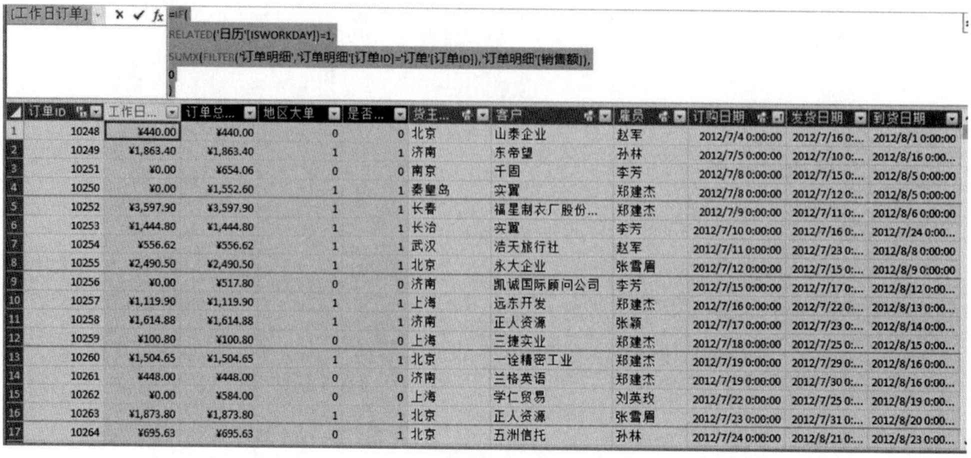

	订单ID	工作日...	订单总...	地区大单	是否...	货主...	客户	雇员	订购日期	发货日期	到货日期
1	10248	¥440.00	¥440.00	0	0	北京	山泰企业	赵军	2012/7/4 0:00:00	2012/7/16 0:...	2012/8/1 0:00:00
2	10249	¥1,863.40	¥1,863.40	1	1	济南	东帝望	孙林	2012/7/5 0:00:00	2012/7/10 0:...	2012/8/16 0:00...
3	10251	¥0.00	¥654.06	0	0	南京	千固	李芳	2012/7/8 0:00:00	2012/7/15 0:...	2012/8/5 0:00:00
4	10250	¥0.00	¥1,552.60	1	1	秦皇岛	实翼	郑建杰	2012/7/8 0:00:00	2012/7/12 0:...	2012/8/5 0:00:00
5	10252	¥3,597.90	¥3,597.90	1	1	长春	福星制衣厂股份...	郑建杰	2012/7/9 0:00:00	2012/7/11 0:...	2012/8/6 0:00:00
6	10253	¥1,444.80	¥1,444.80	1	1	长治	实翼	李芳	2012/7/10 0:00:00	2012/7/16 0:...	2012/7/24 0:00...
7	10254	¥556.62	¥556.62	1	1	武汉	浩天旅行社	赵军	2012/7/11 0:00:00	2012/7/23 0:...	2012/8/8 0:00:00
8	10255	¥2,490.50	¥2,490.50	1	1	北京	永大企业	张雪眉	2012/7/12 0:00:00	2012/7/15 0:...	2012/8/9 0:00:00
9	10256	¥0.00	¥517.80	0	0	济南	凯诚国际顾问公司	李芳	2012/7/15 0:00:00	2012/7/17 0:...	2012/8/12 0:00...
10	10257	¥1,119.90	¥1,119.90	1	1	上海	远东开发	郑建杰	2012/7/16 0:00:00	2012/7/22 0:...	2012/8/13 0:00...
11	10258	¥1,614.88	¥1,614.88	1	1	济南	正人资源	张颖	2012/7/17 0:00:00	2012/7/23 0:...	2012/8/14 0:00...
12	10259	¥100.80	¥100.80	0	0	上海	三捷实业	郑建杰	2012/7/18 0:00:00	2012/7/25 0:...	2012/8/15 0:00...
13	10260	¥1,504.65	¥1,504.65	1	1	北京	一诠精密工业	郑建杰	2012/7/19 0:00:00	2012/7/29 0:...	2012/8/16 0:00...
14	10261	¥448.00	¥448.00	0	0	济南	兰格英语	郑建杰	2012/7/19 0:00:00	2012/7/30 0:...	2012/8/16 0:00...
15	10262	¥0.00	¥584.00	0	0	上海	学仁贸易	刘英玫	2012/7/22 0:00:00	2012/7/25 0:...	2012/8/19 0:00...
16	10263	¥1,873.80	¥1,873.80	1	1	北京	正人资源	张雪眉	2012/7/23 0:00:00	2012/7/31 0:...	2012/8/20 0:00...
17	10264	¥695.63	¥695.63	0	1	北京	五洲信托	孙林	2012/7/24 0:00:00	2012/8/21 0:...	2012/8/23 0:00...

图 6-56

6.2 Power Pivot 数据深度分析案例

6.2.1 链接回表

在利用 Power Pivot 进行数据深度分析时，经常会用到链接回表的功能。

链接回表可以将模型中的数据导入 Excel 工作表，在 Excel 中进行透视后再回流到 Power Pivot 模型中进行进一步的计算，即可实现多次数据透视。

下面以订单明细表中的销售额为例说明链接回表的作用。假设要根据订单号对订单明细表中的销售额进行合并计算，并根据销售额进行分类，传统的做法是在透视表中进行。这里也可以利用链接回表的方法，该方法一般通过以下三个步骤进行深度分析：

1. 将模型中的数据导入 Excel 工作表

（1）在模型中的订单明细表创建一个度量值，名为“订单合并”，公式如下：

订单合并:=SUMMARIZE(′订单明细′,′订单明细′[订单 ID],″订单金额″,′订单明细′[SUM 求和])

该公式运行后会出现“错误号”提示，原因在于 SUMMARIZE 函数的计算结果是一个表格，而非单个值，此处可忽略。如果要将错误屏蔽，可以使用 COUNTROWS 函数对该表格进行行数计算，如图 6-57 所示。

（2）将结果导入 Excel 工作表。返回到 Excel 工作表“订单销售金额”，选择“数据”菜单中的“现有连接”（Excel 2016 版本在“获取外部数据”选项中），单击“表格”选项中的“订单明细”或“工作簿数据模型中的表”，如图 6-58（a）所示。

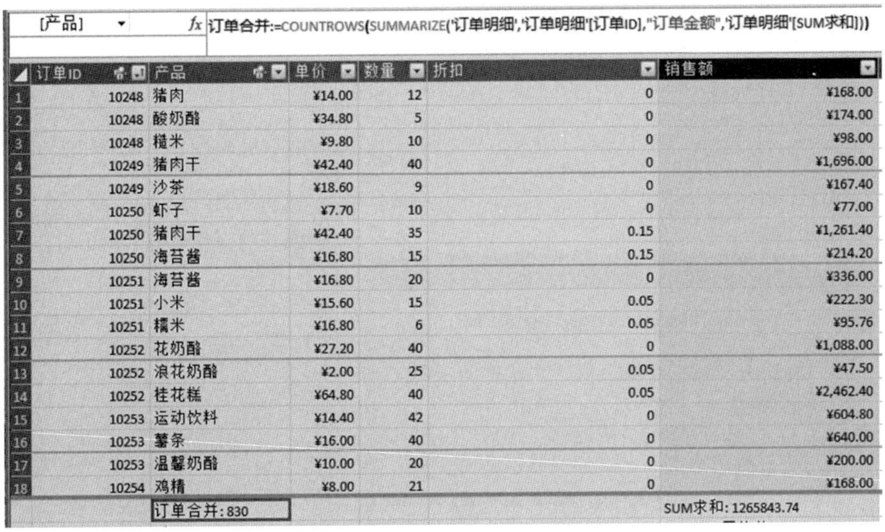

图 6-57

图 6-58

右单击 Excel 表中返回的数据区域，选择"表格"中的"编辑 DAX"，如图 6-58（b）所示。在"编辑 DAX"对话框中，选择命令类型为"DAX"，如图 6-59（a）所示，表达式中输入公式如下：

evaluate

SUMMARIZE('订单明细','订单明细'[订单 ID],"订单金额",'订单明细'[SUM 求和])

得到的结果如图 6-69（b）所示。

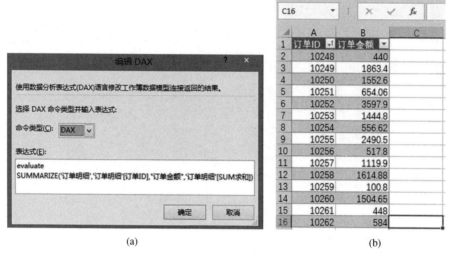

(a)　　　　　　　　　　　　(b)

图 6-59

原来完整的订单明细表数据，已经以订单 ID 为依据进行了金额的汇总，其中"订单金额"属性是 DAX 公式中的参数设置。

2. 将表结果返回模型

对上一步获得的数据表的表名称进行修改，如图 6-60 所示。

图 6-60

单击 Power Pivot，将获得的数据返回到数据模型中，并创建计算列"订单分类"，根据参考条件和订单金额进行分类，如图 6-61 所示。

3. 从模型返回 Excel 透视表

根据上一步计算结果，使用数据透视表的方式返回 Excel 工作表，如图 6-62 所示，即可求出在不同类别下的订单数量。

与传统的 Excel 数据透视表方法相比较，链接回表能够更加及时地反馈源数据的变动对最后透视结果的影响。

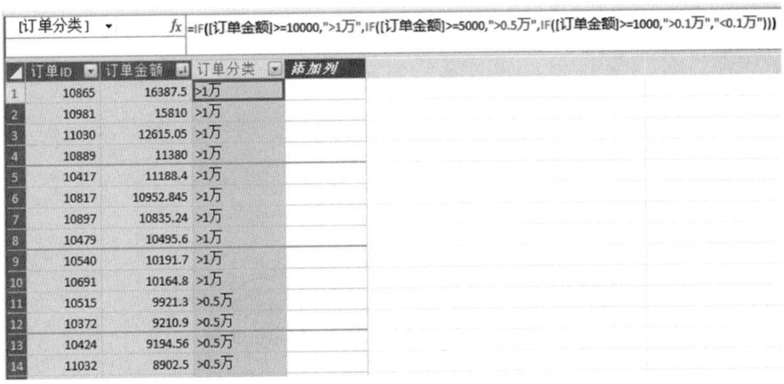

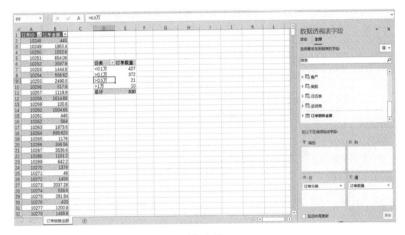

图 6-61

图 6-62

6.2.2　RFM 分析

根据美国数据库营销研究所 Arthur Hughes 的研究，客户数据库中有 3 个有价值的要素，这 3 个要素构成了数据分析的最好指标。

（1）最近一次消费（recency）

（2）消费频率（frequency）

（3）消费金额（monetary）

RFM 模型是衡量客户价值和客户创利能力的重要工具和手段。在众多的客户关系管理（CRM）分析模式中，RFM 模型是被广泛提到的。该计算模型通过一个客户的近期购买行为、购买的总体频率以及消费金额 3 项指标来描述该客户的价值状况。客户一般可划分为以下四类：

（1）重要价值客户（111）：最近消费时间较近，消费频次和消费金额都很高，即所谓的 VIP 客户。

（2）重要保持客户（011）：最近消费时间较远，但消费频次和消费金额都很高，说明这是有一段时间没来的忠诚客户，需要主动和他保持联系。

（3）重要发展客户（101）：最近消费时间较近、消费金额高，但消费频次不高，忠诚度不高，是很有潜力的客户，必须重点发展。

（4）重要挽留客户（001）：最近消费时间较远、消费频次不高，但消费金额高，可能是将要流失的客户，应当采取挽留措施。

也可以用如图 6-63 所示的客户分类表进行细分。

R	F	M	客户类型
近	高	高	重要价值客户
远	高	高	重要保持客户
近	低	高	重要发展客户
远	低	高	重要挽留客户
近	高	低	一般价值客户
远	高	低	一般保持客户
近	低	低	一般发展客户
远	低	低	一般挽留客户

图 6-63

利用 Power Pivot 进行 RFM 分析，通过以下四个步骤完成：

1. 添加 RFM 计算列

添加一个计算列，名为“近度 R”，实际上是获取订购日期与当前时间的差值，结果如图 6-64 所示。

[近度R] fx =TODAY()-RELATED('订单'[订购日期])

	订单ID	近度R	产品	单价	数量
1	10248	2413	猪肉	¥14.00	12
2	10248	2413	酸奶酪	¥34.80	5
3	10248	2413	糙米	¥9.80	10
4	10249	2412	猪肉干	¥42.40	40
5	10249	2412	沙茶	¥18.60	9
6	10250	2409	虾子	¥7.70	10
7	10250	2409	猪肉干	¥42.40	35
8	10250	2409	海苔酱	¥16.80	15
9	10251	2409	海苔酱	¥16.80	20
10	10251	2409	小米	¥15.60	15
11	10251	2409	糯米	¥16.80	6
12	10252	2408	花奶酪	¥27.20	40
13	10252	2408	浪花奶酪	¥2.00	25
14	10252	2408	桂花糕	¥64.80	40
15	10253	2407	运动饮料	¥14.40	42
16	10253	2407	薯条	¥16.00	40
17	10253	2407	温馨奶酪	¥10.00	20
18	10254	2406	鸡精	¥8.00	21

图 6-64

[近度R] fx R值:=MIN([近度R])

	订单ID	近度R	产品	单价
1	10248	2413	猪肉	¥14.00
2	10248	2413	酸奶酪	¥34.80
3	10248	2413	糙米	¥9.80
4	10249	2412	猪肉干	¥42.40
5	10249	2412	沙茶	¥18.60
6	10250	2409	虾子	¥7.70
7	10250	2409	猪肉干	¥42.40
8	10250	2409	海苔酱	¥16.80
9	10251	2409	海苔酱	¥16.80
10	10251	2409	小米	¥15.60
11	10251	2409	糯米	¥16.80
12	10252	2408	花奶酪	¥27.20
13	10252	2408	浪花奶酪	¥2.00
14	10252	2408	桂花糕	¥64.80
15	10253	2407	运动饮料	¥14.40
16	10253	2407	薯条	¥16.00
17	10253	2407	温馨奶酪	¥10.00
18	10254	2406	鸡精	¥8.00
		R值：1742	订单合并：830	

图 6-65

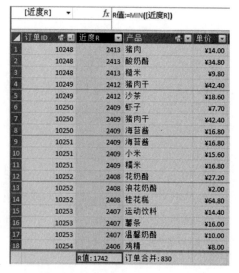

2. 添加 RFM 度量值

若要获得最小的 R 值，添加度量值如图 6-65 所示。

F 值实际上就是订单的不重复计数，而 M 值则是销售金额与 F 值的比值，二者计算过程如图 6-66 所示。

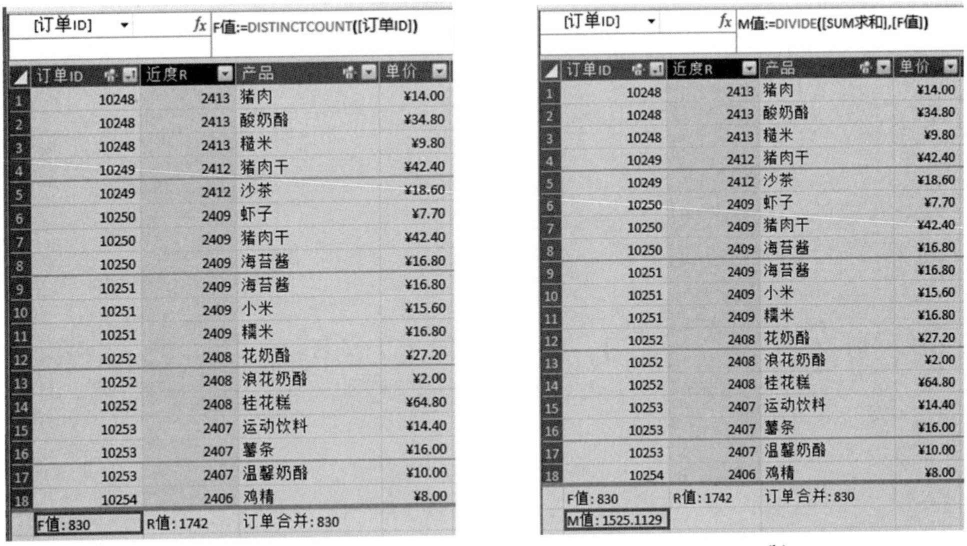

[订单ID]　F值:=DISTINCTCOUNT([订单ID])

	订单ID	近度R	产品	单价
1	10248	2413	猪肉	¥14.00
2	10248	2413	酸奶酪	¥34.80
3	10248	2413	糙米	¥9.80
4	10249	2412	猪肉干	¥42.40
5	10249	2412	沙茶	¥18.60
6	10250	2409	虾子	¥7.70
7	10250	2409	猪肉干	¥42.40
8	10250	2409	海苔酱	¥16.80
9	10251	2409	海苔酱	¥16.80
10	10251	2409	小米	¥15.60
11	10251	2409	糯米	¥16.80
12	10252	2408	花奶酪	¥27.20
13	10252	2408	浪花奶酪	¥2.00
14	10252	2408	桂花糕	¥64.80
15	10253	2407	运动饮料	¥14.40
16	10253	2407	薯条	¥16.00
17	10253	2407	温馨奶酪	¥10.00
18	10254	2406	鸡精	¥8.00
	F值: 830	R值: 1742	订单合并: 830	

(a)

[订单ID]　M值:=DIVIDE([SUM求和],[F值])

	订单ID	近度R	产品	单价
1	10248	2413	猪肉	¥14.00
2	10248	2413	酸奶酪	¥34.80
3	10248	2413	糙米	¥9.80
4	10249	2412	猪肉干	¥42.40
5	10249	2412	沙茶	¥18.60
6	10250	2409	虾子	¥7.70
7	10250	2409	猪肉干	¥42.40
8	10250	2409	海苔酱	¥16.80
9	10251	2409	海苔酱	¥16.80
10	10251	2409	小米	¥15.60
11	10251	2409	糯米	¥16.80
12	10252	2408	花奶酪	¥27.20
13	10252	2408	浪花奶酪	¥2.00
14	10252	2408	桂花糕	¥64.80
15	10253	2407	运动饮料	¥14.40
16	10253	2407	薯条	¥16.00
17	10253	2407	温馨奶酪	¥10.00
18	10254	2406	鸡精	¥8.00
	F值: 830	R值: 1742	订单合并: 830	
	M值: 1525.1129			

(b)

图 6-66

3. 生成链接回表

为了生成链接回表，在订单明细表中添加度量值，公式如下：

=COUNTROWS(SUMMARIZE('订单','订单'[客户],"R",'订单明细'[R 值],"F",'订单明细'[F 值],"M",'订单明细'[M 值]))

COUNTROWS 函数的作用在于规避 SUMMARIZE 函数产生的错误信息。

参考 6.2.1 节的相关步骤，在 Excel 工作表中将模型中的数据导入，并编辑 DAX，运行后的结果如图 6-67 所示。

将 RFM 表添加回数据模型中，并添加四个计算列，如图 6-68 所示。四个计算列相应的公式如下：

R 判断：=IF([R]>AVERAGE([R]),"远","近")

F 判断：=IF([F]>AVERAGE([F]),"高","低")

M 判断：=IF([M]>AVERAGE([M]),"高","低")

RFM 判断：=RFM[R 判断]&RFM[F 判断]&RFM[M 判断]

4. 客户分类

在对客户进行 RFM 评价之前，需要创建 RFM 客户分类表，如图 6-69 所示。

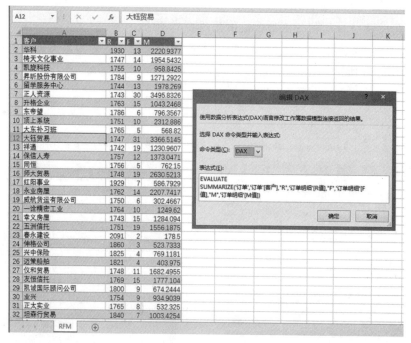

图 6-67

图 6-68

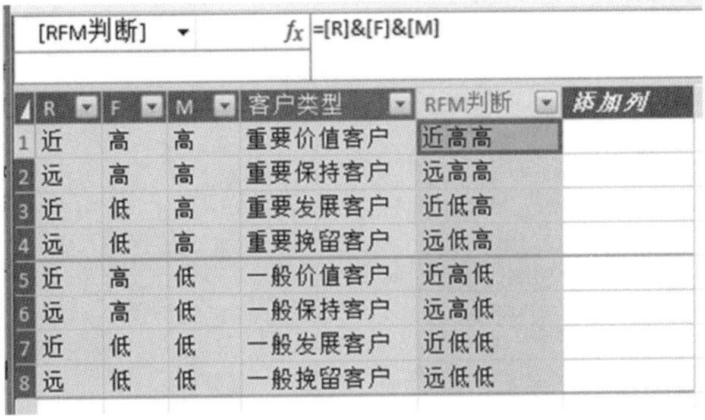

	R	F	M	客户类型	RFM判断	添加列
1	近	高	高	重要价值客户	近高高	
2	远	高	高	重要保持客户	远高高	
3	近	低	高	重要发展客户	近低高	
4	远	低	高	重要挽留客户	远低高	
5	近	高	低	一般价值客户	近高低	
6	远	高	低	一般保持客户	远高低	
7	近	低	低	一般发展客户	近低低	
8	远	低	低	一般挽留客户	远低低	

[RFM判断]　　　　fx =[R]&[F]&[M]

图 6-69

上文已将链接回表返回数据模型中，所以要更新相关的数据关系，如图 6-70 所示。

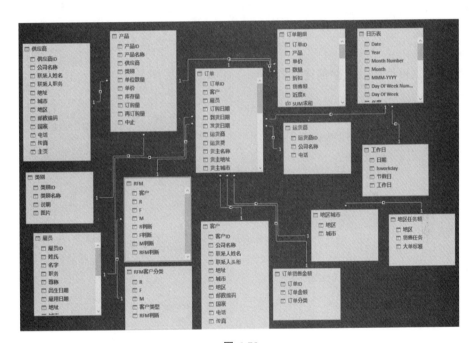

图 6-70

在 RFM 中添加计算列"客户分类"，公式如下：

＝RELATED('RFM 客户分类'[客户类型])

运行结果如图 6-71 所示。

[客户分类] =RELATED('RFM客户分类'[客户类型])

	客户	R	F	M	R判断	F判断	M判断	RFM判断	客户分类
1	华科	1930	13	2220.9377	远	高	高	远高高	重要保持客户
2	椅天文化...	1747	14	1954.5432	近	高	高	近高高	重要价值客户
3	凯旋科技	1755	10	958.8425	近	高	低	近高低	一般价值客户
4	昇昕股份...	1784	9	1271.2922	近	低	高	近低高	重要发展客户
5	留学服务...	1744	13	1978.269	近	高	高	近高高	重要价值客户
6	正人资源	1743	30	3495.8326	近	高	高	近高高	重要价值客户
7	升格企业	1763	15	1043.2468	近	高	低	近高低	一般价值客户
8	东帝望	1786	6	796.3567	近	低	低	近低低	一般发展客户
9	顶上系统	1751	10	2312.886	近	高	高	近高高	重要价值客户
10	大东补习班	1765	5	568.82	近	低	低	近低低	一般发展客户
11	大钰贸易	1747	31	3366.5145	近	高	高	近高高	重要价值客户
12	祥通	1742	19	1230.9607	近	高	高	近高高	重要价值客户
13	保信人寿	1757	12	1373.0471	近	高	高	近高高	重要价值客户
14	同恒	1756	5	762.15	近	低	低	近低低	一般发展客户
15	师大贸易	1748	19	2630.5213	近	高	高	近高高	重要价值客户
16	红阳事业	1929	7	586.7929	远	低	低	远低低	一般挽留客户
17	永业房屋	1762	14	2207.7417	近	高	高	近高高	重要价值客户
18	威航货运...	1750	6	302.4667	近	低	低	近低低	一般发展客户
19	一诠精密...	1764	10	1249.62	近	高	高	近高高	重要价值客户
20	幸义房屋	1743	15	1284.094	近	高	高	近高高	重要价值客户
21	五洲信托	1751	19	1556.1875	近	高	高	近高高	重要价值客户
22	春永建设	2091	2	178.5	远	低	低	远低低	一般挽留客户
23	伸格公司	1860	3	523.7333	远	低	低	远低低	一般挽留客户

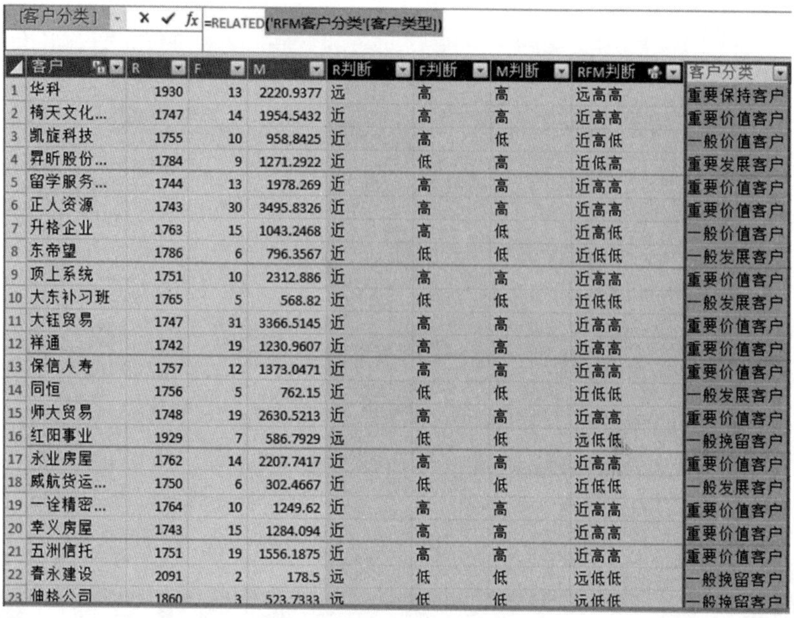

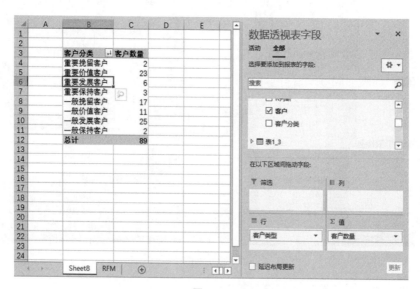

图 6-71

利用数据模型中的数据创建新的透视表，如图 6-72 所示。

客户分类	客户数量
重要挽留客户	2
重要价值客户	23
重要发展客户	6
重要保持客户	3
一般挽留客户	17
一般价值客户	11
一般发展客户	25
一般保持客户	2
总计	89

图 6-72

6.2.3 产品 ABC 分类

ABC 分类法又称“帕累托分析法”，也称“主次因素分析法”，是项目管理中常用的一种方法。它是根据事物在技术或经济方面的主要特征，进行分类排队，分清重点和一般，从而有区别地确定管理方式的一种分析方法。由于它把被分析的对象分成

A、B、C 三类，所以又称为"ABC 分类法"。

假设要对销售的产品进行分析，以确定在已销售的产品中，哪些产品的销售金额在总销售金额中占比较大。具体步骤如下：

1. 创建累计金额计算列

首先，在 Power Pivot 的产品表中，根据不同的产品统计销售金额，如图 6-73 所示。

	产品ID	产品...	销售金额	累计金额	累计百分比	EARLIER排序	ABC分类	
1	38	绿茶	¥149,984.20	¥149,984.20	11.07%	1	A	
2	29	鸭肉	¥107,248.40	¥257,232.60	18.99%	2	A	
3	59	光明奶酪	¥76,296.00	¥333,528.60	24.62%	3	A	
4	60	花奶酪	¥50,286.00	¥383,814.60	28.34%	4	A	
5	62	山渣片	¥49,827.90	¥433,642.50	32.01%	5	A	
6	56	白米	¥45,159.20	¥478,801.70	35.35%	6	A	
7	51	猪肉干	¥44,742.60	¥523,544.30	38.65%	7	A	
8	17	猪肉	¥35,650.20	¥559,194.50	41.28%	8	A	
9	18	墨鱼	¥31,987.50	¥591,182.00	43.65%	9	A	
10	28	烤奶酪	¥26,865.60	¥618,047.60	45.63%	10	A	
11	72	酸奶酪	¥25,738.80	¥643,786.40	47.53%	11	A	
12	43	柳橙汁	¥25,079.20	¥668,865.60	49.38%	12	A	
13	69	黑奶酪	¥24,307.20	¥693,172.80	51.18%	13	B	
14	20	桂花糕	¥23,635.80	¥716,808.60	52.92%	14	B	
15	64	黄豆	¥23,009.00	¥739,817.60	54.62%	15	B	
16	7	海鲜粉	¥22,464.00	¥762,281.60	56.28%	16	B	
17	10	蟹	¥22,140.20	¥784,421.80	57.91%	17	B	
18	26	棉花糖	¥21,534.90	¥805,956.70	59.50%	18	B	
19	53	盐水鸭	¥21,510.20	¥827,466.90	61.09%	19	B	
20	71	意大利奶酪	¥20,876.50	¥848,343.40	62.63%	20	B	

[销售金额] ▼　＝SUMX(FILTER('订单明细','订单明细'[产品]='产品'[产品名称]),'订单明细'[销售额])

图 6-73

接着，根据产品的销售金额进行降序排列，并创建累计金额，如图 6-74 所示。公式如下：

　　＝SUMX（FILTER（'产品'，'产品'［销售金额］＞＝EARLIER（'产品'［销售金额］)),'产品'［销售金额］)

利用 SUMX 函数对产品表中的销售金额进行累加，累加的条件也是一张表，但这张表是用 FILTER 函数生成的虚拟表格，实际上该虚拟表格就是包含了销售金额属性的表格。

为什么累计金额的第一条与销售金额的第一条数据是相同的？因为使用的筛选条件是"＞＝"，相当于"销售金额＞＝销售金额"作为筛选条件。在整个销售金额列中，只有一个条件是满足的，就是它本身，因为该数据是整列中最大的数据。

当指针跳到累计金额第二条时，筛选条件不变，那么"＞＝销售金额"的结果就有两条，因此在第二条中会将第一条和第二条的销售金额数据进行合计。

在此以另一个例子强化对 EARLIER 函数的理解，即在 Power Pivot 中使用 EARLIER 和 FILTER 两个函数对销售金额进行排序。

首先，对销售金额进行降序排列。

其次，利用"［销售金额］＞＝EARLIER［销售金额］"作为筛选条件，第一个单元格只有 1 条记录符合、第二个单元格有 2 条记录符合，等等。

再次，利用 FILTER 函数生成一张表；

最后，利用 COUNTEROWS 函数对生成表的行数进行计算。

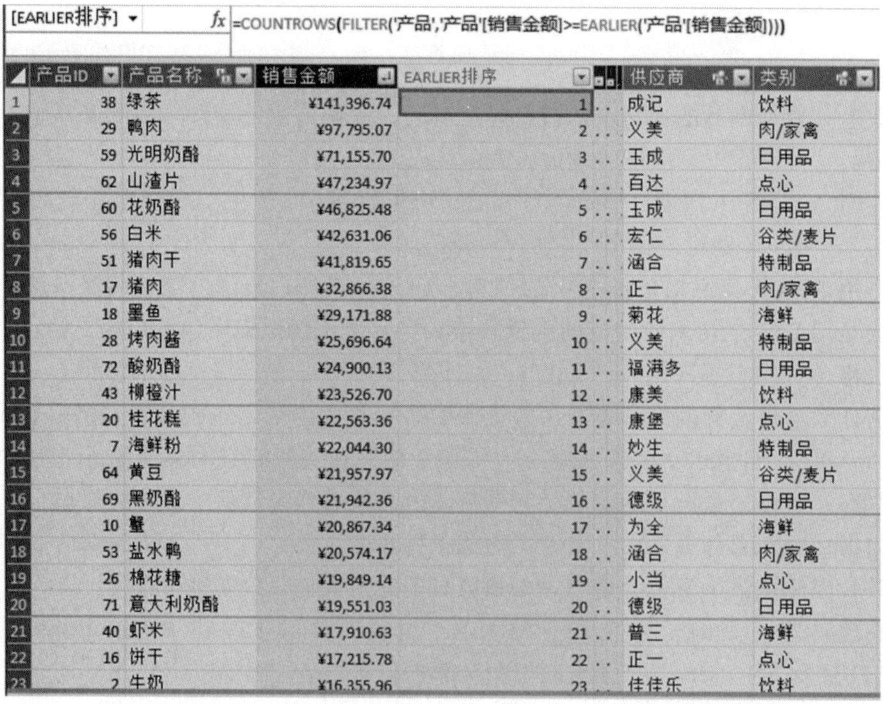

结果如图 6-74 和图 6-75 所示。

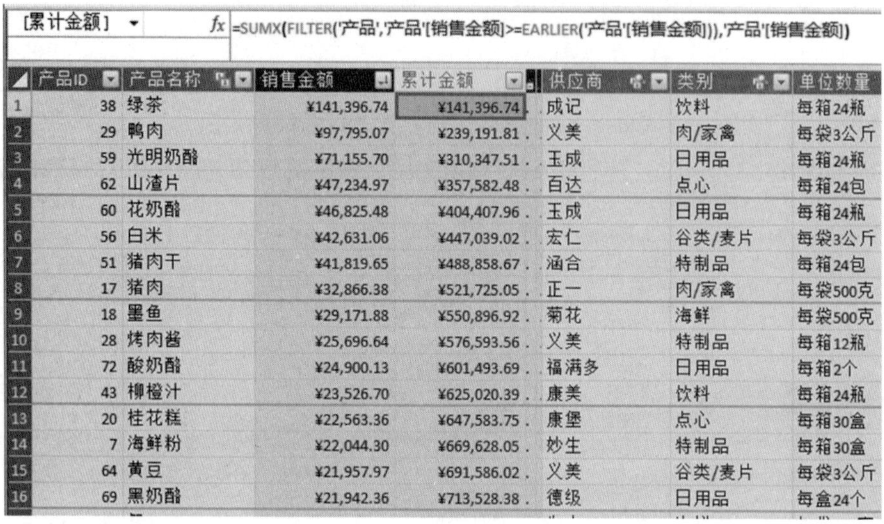

图 6-74

图 6-75

2. 创建累计百分比计算列

创建累计百分比计算列，计算结果如图 6-76 所示。

	产品ID	产品名称	销售金额	累计金额	累计百分比
		fx	=[累计金额]/sum('产品'[销售金额])		
1	38	绿茶	¥141,396.74	¥141,396.74	11.2%
2	29	鸭肉	¥97,795.07	¥239,191.81	18.9%
3	59	光明奶酪	¥71,155.70	¥310,347.51	24.5%
4	62	山渣片	¥47,234.97	¥357,582.48	28.2%
5	60	花奶酪	¥46,825.48	¥404,407.96	31.9%
6	56	白米	¥42,631.06	¥447,039.02	35.3%
7	51	猪肉干	¥41,819.65	¥488,858.67	38.6%
8	17	猪肉	¥32,866.38	¥521,725.05	41.2%
9	18	墨鱼	¥29,171.88	¥550,896.92	43.5%
10	28	烤肉酱	¥25,696.64	¥576,593.56	45.6%
11	72	酸奶酪	¥24,900.13	¥601,493.69	47.5%
12	43	柳橙汁	¥23,526.70	¥625,020.39	49.4%
13	20	桂花糕	¥22,563.36	¥647,583.75	51.2%
14	7	海鲜粉	¥22,044.30	¥669,628.05	52.9%
15	64	黄豆	¥21,957.97	¥691,586.02	54.6%
16	69	黑奶酪	¥21,942.36	¥713,528.38	56.4%

图 6-76

3. 创建 ABC 分类计算列

创建 ABC 分类计算列，计算结果如图 6-77 所示。

	产品ID	产品名称	销售金额	累计金额	累计百分比	ABC分类
		fx	=IF('产品'[累计百分比]<0.5,"A",IF('产品'[累计百分比]<0.7,"B","C"))			
1	38	绿茶	¥141,396.74	¥141,396.74	11.2%	A
2	29	鸭肉	¥97,795.07	¥239,191.81	18.9%	A
3	59	光明奶酪	¥71,155.70	¥310,347.51	24.5%	A
4	62	山渣片	¥47,234.97	¥357,582.48	28.2%	A
5	60	花奶酪	¥46,825.48	¥404,407.96	31.9%	A
6	56	白米	¥42,631.06	¥447,039.02	35.3%	A
7	51	猪肉干	¥41,819.65	¥488,858.67	38.6%	A
8	17	猪肉	¥32,866.38	¥521,725.05	41.2%	A
9	18	墨鱼	¥29,171.88	¥550,896.92	43.5%	A
10	28	烤肉酱	¥25,696.64	¥576,593.56	45.6%	A
11	72	酸奶酪	¥24,900.13	¥601,493.69	47.5%	A
12	43	柳橙汁	¥23,526.70	¥625,020.39	49.4%	A
13	20	桂花糕	¥22,563.36	¥647,583.75	51.2%	B
14	7	海鲜粉	¥22,044.30	¥669,628.05	52.9%	B
15	64	黄豆	¥21,957.97	¥691,586.02	54.6%	B
16	69	黑奶酪	¥21,942.36	¥713,528.38	56.4%	B

图 6-77

图 6-77 公式中的＜0.5、＜0.7 等条件是根据实际分析需求而定。

从计算结果来看，50％的销售金额来自12种产品的销售结果。将增加计算列之后的数据返回透视表中可进行更加深入的分析，如图6-78所示。

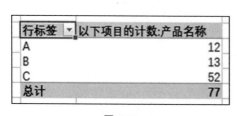

图6-78

图6-79

6.2.4 参数表的创建与应用

假设要用不同的货币呈现产品的销售额情况，则可以考虑使用参数表的方法，结合 HASONEVALUE 函数来实现。

第一，在数据模型中添加货币汇率表，如图6-79所示。

第二，在数据模型的订单明细表中，添加一个度量值，假设名称是"选择与否"，公式如下：

选择与否：＝HASONEVALUE（'货币汇率'［货币］）

计算结果如图6-80所示。

HASONEVALUE 函数的作用在于判断是否选择了某个选项。

第三，根据销售额创建一个新的度量值，名为"不同汇率销售额"，公式如下：

不同汇率销售额：＝IF（［选择与否］，［SUM 求和］/VALUES（'货币汇率'［汇率］），［SUM 求和］）

计算结果如图6-81所示。

VALUES 函数与 HASONEVALUE 函数可配合使用，一旦选择了货币类型，VALUES 函数就会相应地选择对应的汇率值。

第四，为数据模型中的"产品"创建一个数据透视表，如图6-82所示。

第五，将货币汇率表中的"货币"属性设置为切片器，如图6-83所示，当选择不同的货币时，"不同货币销售额"数据列将呈现不同的换算结果。

6.2.5 订单分组分析

如果需要了解每个订单的销售额所在的区间，比如是10000元以上还是5000—10000元之间，在 Excel 中往往可通过添加一个计算辅助列，用 IF 等方式进行判断。但如果分类比较详细，那么 IF、SWITCH 等方法的嵌套就很烦琐，而且订单分类也可能存在动态变化，如要根据客户所在的城市或者地区进行销售额的分类，实现的难

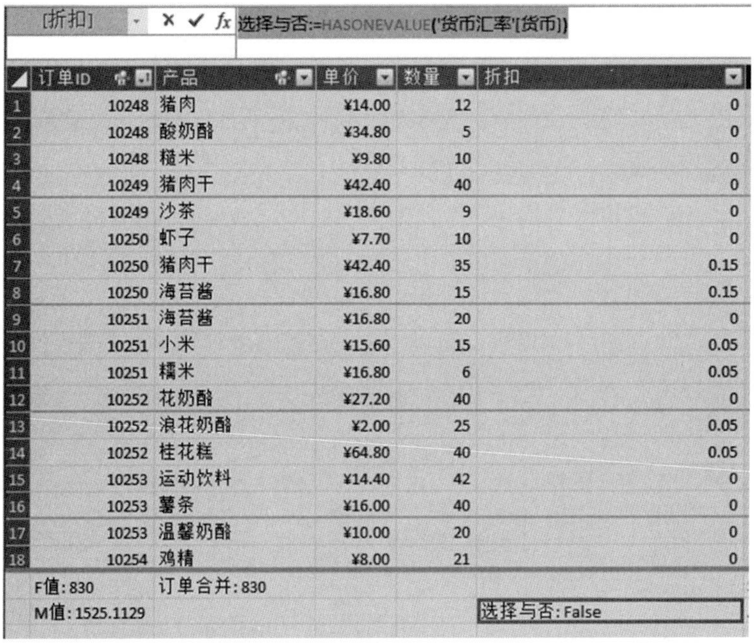

[折扣]　▾　✗ ✓ *fx* 选择与否:=HASONEVALUE('货币汇率'[货币])

	订单ID	产品	单价	数量	折扣
1	10248	猪肉	¥14.00	12	0
2	10248	酸奶酪	¥34.80	5	0
3	10248	糙米	¥9.80	10	0
4	10249	猪肉干	¥42.40	40	0
5	10249	沙茶	¥18.60	9	0
6	10250	虾子	¥7.70	10	0
7	10250	猪肉干	¥42.40	35	0.15
8	10250	海苔酱	¥16.80	15	0.15
9	10251	海苔酱	¥16.80	20	0
10	10251	小米	¥15.60	15	0.05
11	10251	糯米	¥16.80	6	0.05
12	10252	花奶酪	¥27.20	40	0
13	10252	浪花奶酪	¥2.00	25	0.05
14	10252	桂花糕	¥64.80	40	0.05
15	10253	运动饮料	¥14.40	42	0
16	10253	薯条	¥16.00	40	0
17	10253	温馨奶酪	¥10.00	20	0
18	10254	鸡精	¥8.00	21	0

F值: 830　订单合并: 830
M值: 1525.1129　　　　　选择与否: False

图 6-80

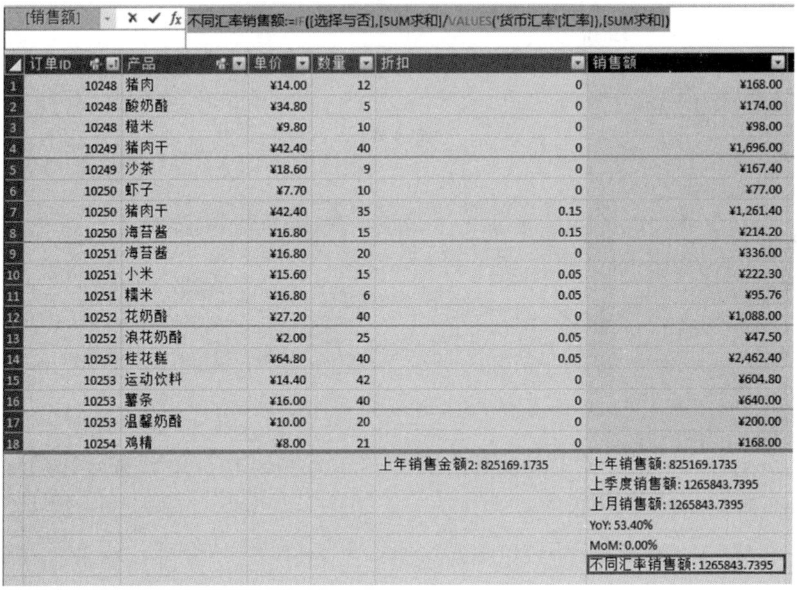

[销售额]　▾　✗ ✓ *fx* 不同汇率销售额:=IF([选择与否],[SUM求和]/VALUES('货币汇率'[汇率]),[SUM求和])

	订单ID	产品	单价	数量	折扣	销售额
1	10248	猪肉	¥14.00	12	0	¥168.00
2	10248	酸奶酪	¥34.80	5	0	¥174.00
3	10248	糙米	¥9.80	10	0	¥98.00
4	10249	猪肉干	¥42.40	40	0	¥1,696.00
5	10249	沙茶	¥18.60	9	0	¥167.40
6	10250	虾子	¥7.70	10	0	¥77.00
7	10250	猪肉干	¥42.40	35	0.15	¥1,261.40
8	10250	海苔酱	¥16.80	15	0.15	¥214.20
9	10251	海苔酱	¥16.80	20	0	¥336.00
10	10251	小米	¥15.60	15	0.05	¥222.30
11	10251	糯米	¥16.80	6	0.05	¥95.76
12	10252	花奶酪	¥27.20	40	0	¥1,088.00
13	10252	浪花奶酪	¥2.00	25	0.05	¥47.50
14	10252	桂花糕	¥64.80	40	0.05	¥2,462.40
15	10253	运动饮料	¥14.40	42	0	¥604.80
16	10253	薯条	¥16.00	40	0	¥640.00
17	10253	温馨奶酪	¥10.00	20	0	¥200.00
18	10254	鸡精	¥8.00	21	0	¥168.00

上年销售金额2: 825169.1735　上年销售额: 825169.1735
上季度销售额: 1265843.7395
上月销售额: 1265843.7395
YoY: 53.40%
MoM: 0.00%
不同汇率销售额: 1265843.7395

图 6-81

度就更大。

假设 Power Pivot 中已经创建了订单分类表，如图 6-84 所示。

	A	B	C
1	产品	销售额(人民币)	不同汇率销售额
2	白米	42631.06	42631.06
3	白奶酪	8404.16	8404.16
4	饼干	17215.78	17215.7755
5	糙米	8575.00	8575
6	大众奶酪	12733.77	12733.77
7	蛋糕	3967.58	3967.58
8	德国奶酪	12257.66	12257.66
9	蕃茄酱	3044.00	3044
10	干贝	2688.40	2688.4
11	光明奶酪	71155.70	71155.7
12	桂花糕	22563.36	22563.36
13	海参	5881.68	5881.675
14	海苔酱	13869.89	13869.89
15	海鲜粉	22044.30	22044.3
16	海鲜酱	14352.60	14352.6
17	海哲皮	3997.20	3997.2
18	蚝油	9915.95	9915.945
19	黑奶酪	21942.36	21942.36
20	胡椒粉	12772.00	12772
21	花奶酪	46825.48	46825.48
22	花生	9104.00	9104
23	黄豆	21957.97	21957.9675
24	黄鱼	13424.20	13424.1975

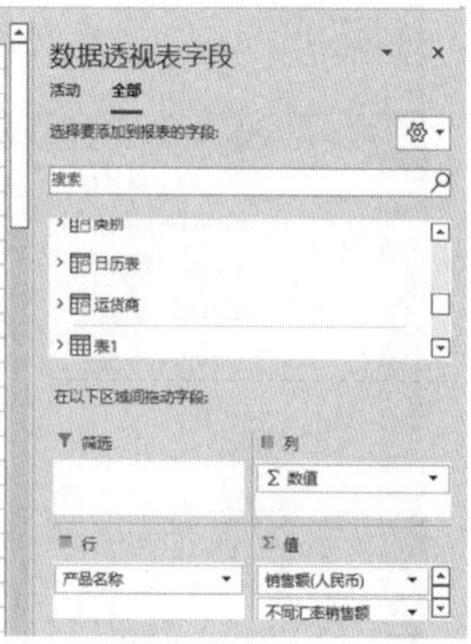

图 6-82

产品	销售额(人民币)	不同汇率销售额
白米	42631.06	6297.0547
白奶酪	8404.16	1241.3826
饼干	17215.78	2542.9506
糙米	8575.00	1266.6174
大众奶酪	12733.77	1880.9114
蛋糕	3967.58	586.0532
德国奶酪	12257.66	1810.5849
蕃茄酱	3044.00	449.6307
干贝	2688.40	397.1049
光明奶酪	71155.70	10510.4431
桂花糕	22563.36	3332.8449
海参	5881.68	868.7851
海苔酱	13869.89	2048.7282
海鲜粉	22044.30	3256.1743
海鲜酱	14352.60	2120.0295
海哲皮	3997.20	590.4284
蚝油	9915.95	1464.6891
黑奶酪	21942.36	3241.1167
胡椒粉	12772.00	1886.5583
花奶酪	46825.48	6916.6145
花生	9104.00	1344.7563

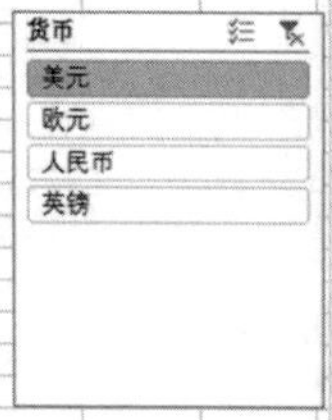

产品	销售额(人民币)	不同汇率销售额
白米	42631.06	4861.0103
白奶酪	8404.16	958.2851
饼干	17215.78	1963.0303
糙米	8575.00	977.7651
大众奶酪	12733.77	1451.9692
蛋糕	3967.58	452.4036
德国奶酪	12257.66	1397.6807
蕃茄酱	3044.00	347.0924
干贝	2688.40	306.545
光明奶酪	71155.70	8113.5348
桂花糕	22563.36	2572.7891
海参	5881.68	670.6585
海苔酱	13869.89	1581.5154
海鲜粉	22044.30	2513.6032
海鲜酱	14352.60	1636.5564
海哲皮	3997.20	455.7811
蚝油	9915.95	1130.6665
黑奶酪	21942.36	2501.9795
胡椒粉	12772.00	1456.3284
花奶酪	46825.48	5339.2794
花生	9104.00	1038.0844
黄豆	21957.97	2503.7591

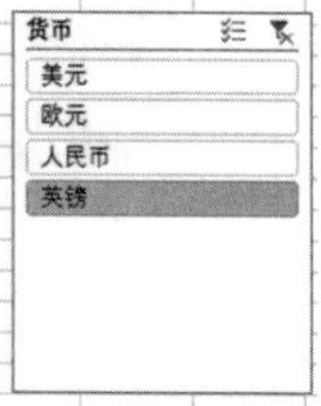

图 6-83

	订单分类	最小值	最大值
1	<1千	0	1000
2	1千-5千	1000	5000
3	5千-1万	5000	10000
4	>1万	10000	999999999

图 6-84

在订单表中，根据订单汇总的计算列“订单总额”和订单数量创建的度量值如图6-85所示，所使用的公式如下：

=COUNTA（‘订单’[订单 ID]）

根据已有条件，对每个订单的订单总额进行分类，公式如下：

=CALCULATE(VALUES('订单分类'[订单分类]),FILTER('订单分类','订单'[订单总额]

>=

'订单分类'[最小值]&&'订单'[订单总额]<'订单分类'[最大值]))

其中，VALUES 函数获取的是订单分类表中的订单分类列，使用 CALCULATE

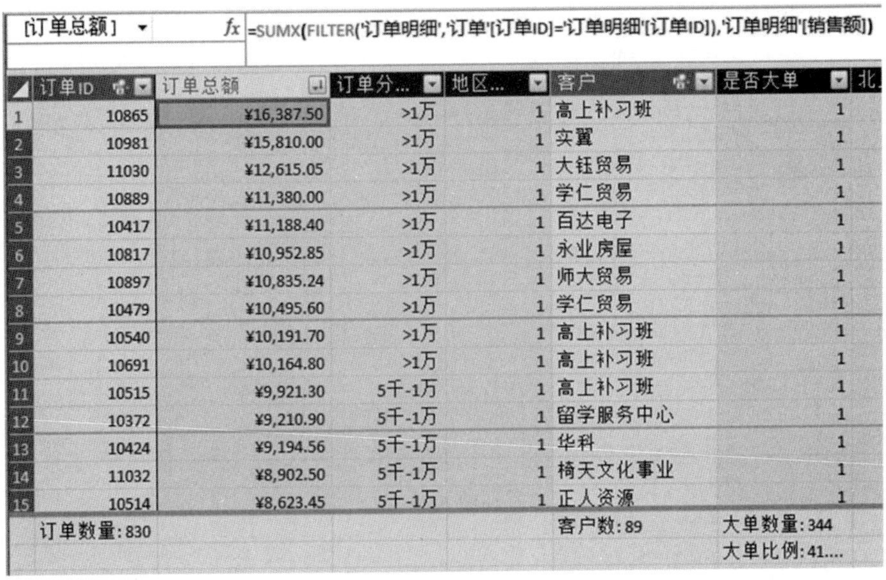

[订单总额]　fx =SUMX(FILTER('订单明细','订单'[订单ID]='订单明细'[订单ID]),'订单明细'[销售额])

	订单ID	订单总额	订单分…	地区…	客户	是否大单	北…
1	10865	¥16,387.50	>1万	1	高上补习班	1	
2	10981	¥15,810.00	>1万	1	实翼	1	
3	11030	¥12,615.05	>1万	1	大钰贸易	1	
4	10889	¥11,380.00	>1万	1	学仁贸易	1	
5	10417	¥11,188.40	>1万	1	百达电子	1	
6	10817	¥10,952.85	>1万	1	永业房屋	1	
7	10897	¥10,835.24	>1万	1	师大贸易	1	
8	10479	¥10,495.60	>1万	1	学仁贸易	1	
9	10540	¥10,191.70	>1万	1	高上补习班	1	
10	10691	¥10,164.80	>1万	1	高上补习班	1	
11	10515	¥9,921.30	5千-1万	1	高上补习班	1	
12	10372	¥9,210.90	5千-1万	1	留学服务中心	1	
13	10424	¥9,194.56	5千-1万	1	华科	1	
14	11032	¥8,902.50	5千-1万	1	椅天文化事业	1	
15	10514	¥8,623.45	5千-1万	1	正人资源	1	
	订单数量:830				客户数:89	大单数量:344 大单比例:41....	

图 6-85

函数后，用 FILTER 函数的运行结果对 VALUES 的结果进行过滤。结果如图 6-86 所示。

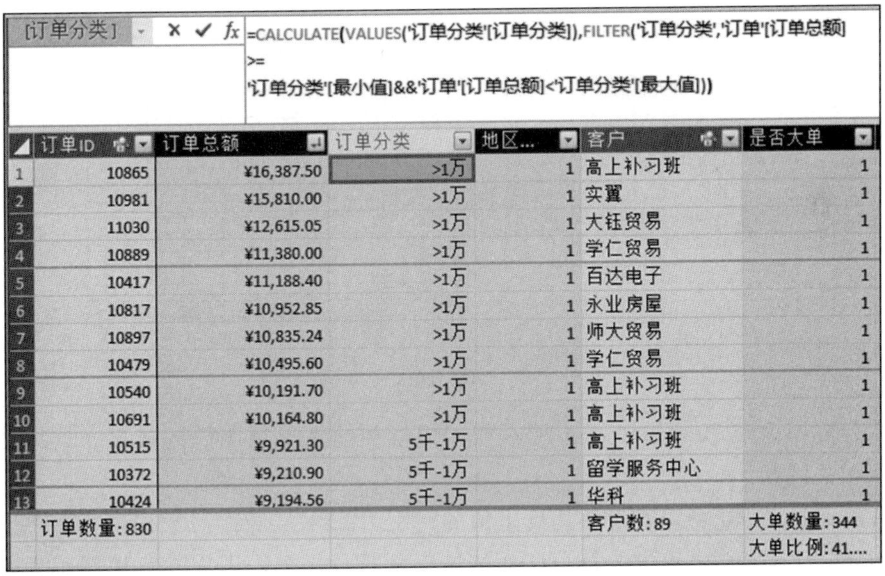

[订单分类]　fx =CALCULATE(VALUES('订单分类'[订单分类]),FILTER('订单分类','订单'[订单总额]
>=
'订单分类'[最小值]&&'订单'[订单总额]<'订单分类'[最大值]))

	订单ID	订单总额	订单分类	地区…	客户	是否大单
1	10865	¥16,387.50	>1万	1	高上补习班	1
2	10981	¥15,810.00	>1万	1	实翼	1
3	11030	¥12,615.05	>1万	1	大钰贸易	1
4	10889	¥11,380.00	>1万	1	学仁贸易	1
5	10417	¥11,188.40	>1万	1	百达电子	1
6	10817	¥10,952.85	>1万	1	永业房屋	1
7	10897	¥10,835.24	>1万	1	师大贸易	1
8	10479	¥10,495.60	>1万	1	学仁贸易	1
9	10540	¥10,191.70	>1万	1	高上补习班	1
10	10691	¥10,164.80	>1万	1	高上补习班	1
11	10515	¥9,921.30	5千-1万	1	高上补习班	1
12	10372	¥9,210.90	5千-1万	1	留学服务中心	1
13	10424	¥9,194.56	5千-1万	1	华科	1
	订单数量:830				客户数:89	大单数量:344 大单比例:41....

图 6-86

将数据返回到 Excel 的数据透视表中，即可从不同角度如城市、地区等观察销售额的分类情况，如图 6-87 所示。

图 6-87

6.2.6　排名分析

前文已经介绍了数据排名的各种方法，如自定义序列排名、中国式排名（使用 RANK 函数），甚至可以使用 COUNTIF 函数进行排名，分为有重复序列和无重复序列的排名，如图 6-88 所示。

(a)　　　　　　　　　　　　　(b)

图 6-88

结合使用 RANK 函数，可实现对相同销售额的无重复序列的排名，具体请参见第 4 章相关内容。

在 Power Pivot 中，通过创建度量值和使用 RANKX 函数对数据进行排名。假设要对 Power Pivot 订单表中的每个产品的销售额进行排名，则先在订单明细表中创建一个度量值，如图 6-89 所示。

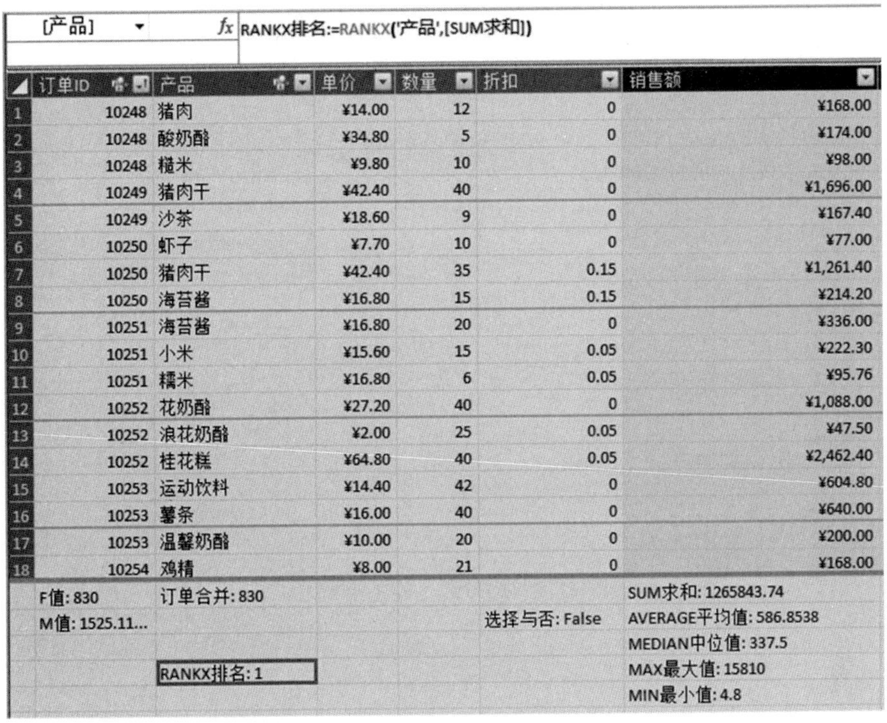

	订单ID	产品	单价	数量	折扣	销售额
1	10248	猪肉	¥14.00	12	0	¥168.00
2	10248	酸奶酪	¥34.80	5	0	¥174.00
3	10248	糙米	¥9.80	10	0	¥98.00
4	10249	猪肉干	¥42.40	40	0	¥1,696.00
5	10249	沙茶	¥18.60	9	0	¥167.40
6	10250	虾子	¥7.70	10	0	¥77.00
7	10250	猪肉干	¥42.40	35	0.15	¥1,261.40
8	10250	海苔酱	¥16.80	15	0.15	¥214.20
9	10251	海苔酱	¥16.80	20	0	¥336.00
10	10251	小米	¥15.60	15	0.05	¥222.30
11	10251	糯米	¥16.80	6	0.05	¥95.76
12	10252	花奶酪	¥27.20	40	0	¥1,088.00
13	10252	浪花奶酪	¥2.00	25	0.05	¥47.50
14	10252	桂花糕	¥64.80	40	0.05	¥2,462.40
15	10253	运动饮料	¥14.40	42	0	¥604.80
16	10253	薯条	¥16.00	40	0	¥640.00
17	10253	温馨奶酪	¥10.00	20	0	¥200.00
18	10254	鸡精	¥8.00	21	0	¥168.00

图 6-89

将数据返回到 Excel 透视表，发现 RANKX 排名全部为“1”，如图 6-90 所示。这是因为本例中，RANKX 对应的是产品表，产品表中的产品名称是唯一的，返回的结果是一张单一记录的数据表，所以其结果是“1”。

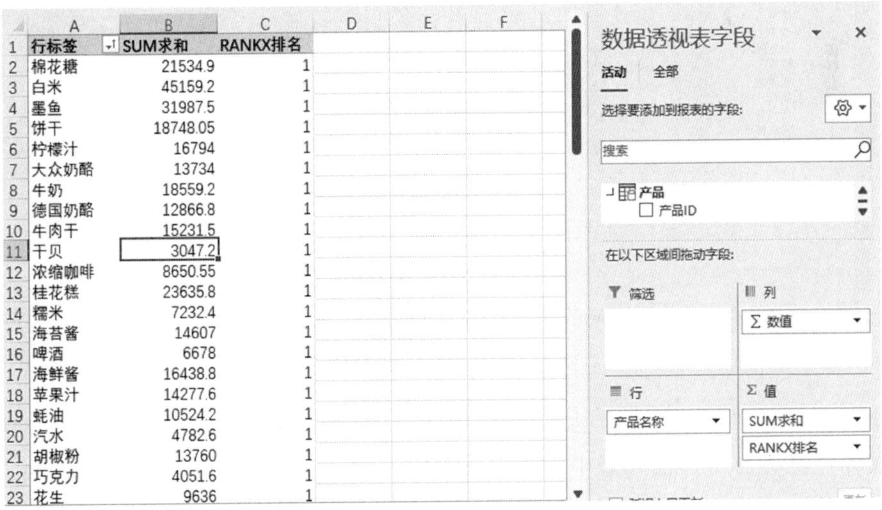

	A	B	C
1	行标签	SUM求和	RANKX排名
2	棉花糖	21534.9	1
3	白米	45159.2	1
4	墨鱼	31987.5	1
5	饼干	18748.05	1
6	柠檬汁	16794	1
7	大众奶酪	13734	1
8	牛奶	18559.2	1
9	德国奶酪	12866.8	1
10	牛肉干	15231.5	1
11	干贝	3047.2	1
12	浓缩咖啡	8650.55	1
13	桂花糕	23635.8	1
14	糯米	7232.4	1
15	海苔酱	14607	1
16	啤酒	6678	1
17	海鲜酱	16438.8	1
18	苹果汁	14277.6	1
19	蚝油	10524.2	1
20	汽水	4782.6	1
21	胡椒粉	13760	1
22	巧克力	4051.6	1
23	花生	9636	1

图 6-90

如果要让真正的结果显示出来，需要在 RANKX 函数中使用 ALL 参数，让单一记录表中的数据置于所有的相关数据中进行排名，度量值公式改为：

RANKX 排名：＝RANKX(ALL('产品')，[SUM 求和])

返回透视表查看到的结果如图 6-91 所示。

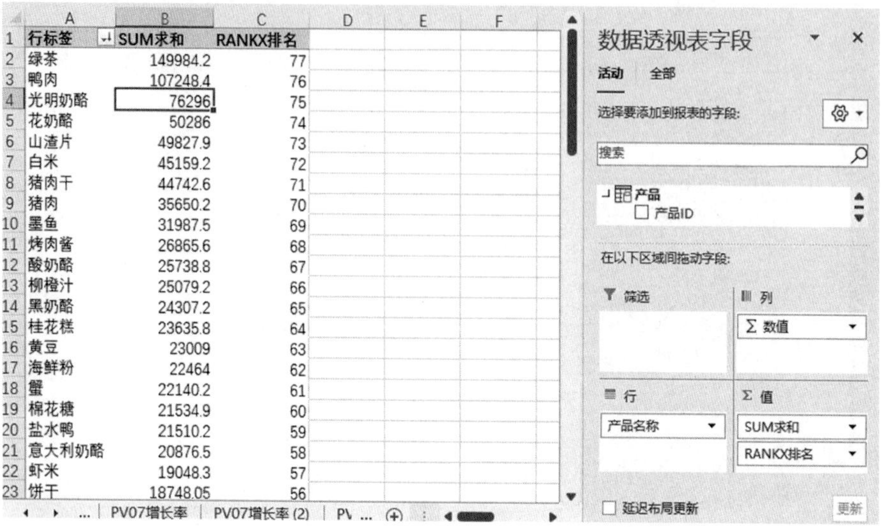

图 6-91

再利用产品分类对透视表中的数据进行切片，如图 6-92 所示。

图 6-92

当在切片器中选择某类产品如"点心"时，发现 RANKX 排名保留的是该类产品中某具体产品在整个产品列表中的排名，而非该产品在该类产品中的重新排名。重新将度量值的公式修改如下：

RANKX 排名：＝RANKX(ALLSELECTED('产品')，[SUM 求和])

返回透视表区域所看到的排名结果就是某类产品中各种产品销售额的排名情况，

如图 6-93 所示。

图 6-93

在透视表区域，"总计"一行也会出现 RANKX 排名，可以通过增加判断是否有值存在的方法进行消除，增加一个 HASONEVALUE 的度量值，如图 6-94 所示。

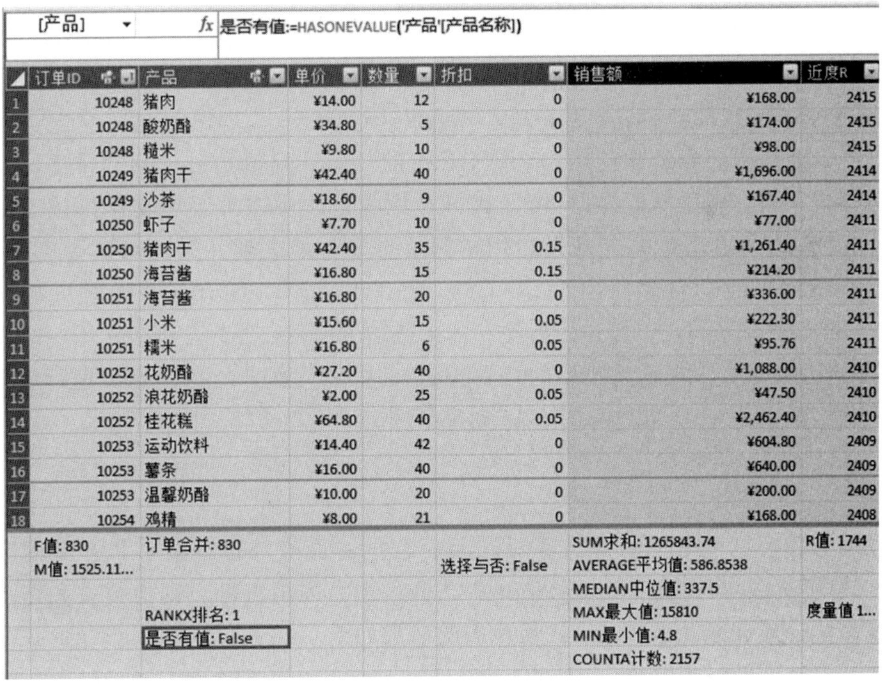

图 6-94

对 RANKX 排名度量值进行修正，如图 6-95 所示。

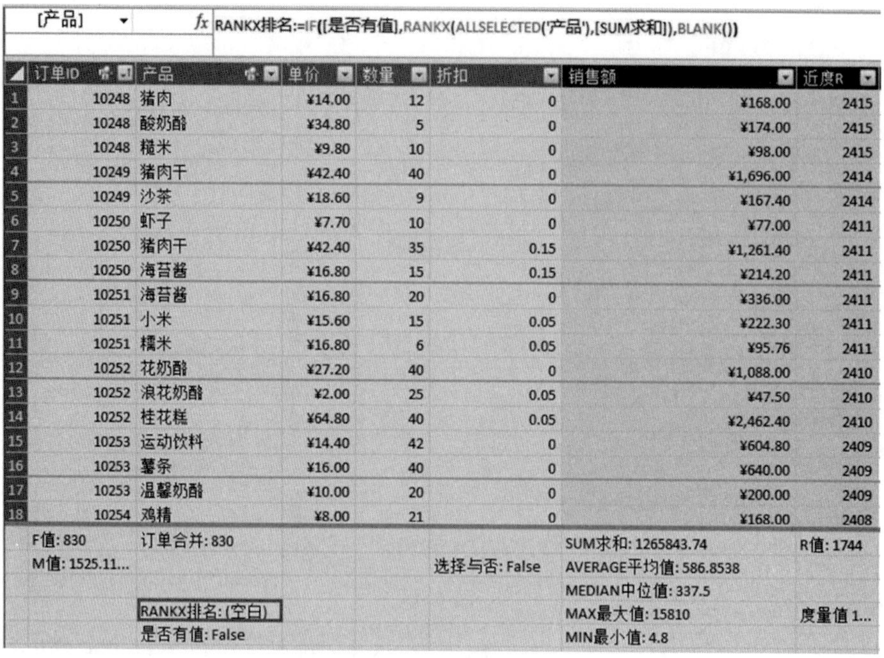

[产品] ▾ fx RANKX排名:=IF([是否有值],RANKX(ALLSELECTED('产品'),[SUM求和]),BLANK())

	订单ID	产品	单价	数量	折扣	销售额	近度R
1	10248	猪肉	¥14.00	12	0	¥168.00	2415
2	10248	酸奶酪	¥34.80	5	0	¥174.00	2415
3	10248	糙米	¥9.80	10	0	¥98.00	2415
4	10249	猪肉干	¥42.40	40	0	¥1,696.00	2414
5	10249	沙茶	¥18.60	9	0	¥167.40	2414
6	10250	虾子	¥7.70	10	0	¥77.00	2411
7	10250	猪肉干	¥42.40	35	0.15	¥1,261.40	2411
8	10250	海苔酱	¥16.80	15	0.15	¥214.20	2411
9	10251	海苔酱	¥16.80	20	0	¥336.00	2411
10	10251	小米	¥15.60	15	0.05	¥222.30	2411
11	10251	糯米	¥16.80	6	0.05	¥95.76	2411
12	10252	花奶酪	¥27.20	40	0	¥1,088.00	2410
13	10252	浪花奶酪	¥2.00	25	0.05	¥47.50	2410
14	10252	桂花糕	¥64.80	40	0.05	¥2,462.40	2410
15	10253	运动饮料	¥14.40	42	0	¥604.80	2409
16	10253	薯条	¥16.00	40	0	¥640.00	2409
17	10253	温馨奶酪	¥10.00	20	0	¥200.00	2409
18	10254	鸡精	¥8.00	21	0	¥168.00	2408

F值: 830　订单合并: 830　SUM求和: 1265843.74　R值: 1744
M值: 1525.11...　选择与否: False　AVERAGE平均值: 586.8538
MEDIAN中位值: 337.5
RANKX排名: (空白)　MAX最大值: 15810　度量值 1...
是否有值: False　MIN最小值: 4.8

图 6-95

"是否有值"度量值的作用在于判断透视表中的产品名称是否在产品表中存在，如果存在，则使用 RANKX 函数进行排名；如果不存在，则为空白。RANKX 函数有五个参数，其命令格式如下：

RANKX(〈table〉,〈expression〉[,〈value〉[,〈order〉[,〈ties〉]]])

其中，前两个参数经常使用。VALUE 指的是用一列值给另一列值排序，类似动态排序，若不用，则添加逗号即可。ORDER 用的是 ASC（升序）或者 DESC（降序）排列。TIES 的作用就是确定是否使用中国式排名，如碰到并列同名次是否跳过去。TIES 的参数有两个，如果使用 SKIP 参数，表示跳过去，如有五个数据并列排第 11 名，之后的排名将从第 16 名开始标注；如果使用 DENSE 参数，则表示下一个排名将从第 12 名开始标注。如要将排序的结果按 ASC 排列，如图 6-96 所示，运行后在透视表中的结果如图 6-97 所示，与图 6-93 明显不同。

6.2.7 TopN 分析

在数据分析过程中，经常需要对产品、客户的价值进行分析，如产品的销售情况、客户的购买情况。在 Power Pivot 中，假设产品的销售额、销售数量和订单数量三个度量值已经创建，返回 Excel 透视表的结果如图 6-98 所示。

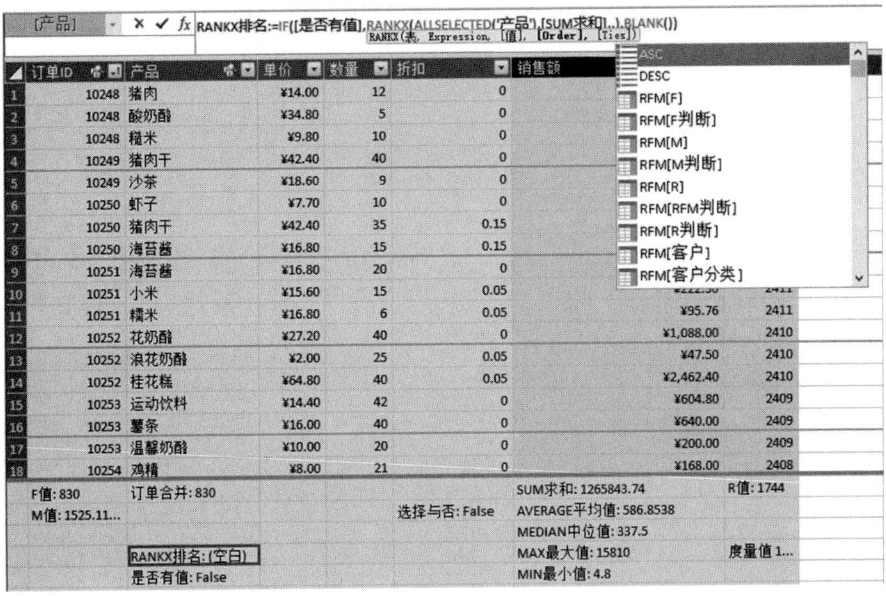

图 6-96

图 6-97

其中，"公司名称"属性来自客户表，"SUM 求和""销售数量""订单量"来自"订单明细"中的度量值，切片器"类别名称"来自类别表，切片器"订购日期（年）"来自订单表新增的计算字段（并非来自日历表中的字段）。

在 Excel 透视表环境下，若要获取前 N 名的数据，可以右单击"行标签"，选择其中的"值筛选"，单击"前 10 项"，如图 6-99 所示。

图 6-98

图 6-99

在筛选对话框中，根据需要选择前 10 项或其他数目项，然后再选择相关的依据，如 "SUM 求和"（即销售额总和）、"销售数量" 等，如图 6-100 所示。

图 6-100

点击"确定"后得到的结果如图 6-101 所示。

图 6-101

通过两个切片器，可以从不同的维度查看前 10 名客户的购买量等情况。但如果要改变查看的值类型，或者要更改 n 的数目，如前 5 名的客户购买量，则需要重新进行筛选。可以通过创建两个新的参数数据表进行优化，如图 6-102 所示，Power Pivot 新增的两个数据表名称是"前 N 名"和"排序依据"。

[前N名] ▼		fx
◢ 前N名 ▼	添加列	
1	5	
2	10	
3	15	
4	20	

[排序依据] ▼		
◢ 排序依据 ▼	ID ▼	◢
1	SUM求和	1
2	销售数量	2
3	订单量	3

　　　　　(a)　　　　　　　　　　　(b)

图 6-102

返回数据透视表区域，添加两个切片器，如图 6-103 所示。

行标签 ▼	SUM求和	销售数量	订单量
高上补习班	110277.31	3961	28
大钰贸易	104361.95	4958	31
正人资源	104874.98	4543	30
华科	28872.19	966	13
五洲信托	29567.56	1234	19
学仁贸易	51097.80	1383	18
师大贸易	49979.91	1684	19
实翼	32841.37	839	14
椅天文化事业	27363.61	1063	14
永业房屋	30908.38	903	14
总计	570145.05	21534	200

类别名称：点心、谷类/麦片、海鲜、日用品、肉/家禽、特制品、调味品、饮料

订购日期(年)：2012、2013、2014

排序依据：SUM求和、订单量、销售数量

前N名：5、10、15、20

图 6-103

但还无法实现正常的数据筛选与展现。回到 Power Pivot 中，增加相关度量值之后再进一步进行数据透视。

在排序依据中，添加 MINID 度量值和 SWITCHID 度量值，如图 6-104 所示。

(a)   (b)

图 6-104

SWITCH 函数依据所选的 ID 值获取相应的排序依据的值，如选择 "2" 时，真正的值是 "销售数量"。

再利用 RANKX 函数和 SUMMARIZE 函数创建 RANKXID 度量值，对客户进行唯一值计算，如图 6-105 所示。

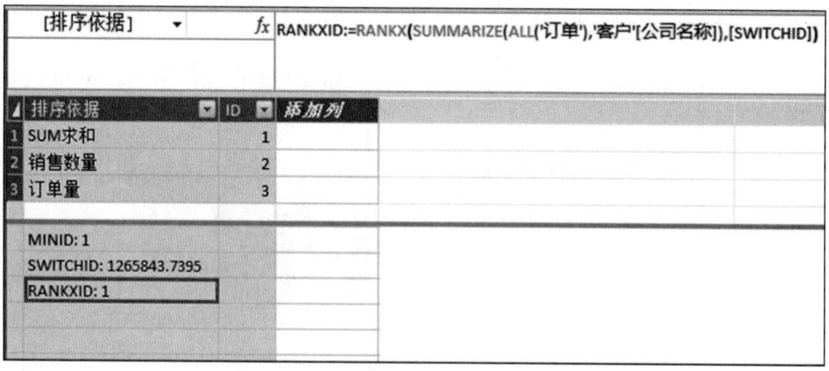

图 6-105

SUMMARIZE 函数的作用是对订单中的销售额进行汇总计算，汇总的依据是客户表中的公司名称属性。

RANKX 函数的作用是对 SUMMARIZE 函数的结果依据 SWITCHID 函数的结果进行排序。

返回数据透视表，如图 6-106 所示。

图 6-106

看到切片器"排序依据"已经生效，但切片器"前 N 名"仍未生效，而且"排序依据"切片器的选项被选中后，RANKXID 并不是按照所选的依据进行排序，如序号从 9 直接跳到 13，这是不合理的。下面进一步实现"前 N 名"的切片器以及优化。

在 Power Pivot 的"前 N 名"表中添加度量值，名为"TOPMIN"和"MINN"，如图 6-107 所示。

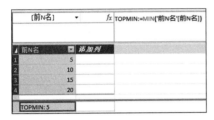

图 6-107

IF 的作用主要在于判断 RANKXID 的值是否在 TOPMIN 度量值的范围之内。比如，RANKXID 的结果是 6，而 TOPMIN 度量值选择的是 5，那么"＜＝"的运算结果为 FALSE，结果为 0，不会让该记录显示在前 5 名的列表中。

返回透视表，再单击切片器"前 N 名"时，仍是无效的。

选择"行标签"中的"值筛选"，再选择其中的"等于"，如图 6-108 所示。

图 6-108

在"值筛选"对话框中选择"MINN""等于""1"，作为显示的条件。MINN 指的是如图 6-107 所示的计算结果，只有结果等于"1"的时候才允许显示，如图 6-109 所示。

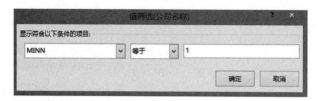

图 6-109

点击"确定"后，可以看到几个切片器都已经生效了，如图 6-110 和图 6-111 所示。

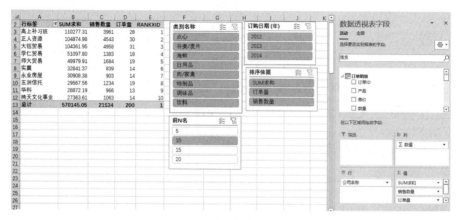

图 6-110

图 6-111

针对图 6-111 中出现的排列序号不连续的问题，可参考前文关于 RANKX 函数参数修正的方法，即将 ALL 参数更改为 ALLSELECTED 参数，如图 6-112 所示。

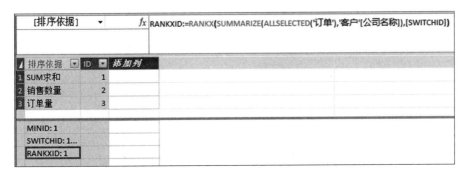

图 6-112

TopN 函数达到的效果与 RANKX 函数类似，它的命令格式如下：

TOPN(⟨n_value⟩, ⟨table⟩, ⟨orderBy_expression⟩, [⟨order⟩[, ⟨orderBy_expression⟩, [⟨order⟩]]···])

其中，n _ value 表示返回的记录行数。TopN 的特别之处是返回的不是值，而是前 N 行的表，所以需要与 CALCULATE 或其他计算类函数结合起来使用。

沿用上面的例子，如何求排名前 5 的城市的销售量呢？公式如下：

[前 5 名销售量] = Calculate([销售量], TopN(5, all('区域负责人名单'), [销售量]))

TopN 返回的表更改了矩阵表中的初始上下文，所以每一行的结果都为 136。也许你会问：这样的计算有什么用？用传统的 Excel 方法也可以很容易算出来。我们现在来做一件有意义的事，创建一个度量值即前五名城市销售量占比，利用学过的 All 函数使 Divide 的分母为所有城市的总销售量，做一个折线图，横轴为日历表中的年月，这样就会得到这个占比。

6.2.8　FRY 分析

对于许多公司来说，FRY 分析至关重要。因为公司的销售总额往往是通过下列公式计算获得的：

销售总额＝客户数量×客户花费×客户消费频率

FRY 的具体含义如下：

（1）Frequency，表示客户到访或达成交易的频率，往往考察的是重复购买的次数或"回头客"的数量以及客户返回的频率。

（2）Reach，表示所拥有的客户数量，往往考察的是给定的一段时间内的客户数量。

（3）Yield，表示客户消费数量，往往考察的是用户是否转化为实际购买者的情况。

FRY 也可称为 RFY。在 Power Pivot 中可为 R、F、Y 这三个参数分别创建度量值。假设要根据公司销售雇员考察其客户的 RFY 指标，则应根据订单表中的客户创建 R 指标，以及根据 R 指标创建 F 指标（F＝订单数量/R）、Y 指标（Y＝订单金额/订单非重复计数）。三个度量值的创建如图 6-113 所示。

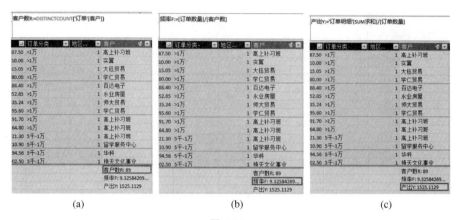

| (a) | (b) | (c) |

图 6-113

将订单中的相关数据、度量值返回数据透视表中，并根据需要对 R、F、Y 进行相应的排序，如图 6-114 所示。

行标签	SUM求和	客户数R	频率F	产出Y
张雪眉	78186.07	29	1.5	1777.0
王伟	166537.76	59	1.6	1734.8
金士鹏	124568.24	45	1.6	1730.1
赵军	68792.28	29	1.4	1637.9
李芳	202812.84	62	2.0	1597.0
张颖	192488.30	66	1.9	1552.3
郑建杰	231682.85	74	2.1	1504.4
刘英玫	126862.28	56	1.9	1219.8
孙林	73913.13	43	1.6	1103.2
总计	1265843.74	89	9.3	1525.1

图 6-114

通过透视表，可进行进一步分析，如有些雇员所拥有的客户数不是最多的，但是其产出比是最高的；有些客户的购买频率很高，但是其产出比却不高……针对不同的 RFY 状况，可采取必要的措施进行纠正或强化。

6.2.9　预测分析

1. 计算移动平均

通过链接回表等方式，在 Power Pivot 中添加当天销售额表，如图 6-115 所示。

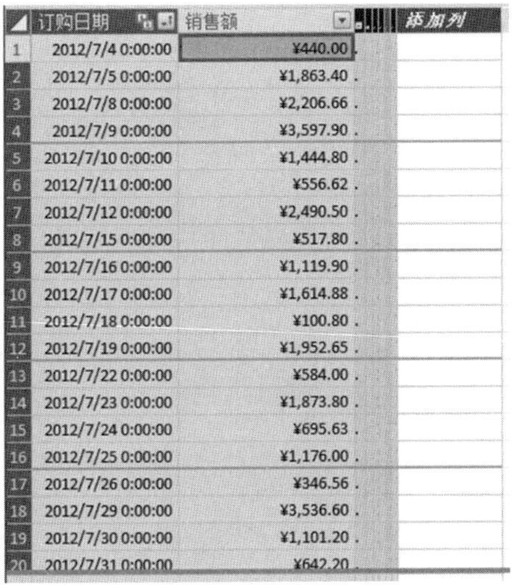

	订购日期	销售额	添加列
1	2012/7/4 0:00:00	¥440.00	
2	2012/7/5 0:00:00	¥1,863.40	
3	2012/7/8 0:00:00	¥2,206.66	
4	2012/7/9 0:00:00	¥3,597.90	
5	2012/7/10 0:00:00	¥1,444.80	
6	2012/7/11 0:00:00	¥556.62	
7	2012/7/12 0:00:00	¥2,490.50	
8	2012/7/15 0:00:00	¥517.80	
9	2012/7/16 0:00:00	¥1,119.90	
10	2012/7/17 0:00:00	¥1,614.88	
11	2012/7/18 0:00:00	¥100.80	
12	2012/7/19 0:00:00	¥1,952.65	
13	2012/7/22 0:00:00	¥584.00	
14	2012/7/23 0:00:00	¥1,873.80	
15	2012/7/24 0:00:00	¥695.63	
16	2012/7/25 0:00:00	¥1,176.00	
17	2012/7/26 0:00:00	¥346.56	
18	2012/7/29 0:00:00	¥3,536.60	
19	2012/7/30 0:00:00	¥1,101.20	
20	2012/7/31 0:00:00	¥642.20	

图 6-115

对订购日期进行排序后，添加计算列“日期序列”，计算公式及结果如图 6-116 所示。

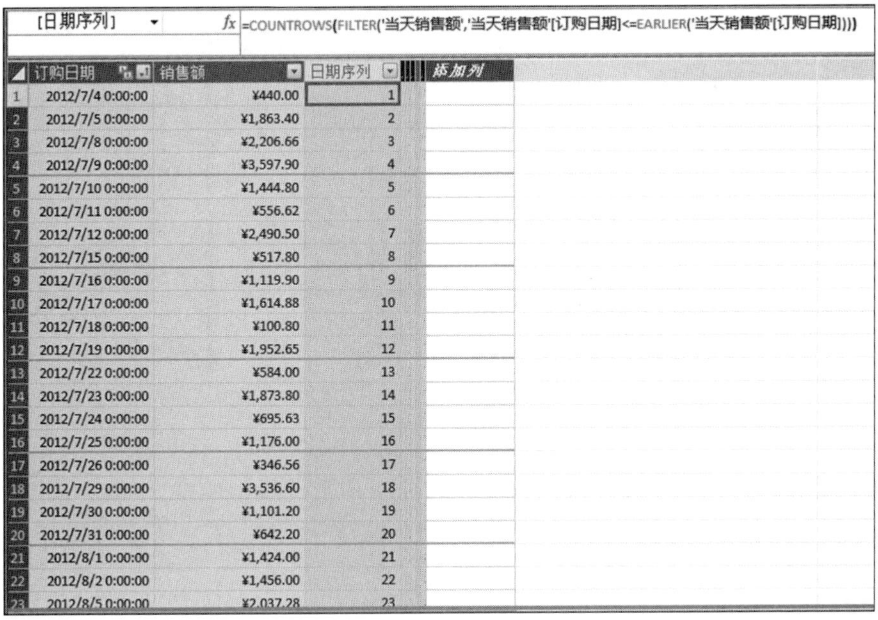

[日期序列]　fx =COUNTROWS(FILTER('当天销售额','当天销售额'[订购日期]<=EARLIER('当天销售额'[订购日期])))

	订购日期	销售额	日期序列	添加列
1	2012/7/4 0:00:00	¥440.00	1	
2	2012/7/5 0:00:00	¥1,863.40	2	
3	2012/7/8 0:00:00	¥2,206.66	3	
4	2012/7/9 0:00:00	¥3,597.90	4	
5	2012/7/10 0:00:00	¥1,444.80	5	
6	2012/7/11 0:00:00	¥556.62	6	
7	2012/7/12 0:00:00	¥2,490.50	7	
8	2012/7/15 0:00:00	¥517.80	8	
9	2012/7/16 0:00:00	¥1,119.90	9	
10	2012/7/17 0:00:00	¥1,614.88	10	
11	2012/7/18 0:00:00	¥100.80	11	
12	2012/7/19 0:00:00	¥1,952.65	12	
13	2012/7/22 0:00:00	¥584.00	13	
14	2012/7/23 0:00:00	¥1,873.80	14	
15	2012/7/24 0:00:00	¥695.63	15	
16	2012/7/25 0:00:00	¥1,176.00	16	
17	2012/7/26 0:00:00	¥346.56	17	
18	2012/7/29 0:00:00	¥3,536.60	18	
19	2012/7/30 0:00:00	¥1,101.20	19	
20	2012/7/31 0:00:00	¥642.20	20	
21	2012/8/1 0:00:00	¥1,424.00	21	
22	2012/8/2 0:00:00	¥1,456.00	22	
23	2012/8/5 0:00:00	¥2,037.28	23	

图 6-116

再创建"移动平均"计算列，其公式及运行效果如图 6-117 所示。

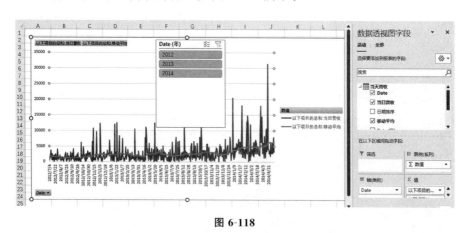

| [移动平均] | ▼ | fx | =AVERAGEX(FILTER('当天销售额','当天销售额'[日期序列])>=EARLIER('当天销售额'[日期序列])-30 && '当天销售额'[日期序列])<=EARLIER('当天销售额'[日期序列])),'当天销售额'[销售额]) |

	订购日期	销售额	日期序列	移动平均	添加列
16	2012/7/25 0:00:00	¥1,176.00	16	¥1,389.71	
17	2012/7/26 0:00:00	¥346.56	17	¥1,328.35	
18	2012/7/29 0:00:00	¥3,536.60	18	¥1,451.03	
19	2012/7/30 0:00:00	¥1,101.20	19	¥1,432.62	
20	2012/7/31 0:00:00	¥642.20	20	¥1,393.00	
21	2012/8/1 0:00:00	¥1,424.00	21	¥1,394.57	
22	2012/8/2 0:00:00	¥1,456.00	22	¥1,397.36	
23	2012/8/5 0:00:00	¥2,037.28	23	¥1,425.18	
24	2012/8/6 0:00:00	¥538.60	24	¥1,388.24	
25	2012/8/7 0:00:00	¥291.84	25	¥1,344.38	
26	2012/8/8 0:00:00	¥420.00	26	¥1,308.83	
27	2012/8/9 0:00:00	¥1,200.80	27	¥1,304.83	
28	2012/8/12 0:00:00	¥1,488.80	28	¥1,311.40	
29	2012/8/13 0:00:00	¥351.00	29	¥1,278.28	
30	2012/8/14 0:00:00	¥699.70	30	¥1,259.00	
31	2012/8/15 0:00:00	¥155.40	31	¥1,223.40	
32	2012/8/16 0:00:00	¥1,414.80	32	¥1,254.84	
33	2012/8/19 0:00:00	¥1,170.38	33	¥1,232.49	
34	2012/8/20 0:00:00	¥1,743.36	34	¥1,217.54	
35	2012/8/21 0:00:00	¥3,016.00	35	¥1,198.77	
36	2012/8/22 0:00:00	¥819.00	36	¥1,178.58	

图 6-117

在该计算列中，FILTER 函数及"-30"参数实现了以 30 天为间隔动态计算平均数。将该数据通过数据透视图的方式返回 Excel 工作表，将图表类型更改为折线图，并将订购日期（年）设置为切片器，如图 6-118 所示。

图 6-118

通过修改时间间隔，可以改变移动平均曲线的平滑度，如将 30 改为 120 的结果如图 6-119 所示。

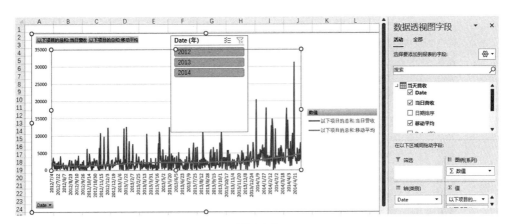

图 6-119

通过切片器也可以看出不同年份日销售额的变化曲线，如图 6-120 所示。

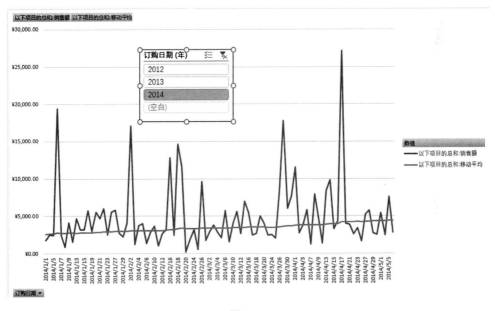

图 6-120

2. 费用增长分析

在 Power Pivot 订单表中，有客户、运货费、订购日期等字段，若需要分析不同时间段、不同客户的运货费情况，则应先创建基于运货费的度量值，如图 6-121 所示。

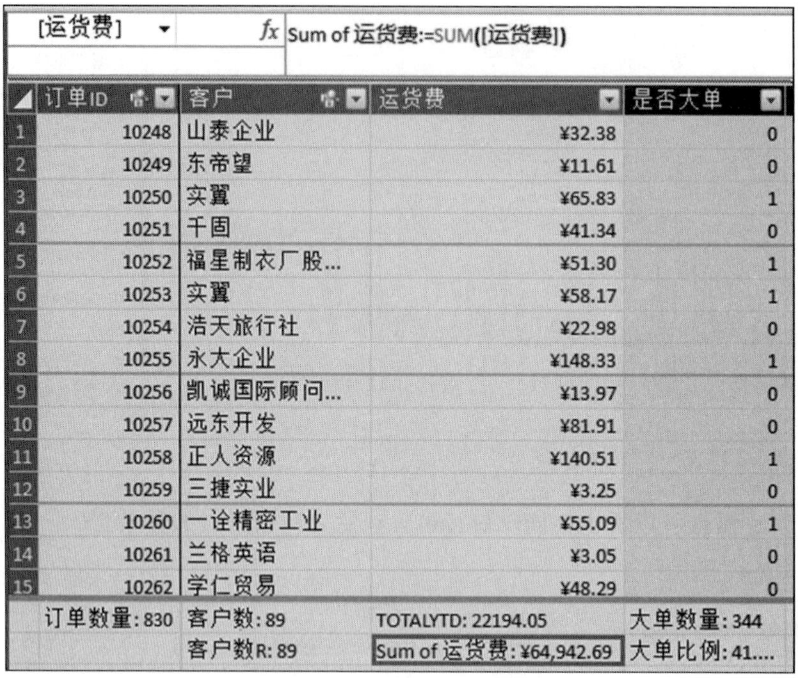

[运货费]　fx Sum of 运货费:=SUM([运货费])

	订单ID	客户	运货费	是否大单
1	10248	山泰企业	¥32.38	0
2	10249	东帝望	¥11.61	0
3	10250	实翼	¥65.83	1
4	10251	千固	¥41.34	0
5	10252	福星制衣厂股...	¥51.30	1
6	10253	实翼	¥58.17	1
7	10254	浩天旅行社	¥22.98	0
8	10255	永大企业	¥148.33	1
9	10256	凯诚国际顾问...	¥13.97	0
10	10257	远东开发	¥81.91	0
11	10258	正人资源	¥140.51	1
12	10259	三捷实业	¥3.25	0
13	10260	一诠精密工业	¥55.09	1
14	10261	兰格英语	¥3.05	0
15	10262	学仁贸易	¥48.29	0
	订单数量:830	客户数:89	TOTALYTD: 22194.05	大单数量:344
		客户数R: 89	Sum of 运货费: ¥64,942.69	大单比例: 41....

图 6-121

使用 TOTALMTD 函数创建客户的月费用使用情况，如图 6-122 所示。

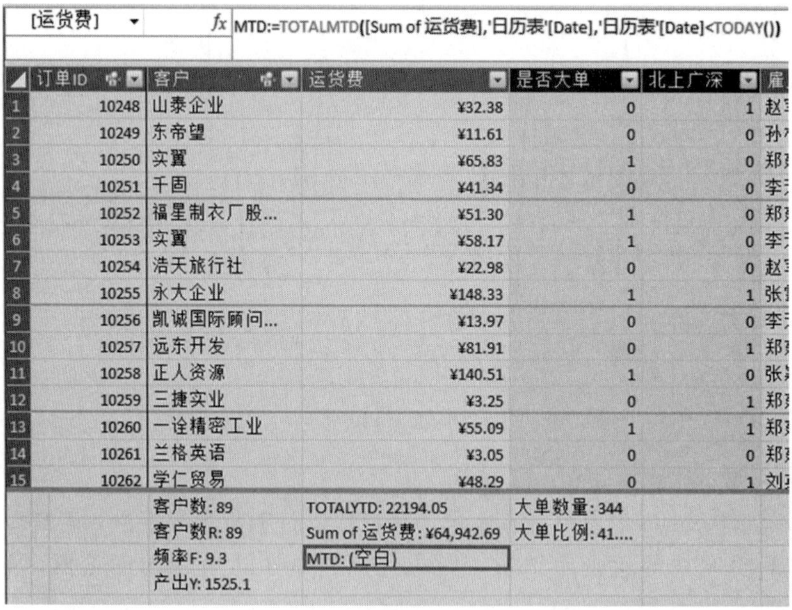

[运货费]　fx MTD:=TOTALMTD([Sum of 运货费],'日历表'[Date],'日历表'[Date]<TODAY())

	订单ID	客户	运货费	是否大单	北上广深	雇
1	10248	山泰企业	¥32.38	0	1	赵
2	10249	东帝望	¥11.61	0	0	孙
3	10250	实翼	¥65.83	1	0	郑
4	10251	千固	¥41.34	0	0	李
5	10252	福星制衣厂股...	¥51.30	1	0	郑
6	10253	实翼	¥58.17	1	0	李
7	10254	浩天旅行社	¥22.98	0	0	赵
8	10255	永大企业	¥148.33	1	1	张
9	10256	凯诚国际顾问...	¥13.97	0	0	李
10	10257	远东开发	¥81.91	0	1	郑
11	10258	正人资源	¥140.51	1	0	张
12	10259	三捷实业	¥3.25	0	1	郑
13	10260	一诠精密工业	¥55.09	1	1	郑
14	10261	兰格英语	¥3.05	0	0	郑
15	10262	学仁贸易	¥48.29	0	1	刘
		客户数: 89	TOTALYTD: 22194.05	大单数量: 344		
		客户数R: 89	Sum of 运货费: ¥64,942.69	大单比例: 41....		
		频率F: 9.3	MTD: (空白)			
		产出Y: 1525.1				

图 6-122

使用 CALCULATE 函数和 PREVIOUSMONTH 函数计算上个月的费用情况，如图 6-123 所示。

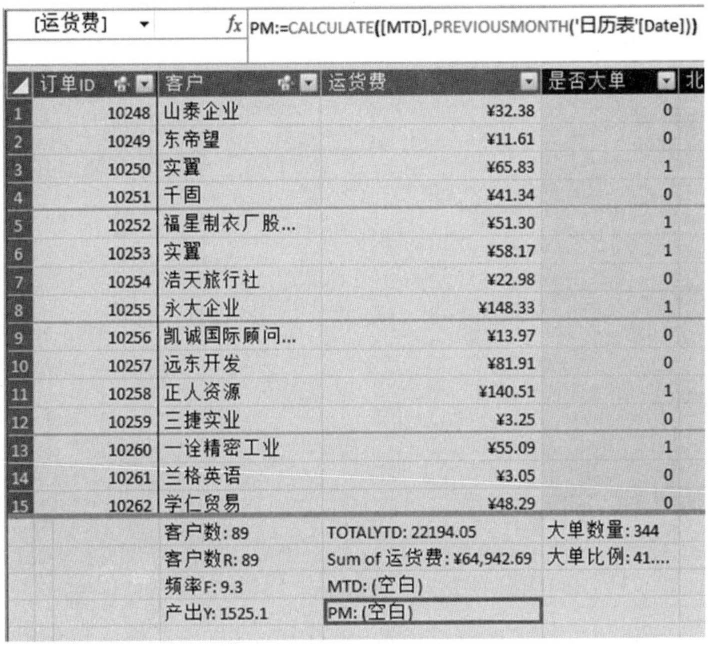

图 6-123

利用 MTD 和 PM 计算月份净增长 NETADD，如图 6-124 所示。

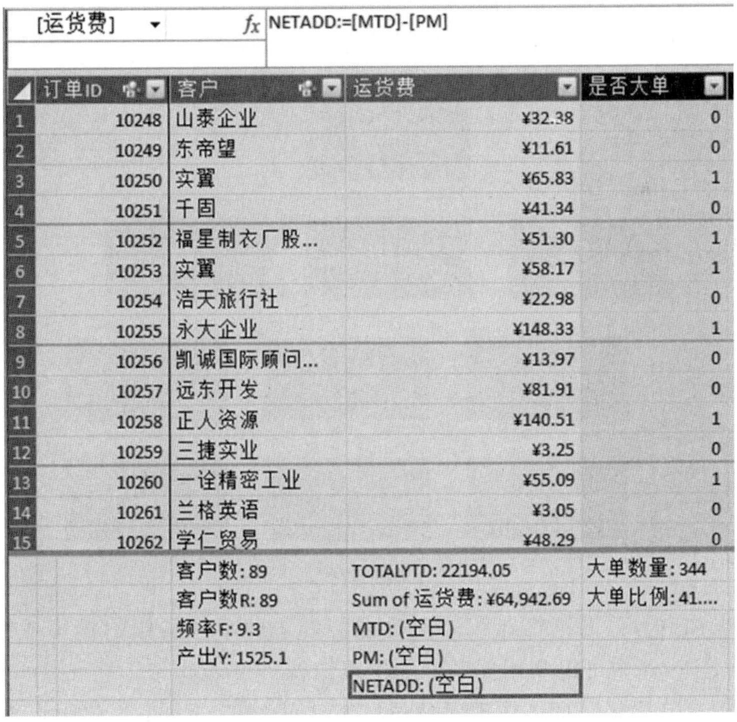

图 6-124

返回数据透视表，添加日历表中的"Date（年）"、订单表中的"客户"为切片器，如图 6-125 所示。

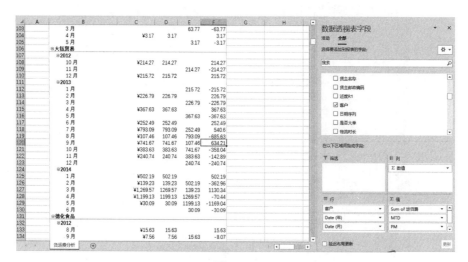

图 6-125

在透视表中可以通过切片器等对用户在不同时间的运货费进行分析，如哪些客户的运货费是不断上升的，哪些客户的运货费是不断下降的，等等。

6.2.10 使用层级分析

公司中经常有如图 6-126 所示的层级关系。

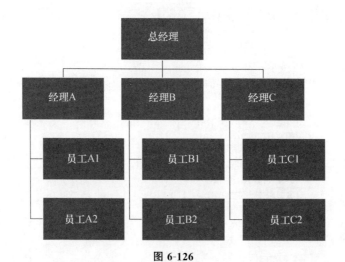

图 6-126

每个员工都有自己的销售业绩，同时也需要了解不同层级的销售业绩汇总情况。此时在 Power Pivot 中可以利用关系中的层级结构进行计算。

雇员表中有"层级"列，体现了公司员工之间的层级关系，此时将数据返回 Excel 进行透视，如图 6-127 所示。

上级	销售业绩
⊟	
王伟	¥166,537.76
汇总	**¥166,537.76**
⊟王伟	
李芳	¥202,812.84
刘英玫	¥126,862.28
张颖	¥192,488.30
赵军	¥68,792.28
郑建杰	¥231,682.85
王伟 汇总	**¥822,638.55**
⊟赵军	
金士鹏	¥124,568.24
孙林	¥73,913.13
张雪眉	¥78,186.07
赵军 汇总	**¥276,667.43**
总计	**¥1,265,843.74**

图 6-127

图 6-127 中，王伟作为当前最高层级，出现了两个不同的数据，其直接下属赵军也出现了两个不同的数据，因此，需要对数据模型进行改良。如图 6-128 所示，分别添加三个计算列，名为“L1”“L2”“L3”，代表高低不同的三个等级。实际业务中若有更多等级，则应根据需要进行创建。利用函数 PATHITEM 及相关参数对层级中不同的数据进行提取，如要从“层级”列中提取第 2 层级的数据，则公式如下：

=PATHITEM('雇员'[层级],2)

[L2]　=PATHITEM('雇员'[层级],2)

	姓名	上级	层级	L1	L2	L3
1	张颖	王伟	王伟|张颖	王伟	张颖	
2	王伟		王伟	王伟		
3	李芳	王伟	王伟|李芳	王伟	李芳	
4	郑建杰	王伟	王伟|郑建杰	王伟	郑建杰	
5	赵军	王伟	王伟|赵军	王伟	赵军	
6	孙林	赵军	王伟|赵军|孙林	王伟	赵军	孙林
7	金士鹏	赵军	王伟|赵军|金士鹏	王伟	赵军	金士鹏
8	刘英玫	王伟	王伟|刘英玫	王伟	刘英玫	
9	张雪眉	赵军	王伟|赵军|张雪眉	王伟	赵军	张雪眉

图 6-128

在 Power Pivot 的“关系图视图”中，定位到“雇员”表，右单击“L1”，选择“创建层次结构”，如图 6-129 所示。

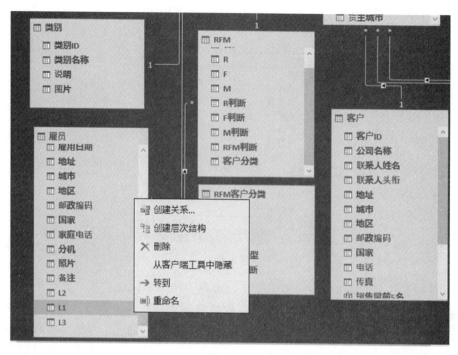

图 6-129

对层次结构的名称进行修改，如修改为"雇员层级"，然后将 L2、L3 分别添加到"雇员层级"结构中，如图 6-130 所示。

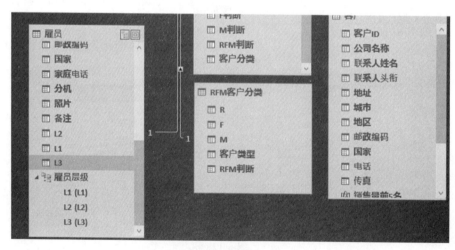

图 6-130

返回透视表，将"雇员层级"作为行列表的数据，如图 6-131 所示。

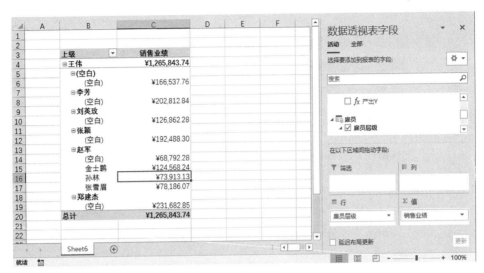

图 6-131

在透视表区域，还有一些空白的区域需要清除，因此针对 L2、L3 进行公式优化。

L2 优化公式如下：

$$=\mathrm{IF}(\mathrm{PATHITEM}('雇员'[层级],2)=\mathrm{BLANK}(),'雇员'[L1],\mathrm{PATHITEM}('雇员'[层级],2))$$

L3 优化公式如下：

$$=\mathrm{IF}(\mathrm{PATHITEM}('雇员'[层级],3)=\mathrm{BLANK}(),'雇员'[L2],\mathrm{PATHITEM}('雇员'[层级],3))$$

优化后的结果如图 6-132 所示。

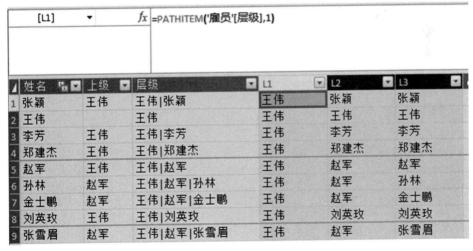

图 6-132

返回数据透视表，可得到更加合理的透视结果，如副总经理王伟的销售业绩是所有员工的业绩之和，也包括他自身的业绩，如图 6-133 所示。

图 6-133

通过创建计算列、度量值还可以进行进一步的优化，因篇幅所限，在此不作探讨。

6.3 小　　结

本章利用 Power Pivot 对数据进行深度分析，包括模型、计算列、度量值的创建，其中最重要的是在前期数据整理的基础上建立数据内部的关系。没有关系的建立，计算列、度量值的创建就没有价值或意义。

第 7 章

数据深度分析——数据快速挖掘篇[①]

本章将承接之前章节的内容，主要利用 Excel，结合 SQL Server Analysis Services（SSAS）和 Data Mining Add-ins（DMAddins）插件等，快速地对已有数据进行进一步挖掘、分析。

之所以称为"数据快速挖掘"，有两个主要原因：一是本书不再用太多的篇幅阐释数据仓库、数据挖掘等概念，以及挖掘结构、挖掘模型等相关原理，因为相关的概念、原理可通过其他教程、课程或网络资源进行补充；二是让用户通过有限的篇幅学习，在条件具备的环境下，甚至不需要写任何代码，就能够在最短时间内轻松地开展数据挖掘。

SSAS 为数据挖掘解决方案提供了一个集成的平台。用户可以使用关系数据或多维数据集数据创建具有预测分析功能的商业智能解决方案，包括获取多个数据源数据、集成的 ETL 功能、多个可自定义的算法、模型测试、查询和钻取等。利用基于 Excel 的 DMAddins 插件，可快速实现基本的数据挖掘功能。

7.1 数据挖掘概述

7.1.1 数据挖掘概念

数据挖掘是从大型数据集中发现隐含的、事先未知的、潜在的更具价值信息的过程。数据挖掘使用数学方法分析存在于或派生于数据中的模式和趋势。通常，由于这些模式的关系过于复杂或涉及的数据过多，因此使用传统数据浏览无法发现这些模式。这些模式和趋势可以被收集在一起，将其定义为"数据挖掘模型"。数据挖掘模型可以应用于特定的方案，具体包括：

（1）预测：估计销售量、预测服务器负载或服务器停机时间；

---

① 本章核心操作需要与 SSAS 相关联，否则基本无法实现。SSAS 的安装与应用请参考其他相关资料，如微软官方网站资料：https：//docs. microsoft. com/zh-cn/analysis-services/？view＝asall-products-allversions。

（2）风险和概率：选择目标邮递的最佳客户，确定风险方案的可能保本点，将概率分配给诊断或其他结果；

（3）建议：确定哪些产品有可能一起销售并生成建议；

（4）查找序列：分析购物车中的客户选择，并预测接下来可能发生的事件；

（5）分组：将客户或事件划分到相关的项目分类，分析和预测相关性。

因此，数据挖掘不仅仅是对数据库、集的检索、查询和调用，而且对这些数据进行多维度、微观、中观和宏观上的统计、分析及推理，以协助解决实际问题，甚至对未来的趋势进行一定的预测。

7.1.2 数据挖掘的基本思路

1. 基本步骤

数据挖掘的基本步骤如图 7-1 所示。

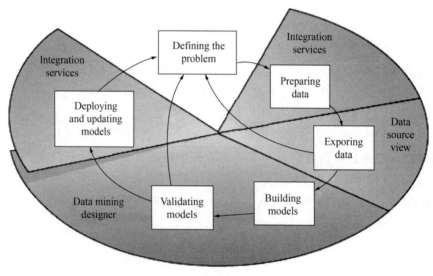

图 7-1

（1）定义问题

该步骤包括分析业务需求，定义问题的范围，定义计算模型所使用的度量方法，以及定义数据挖掘项目的特定目标。这些任务可转换为下列问题：

① 您在查找什么？您要尝试找到什么类型的关系？

② 您要尝试解决的问题是否反映了业务策略或流程？

③ 您要通过数据挖掘模型进行预测，还是仅仅查找受关注的模式和关联？

④ 您要尝试预测哪个结果或属性？

⑤ 您具有什么类型的数据以及每列中包含什么类型的信息？或者如果有多个表，那么表如何关联？您是否需要执行任何清除、聚合或处理操作以使数据可用？

⑥ 数据是如何分布的？数据是否具有季节性？数据是否可以准确反映业务流程？

若要回答这些问题，必须进行数据可用性研究，调查业务用户对可用数据的需求。如果数据不支持用户的需求，则必须重新定义项目。此外，还需要考虑如何将模型结果纳入用于度量业务进度的关键绩效指标（KPI）。

（2）准备数据

数据可以分散在公司的各个部门并以不同的格式存储，或者可能包含错误项或缺少项。例如，数据可能显示用户在产品推向市场之前购买了该产品，或者用户在距离他家 2000 米的商店定期购物。

数据清除不仅仅是删除错误数据或插入缺失值，还包括查找数据中的隐含相关性、标识最准确的数据源并确定哪些列最适合用于分析。例如，应当使用发货日期还是订购日期？最佳销售影响因素是数量、总价格还是打折价格？不完整数据、错误数据的输入看似独立，但实际上都有很强的关联性，它们可以以意想不到的方式影响模型的结果。

因此，在开始生成挖掘模型之前，应确定这些问题及其解决方式。对于数据挖掘，一般使用很大的数据集，无法检查每个事务以确保数据质量，因此应使用某些数据探查以及自动化的数据清除和筛选工具。

前文主要围绕对数据进行处理、提升数据质量展开，是为了给后期数据挖掘提供更高质量以及更多维度的数据。

（3）探索数据

数据分析者必须了解数据，以便在创建挖掘模型时作出正确的决策。

浏览技术包括计算最小值和最大值，计算平均偏差和标准偏差，以及查看数据的分布。例如，通过查看最大值、最小值和平均值，可确定数据能不能代表用户或业务流程，因此必须获取更多均衡数据或查看预期结果所依据的假定。

标准偏差和其他分布值可以提供与结果稳定性和准确性相关的有价值信息。大型标准偏差可以用来指示添加更多数据，从而帮助改进模型。标准偏差很大的数据可能已被扭曲，或者准确反映了现实问题，但很难使模型适合数据。

借助分析者自己对业务问题的理解来浏览数据，可以确定数据集是否包含缺陷数据，随后可以设计用于解决该问题的策略或者更深入地理解业务的典型行为。

（4）创建模型

应通过创建挖掘结构定义要使用的数据列。将挖掘结构链接到数据源，但只有对挖掘结构进行处理后，该结构才会实际包含数据。处理挖掘结构时，SSAS 生成可用于分析的聚合信息以及其他统计信息。基于该结构的所有挖掘模型均可使用该信息。

在处理结构和模型之前，数据挖掘模型也只是一个容器，它指定用于输入的列、要预测的属性以及指示算法如何处理数据的参数。处理模型通常称为"定型"。定型即对结构中的数据应用特定数学算法以便提取模式的过程。在定型过程中找到的模式取决于选择的定型数据、所选算法以及如何配置该算法。

此外，还可以使用参数调整每种算法，并对定型数据应用筛选器，以便仅使用数据子集即可创建不同的结果。在通过模型传递数据之后，即可查询挖掘模型对象包含的摘要和模式，并将其用于预测。

（5）验证模型

在将模型部署到生产环境之前，需要测试模型的性能。此外，在生成模型时，通常需要使用不同配置创建多个模型，并对这些模型进行测试，以便查看哪个模型能为问题和数据生成最佳结果。

（6）部署和优化模型

当生产环境中部署了挖掘模型之后，便可根据需求执行许多任务，包括：

① 使用这些模型创建预测，以后可以使用这些预测进行业务决策；

② 创建内容查询以检索模型中的统计信息、规则或公式；

③ 直接将数据挖掘功能嵌入应用程序；

④ 创建可让用户直接对现有挖掘模型进行查询的报表（需要其他组件支持）；

⑤ 管理数据挖掘解决方案和对象等。

2. 算法及选择

因为本书基于 Excel、SQL Server 等相关技术探讨数据分析的原理和应用，所以，算法及选择有一定的特殊性。

（1）算法基本概念

数据挖掘算法是根据数据创建数据挖掘模型的一组试探法和计算。为了创建模型，算法会首先分析提供的数据，并查找特定类型的模式和趋势。算法使用此分析的结果来定义用于创建挖掘模型的最佳参数。然后，将这些参数应用于整个数据集，以便提取可行模式和详细统计信息。

算法根据数据创建的挖掘模型可以采用多种形式，包括（但不限于）：

① 说明数据集中的事例如何相关的一组分类；

② 预测结果并描述不同条件是如何影响该结果的决策树；

③ 预测销量的数学模型；

④ 说明在事务中如何对产品进行分组的规则，以及一起购买产品的概率。

（2）选择正确算法

为特定的分析任务选择最佳算法很有挑战性，可以使用不同的算法执行同样的任务，每个算法会生成不同的结果，而某些算法还会生成多种类型的结果。例如，不仅可以将 Microsoft 决策树算法用于预测，而且还可以将它作为一种减少数据集的列数的方法，因为决策树能够识别出不影响最终挖掘模型的列。

SSAS 包括以下类型的算法：

① 分类算法，基于数据集中的其他属性预测一个或多个离散变量；

② 回归算法，预测一个或多个连续变量，如利润或亏损，基于数据集中的其他属性；

③ 分段算法，将数据划分为组或对其进行分类，这些组或分类的项具有相似的属性；

④ 关联算法，查找数据集中不同属性之间的相关性，这类算法最常见的应用是创

建可用于购物篮分析的关联规则。

⑤ 顺序分析算法，能够汇总常见顺序或事件中的数据，如 Web 路径流。

应根据不同的任务选择不同的算法，如表 7-1 所示。

表 7-1　算法选择

任务示例	可使用的 Microsoft 算法
预测离散属性	Microsoft 决策树算法
将预期购买者列表中的客户标记为好或差的潜在客户	Microsoft Naïve Bayes 算法
计算服务器在未来 6 个月内将出现故障的概率	Microsoft 聚类分析算法
对患者结果进行分类并探讨相关因素	Microsoft 神经网络算法
预测连续属性	Microsoft 决策树算法
预测下一年的销售额	Microsoft 时序算法
根据过去的历史信息和季节趋势预测网站访问者	Microsoft 线性回归算法
根据人口统计信息生成风险评分	
预测顺序	Microsoft 顺序分析和聚类分析算法
执行公司网站的点击流分析	
捕获和分析门诊访问期间活动的顺序，以便围绕一般的活动形成最佳做法	
分析导致服务器故障的因素	
查找事务中常见项的组	Microsoft 关联算法
使用购物篮分析来确定产品摆放	
建议客户购买其他产品	Microsoft 决策树算法
分析来自事件访问者的调查数据，确定哪些活动是相关的，以便计划将来的活动	
查找相似项的组	Microsoft 聚类分析算法
基于人口统计信息和行为之类的属性，创建患者风险配置文件组	
按照浏览和购买模式分析用户	Microsoft 顺序分析和聚类分析算法
标识具有相似使用特性的服务器	

对各种算法的原理在此不加以阐释，请参考其他书籍或微软官方网站（https：//docs. microsoft. com/en-us/sql/analysis-services/data-mining/data-mining-ssas？　view＝sql-server-2014）。

利用 Excel 与 DMAddins 进行数据挖掘，除了需要满足一定质量要求的数据之外，还需要特定的环境才能顺利开展。下面介绍如何利用 Excel 表分析工具和数据挖掘客户端进行快速数据挖掘，具体可参考微软官方网站（https：//docs. microsoft. com/zh-cn/sql/analysis-services/table-analysis-tools-for-excel？ view＝sql- server-2014）。

7.2　数据快速挖掘——Excel 表分析工具

利用 Excel 表分析工具是开始数据挖掘的最简单的方法。每个工具都会对数据的分布和类型自动进行分析，并且设置参数以确保结果有效，这样分析者就无需选择某一算法或配置复杂的参数。当然，必须保证数据的质量，否则得不到有较高价值的结果。

7.2.1 环境准备

1. 安装与配置 AS 服务

不管是使用 Excel 表分析工具还是数据挖掘客户端，完整的数据挖掘任务的完成都需要 SSAS 的支持。所以，需要安装相应版本的 SQL Server AS 服务。一般地，数据分析人员在安装 SQL Server 数据库引擎等服务的时候都会安装该服务，如图 7-2 所示。

图 7-2

2. 创建 AS 数据库

正常登录后如图 7-3 所示。

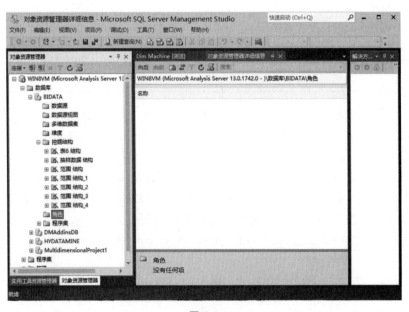

图 7-3

创建 SSAS 数据库的过程和创建 SQL Server 数据库的过程相似，在 SSMS（SQL Server Management Studio）中，右单击"数据库"，选择"新建"，再选择存储的位置，如图 7-4 所示。

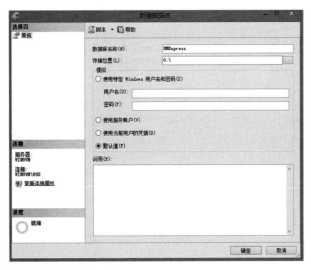

图 7-4

3. 配置表分析工具

使用表分析工具之前，需要进行特定的配置，在应用程序中找到"服务器配置使用工具"（安装 AS Addins 之后），启动配置界面，设置服务器的名称，一般指向到本地，因为身份验证指定的是 Windows 身份验证，若在其他服务器上，则需要在域环境或者使用域账号启用相关的服务，如图 7-5 所示。

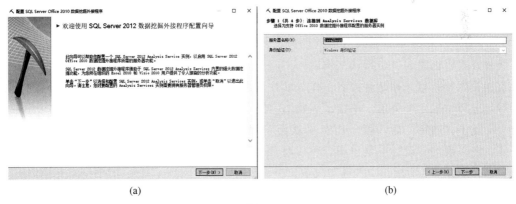

(a)　　　　　　　　　　　　　　(b)

图 7-5

保留允许创建临时挖掘模型的选项，然后使用已经创建的数据库 DMExpress。若不想使用或没有现成的数据库，则需要创建，如图 7-6 所示。

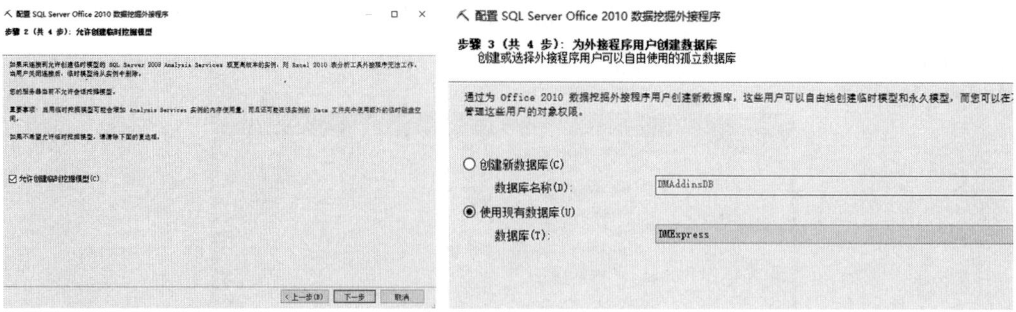

图 7-6

将数据库管理权限授予外接程序用户，或添加其他用户亦可，单击"完成"即配置完成，如图 7-7 所示。

(a)

(b)

图 7-7

7.2.2　Excel 表分析案例

Excel 工作表不具有表分析的功能，即默认的工作表无法调用表分析工具。通过两种方式可创建表（非默认工作表），一种是通过连接外部数据源的方式，请参考第 2 章相关内容；另一种是直接将工作表转换为 Excel 表格式，选择需要转换的所有数据后，选择"插入"菜单，单击"表格"，如图 7-8 所示。

点击"确定"后，表分析工具就会自动呈现，表中数据区域自动添加了筛选功能，在呈现的"设计"菜单中，可以将表功能"转换为区域"，即回到传统的工作表状态，如图 7-9 所示。

在首次使用表分析工具时，还需要配置到 AS 服务器的连接，选择"分析"工具下的"连接"，在对话框中新建一个连接，连接到 AS 服务器及相关的数据库中，如图 7-10 所示。

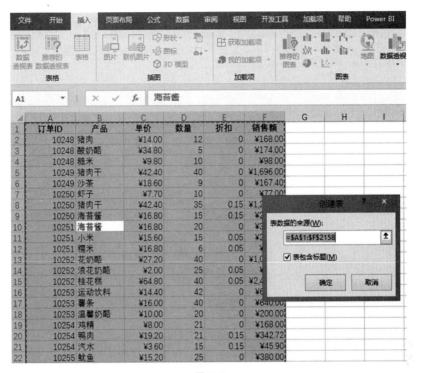

图 7-8

图 7-9

如果服务器是 HTTP 协议，则需要输入以 HTTP 或者 HTTPS 协议为开头的 AS
服务地址。

成功设置连接后，如图 7-11 所示。

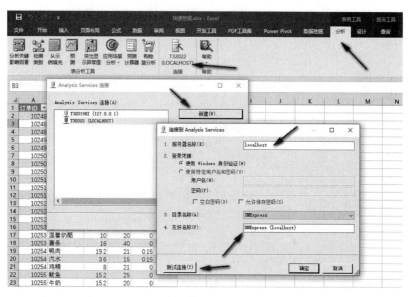

图 7-10

图 7-11

1. 分析关键影响因素

分析关键影响因素功能模块能够检测某些列对目标列的不同影响，并生成单独的影响因素报表，根据关键影响因素的重要性进行排名。该功能模块默认采用的是贝叶斯算法。

假设要分析产品、单价、数量、折扣对销售额的影响，则在"列选择"中选择"销售额"，单击"选择分析时要使用的列"，如图 7-12 所示。

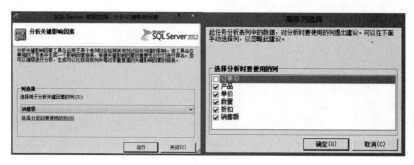

图 7-12

运行后增加了一张名为"销售额的影响因素"表，如图 7-13 所示。

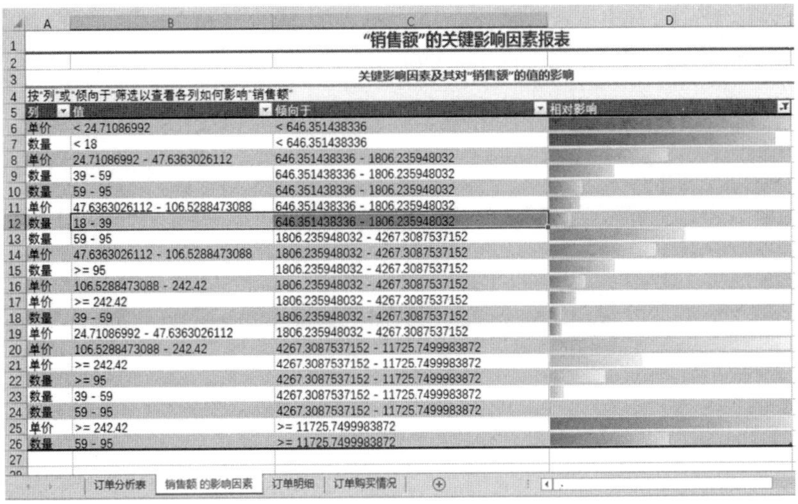

"销售额"的关键影响因素报表

关键影响因素及其对"销售额"的值的影响

按"列"或"倾向于"筛选以查看各列如何影响"销售额"

列	值	倾向于	相对影响
单价	< 24.71086992	< 646.351438336	
数量	< 18	< 646.351438336	
单价	24.71086992 - 47.6363026112	646.351438336 - 1806.235948032	
数量	39 - 59	646.351438336 - 1806.235948032	
数量	59 - 95	646.351438336 - 1806.235948032	
单价	47.6363026112 - 106.5288473088	646.351438336 - 1806.235948032	
数量	18 - 39	646.351438336 - 1806.235948032	
数量	59 - 95	1806.235948032 - 4267.3087537152	
单价	47.6363026112 - 106.5288473088	1806.235948032 - 4267.3087537152	
数量	>= 95	1806.235948032 - 4267.3087537152	
单价	106.5288473088 - 242.42	1806.235948032 - 4267.3087537152	
单价	>= 242.42	1806.235948032 - 4267.3087537152	
数量	39 - 59	1806.235948032 - 4267.3087537152	
单价	24.71086992 - 47.6363026112	1806.235948032 - 4267.3087537152	
单价	106.5288473088 - 242.42	4267.3087537152 - 11725.7499983872	
单价	>= 242.42	4267.3087537152 - 11725.7499983872	
数量	>= 95	4267.3087537152 - 11725.7499983872	
数量	39 - 59	4267.3087537152 - 11725.7499983872	
数量	59 - 95	4267.3087537152 - 11725.7499983872	
单价	>= 242.42	>= 11725.7499983872	
数量	59 - 95	>= 11725.7499983872	

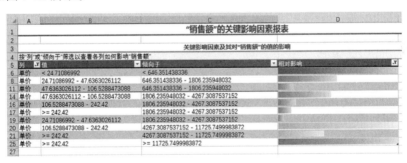

图 7-13

报表分析如下：

(1) 在分析元素中，有产品、单价、数量和折扣，从主报表可以看出，主要影响销售额的只有两个元素：单价和数量。

(2) 销售额小于 646 元的，产品单价小于 24 元对其影响较大，其次是销售数量小于 18 件的。而销售额大于 11725 元的，对其影响较大的是单价大于等于 242 元的产品，其次是销售数量在 59—95 件之间的产品。其他依此类推，色带条越长表示影响越大。

(3) 通过对"列"进行筛选，可以从单个元素考察其对销售额的影响，如单价或数量，如图 7-14 所示。

"销售额"的关键影响因素报表

关键影响因素及其对"销售额"的值的影响

按"列"或"倾向于"筛选以查看各列如何影响"销售额"

列	值	倾向于	相对影响
单价	< 24.71086992	< 646.351438336	
单价	24.71086992 - 47.6363026112	646.351438336 - 1806.235948032	
单价	47.6363026112 - 106.5288473088	646.351438336 - 1806.235948032	
单价	47.6363026112 - 106.5288473088	1806.235948032 - 4267.3087537152	
单价	106.5288473088 - 242.42	1806.235948032 - 4267.3087537152	
单价	>= 242.42	1806.235948032 - 4267.3087537152	
单价	24.71086992 - 47.6363026112	1806.235948032 - 4267.3087537152	
单价	106.5288473088 - 242.42	4267.3087537152 - 11725.7499983872	
单价	>= 242.42	4267.3087537152 - 11725.7499983872	
单价	>= 242.42	>= 11725.7499983872	

图 7-14

2. 检测类别

检测类别是通过一定的参考依据，自动检测表中具有类似属性的记录，然后对这些记录进行分类分组，并生成一个详细工作表，对所产生的类别进行描述。它采用的默认算法是聚类算法。

依据订单分析表中的数据进行类别检测，如图 7-15 所示。

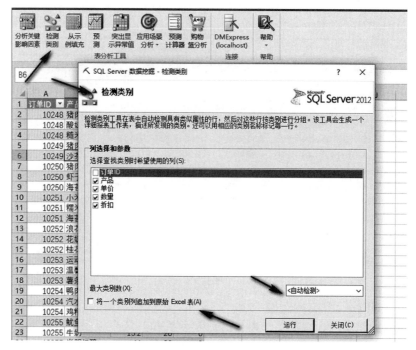

图 7-15

在检测类别对话框中，没有将类别追加到原始的 Excel 表，目的就是独立创建一个分类报表，而且类别的数量也是利用聚类算法自动检测的，当然也可以手动设置，结果如图 7-16 所示。

图 7-16

报表分析如下：

（1）类别检测共产生了 9 个类别，第一个类别的数据最多，占 612 条记录；

（2）通过"类别特征"模块，可筛选不同的类别，如类别 1 主要根据数量、单价和销售额三个元素进行判别，而且都是低数值，代表产品有大众奶酪、糖果等；

（3）分类报表第三部分是类别配置文件，通过数据透视表（图）的方法，显示某个特征在所有类别中的分布情况，即记录的行数，根据需要可以进行特定的筛选，如图 7-17 所示。

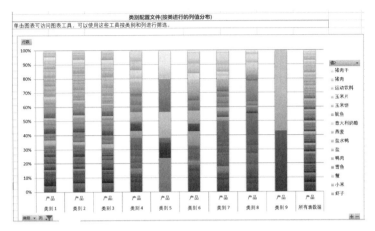

图 7-17

3. 从示例填充

从示例填充功能是将一个已经部分填充的列中的示例扩展到表中的所有行。该功能使用用户已经填充的知识，检测原始参考数据与用户填充知识之间的关联模式，并将这些知识扩展到其他所有剩余的记录行。

从示例填充功能模块默认使用逻辑回归算法。

假设在订单分析表中增加一列，名为"高利润产品"，为了实验，挑选某些订单中的某些产品作标识，"是"代表该产品是高利润的，"否"则相反，如图 7-18 所示，其中有 20 条记录备注了是否为高利润产品。

调用表分析工具的"从示例填充"功能，在对话框中进行设置，如图 7-19 所示。单击"确定"后，在原来的订单分析表中添加了另一列"高利润产品 _ Extended"，如图 7-20 所示。在该新增列中，对特定产品进行了是否为高利润产品的标注。

在"'高利润'产品的模式报表"中，如图 7-21 所示，加粗字体的这些产品成为"高利润产品"的可能性比较大。

利用从示例填充功能进行特定对象的标注识别，往往可以通过重复运行该功能，从而接近用户所需要的结果。

4. 预测

对选定的表进行预测，预测值会被添加到原表中并突出显示，生成一个独立的图表，呈现序列的发展与预测趋势。

预测功能模式使用的是时序算法。

假设要对"地区年月售额"表进行预测，如图 7-22 所示，"选择要预测的列"是关于数值类型的五个字段（即地区），年月是时序依据，但不是完整的日期类型，所以只能在选项中选择"时间戳"。要预测的时间单位数是 5，在这张表中代表 5 个月。其他选项保持默认值。

	A	B	C	D	E	F	G
1	订单ID	产品	单价	数量	折扣	销售额	高利润产品
2	10248	猪肉	¥14.00	12	0	¥168.00	是
3	10248	酸奶酪	¥34.80	5	0	¥174.00	是
4	10248	糙米	¥9.80	10	0	¥98.00	是
5	10249	猪肉干	¥42.40	40	0	¥1,696.00	是
6	10249	沙茶	¥18.60	9	0	¥167.40	是
7	10250	虾子	¥7.70	10	0	¥77.00	否
8	10250	猪肉干	¥42.40	35	0.15	¥1,261.40	是
9	10250	海苔酱	¥16.80	15	0.15	¥214.20	否
10	10251	海苔酱	¥16.80	20	0	¥336.00	是
11	10251	小米	¥15.60	15	0.05	¥222.30	是
12	10251	糯米	¥16.80	6	0.05	¥95.76	否
13	10252	花奶酪	¥27.20	40	0	¥1,088.00	否
14	10252	浪花奶酪	¥2.00	25	0.05	¥47.50	否
15	10252	桂花糕	¥64.80	40	0.05	¥2,462.40	否
16	10253	运动饮料	¥14.40	42	0	¥604.80	是
17	10253	薯条	¥16.00	40	0	¥640.00	是
18	10253	温馨奶酪	¥10.00	20	0	¥200.00	否
19	10254	鸡精	¥8.00	21	0	¥168.00	否
20	10254	鸭肉	¥19.20	21	0.15	¥342.72	否
21	10254	汽水	¥3.60	15	0.15	¥45.90	否
22	10255	鱿鱼	¥15.20	25	0	¥380.00	
23	10255	饼干	¥13.90	35	0	¥486.50	
24	10255	光明奶酪	¥44.00	30	0	¥1,320.00	
25	10255	牛奶	¥15.20	20	0	¥304.00	
26	10256	辣椒粉	¥10.40	12	0	¥124.80	
27	10256	盐水鸭	¥26.20	15	0	¥393.00	
28	10257	运动饮料	¥14.40	6	0	¥86.40	
29	10257	牛肉干	¥35.10	25	0	¥877.50	
30	10257	辣椒粉	¥10.40	15	0	¥156.00	
31	10258	牛奶	¥15.20	50	0.2	¥608.00	

图 7-18

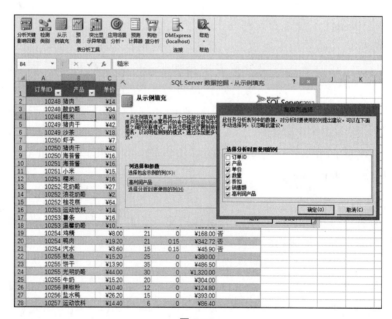

图 7-19

图 7-20

图 7-21

单击"运行"后，在原表最后一条记录的下方，会多出 5 条预测值，并用突出显示的
方式进行标注，如图 7-23 所示。

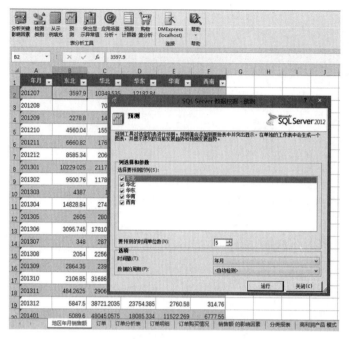

图 7-22

	年月	东北	华北	华东	华南	西南
19	201312	5847.5	38721.2035	23754.385	2760.58	314.76
20	201401	5089.6	48045.0575	18085.334	11522.269	6777.55
21	201402	2363.43	26059.98	19829.45	22433.8875	17142.8
22	201403	3400.63	60574.285	16104.995	18680.445	3578.6
23	201404	12615.05	39510.515	27291.89	27734.6775	9896.55
24	201405	2027.08	10564	2007.435	3545.6955	189.42
25		5415.04949	36818.8278	11233.5181	19809.2524	9330.60601
26		2778.86289	42289.7239	8773.61614	14788.6842	5494.78975
27		6690.82304	20057.738	-433.7063	13954.9844	7034.81881
28		4266.31791	28297.3412	17124.3725	32197.9369	5355.14031
29		4362.54452	31980.9945	10607.5632	31136.066	5024.98516

图 7-23

同时，生成了一份独立的预测报表，该报表中的实线部分展示了实际数据的历史演变过程，虚线部分则预测了未来的演化趋势，如图 7-24 所示。

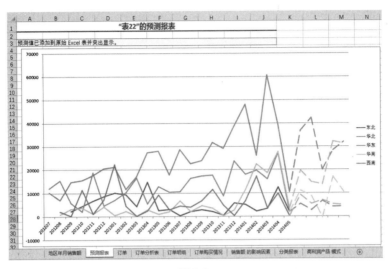

图 7-24

5. 突出显示异常值

突出显示异常值功能模块能够在表中检测出与其他数据不相似的记录，并生成独立的异常值报表，而在原表中，包含异常值的记录则会被突出标注，最有可能引发异常值的列值也会被着重标注。

突出显示异常值功能默认使用的是聚类算法。

如图 7-25 所示，调用"异常值检测"功能，在对话框中选择需要检测的数据列。

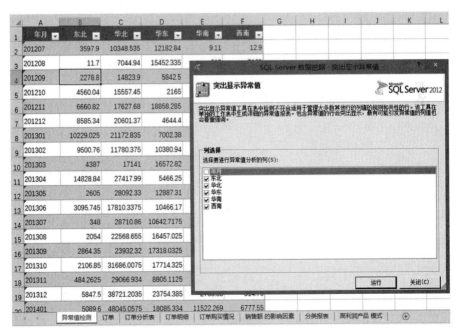

图 7-25

在本例中，生成的突出显示异常值报表异常阈值在75%时，所有数据列都没有异常值，当阈值被调整到小于75%，如50%时，异常值就会出现，如图7-26所示。

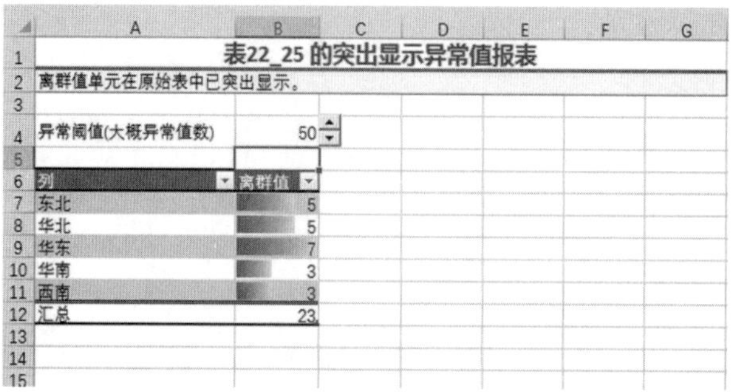

表22_25 的突出显示异常值报表

离群值单元在原始表中已突出显示。

异常阈值(大概异常值数) 50

列	离群值
东北	5
华北	5
华东	7
华南	3
西南	3
汇总	23

图 7-26

在原表中可以看到异常值的具体分布，如图7-27所示。

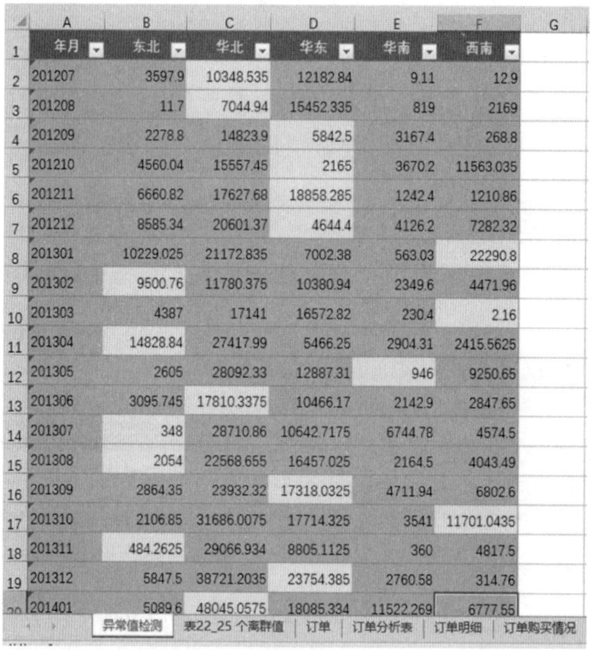

年月	东北	华北	华东	华南	西南
201207	3597.9	10348.535	12182.84	9.11	12.9
201208	11.7	7044.94	15452.335	819	2169
201209	2278.8	14823.9	5842.5	3167.4	268.8
201210	4560.04	15557.45	2165	3670.2	11563.035
201211	6660.82	17627.68	18858.285	1242.4	1210.86
201212	8585.34	20601.37	4644.4	4126.2	7282.32
201301	10229.025	21172.835	7002.38	563.03	22290.8
201302	9500.76	11780.375	10380.94	2349.6	4471.96
201303	4387	17141	16572.82	230.4	2.16
201304	14828.84	27417.99	5466.25	2904.31	2415.5625
201305	2605	28092.33	12887.31	946	9250.65
201306	3095.745	17810.3375	10466.17	2142.9	2847.65
201307	348	28710.86	10642.7175	6744.78	4574.5
201308	2054	22568.655	16457.025	2164.5	4043.49
201309	2864.35	23932.32	17318.0325	4711.94	6802.6
201310	2106.85	31686.0075	17714.325	3541	11701.0435
201311	484.2625	29066.934	8805.1125	360	4817.5
201312	5847.5	38721.2035	23754.385	2760.58	314.76
201401	5089.6	48045.0575	18085.334	11522.269	6777.55

图 7-27

通过颜色筛选的方法，可对相关异常值进行单独显示。

注意：本例中的数据仅仅是为了实验而设置，所获取的异常检测报告可能与实际不符，仅仅作为参考。

6. 应用场景分析

应用场景分析分为两部分功能：目标查找和假设，如图7-28所示。

图 7-28

（1）目标查找

目标查找的主要功能是处理当 A 列的数据发生变化时，C 列的数据应该变更为多少的问题，如当目标销售额的数据提高到原来销售额的 120％时，新的单价应该是多少比较合理。

如图 7-29 所示，"查找目标"选项设置为"销售额"，销售额的提升假设为 120％，"更改对象"选项设置为"平均单价"，对整张表的每一条记录进行分析，"选择分析时要使用的列"则包括除行标签之外的其他三个参数。

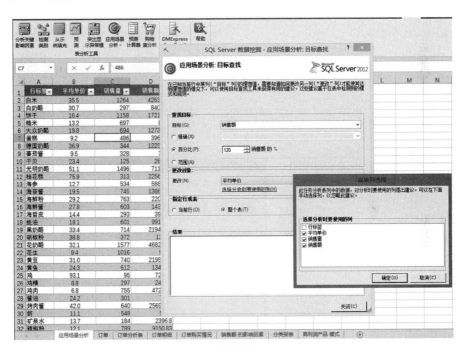

图 7-29

运行后，结果如图 7-30 所示。

在原来的数据表中会增加两列：目标和建议。在"目标"列中，可能会出现红色的"X"，表示没有找到相关解，处于失败的状态；如果是绿色的"√"，则表示已经找到相关解，处于成功的状态。

（2）场景假设

假设分析实际上是目标分析的逆运算。比如，A 提高到原来的 120％，那么 C 会

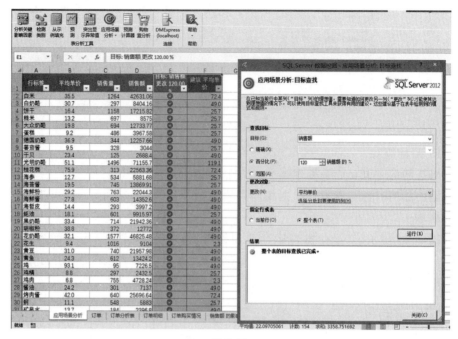

图 7-30

发生什么变化，如图 7-31、图 7-32 所示。

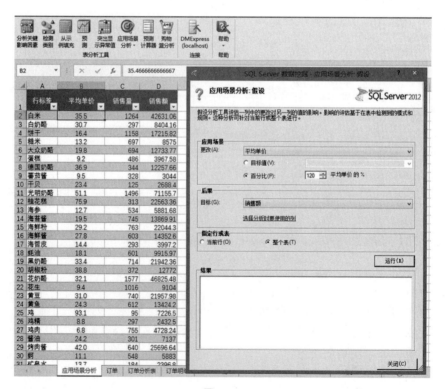

图 7-31

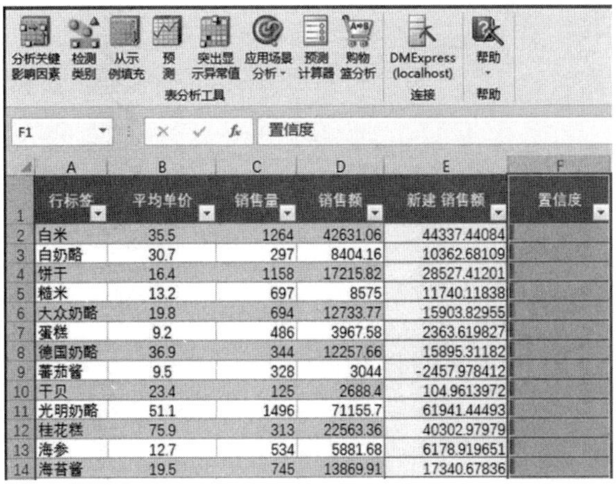

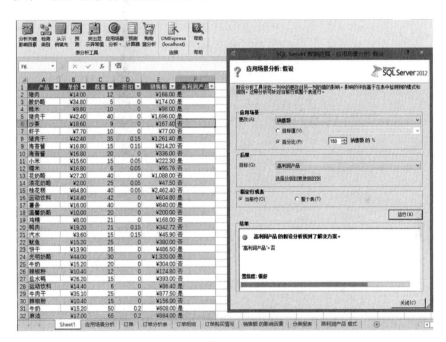

图 7-32

再看另一个例子，如图 7-33 所示，若更改销售额为原来的 150％，求图中第 5 条记录"沙茶"是否能够转化为高利润产品。

图 7-33

结果显示，即使销售额提高到原来的 150％，其高利润产品的标识还是为"否"，而且这个判断结果的可信度属于"很好"的等级。如果将数据提升到原来的 9 倍，则结果如图 7-34 所示。

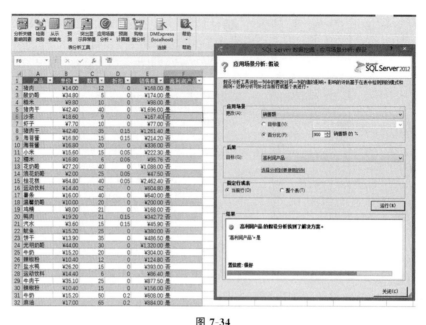

图 7-34

图 7-35 是对整张表进行分析后返回的结果。

产品	单价	数量	折扣	销售额	高利润产品	新建 高利润产品	置信度
6 沙茶	¥18.60	9	0	¥167.40	否	否	
7 虾子	¥7.70	10	0	¥77.00	否	否	
9 海苔酱	¥16.80	15	0.15	¥214.20	否	否	
10 海苔酱	¥16.80	20	0	¥336.00	否	否	
12 糯米	¥16.80	6	0.05	¥95.76	否	否	
13 花奶酪	¥27.20	40	0	¥1,088.00	否	是	
14 浪花奶酪	¥2.00	25	0.05	¥47.50	否	否	
15 桂花糕	¥64.80	40	0.05	¥2,462.40	否	是	
18 温馨奶酪	¥10.00	20	0	¥200.00	否	否	
19 鸡精	¥8.00	21	0	¥168.00	否	否	
20 鸭肉	¥19.20	21	0.15	¥342.72	否	是	
21 汽水	¥3.60	15	0.15	¥45.90	否	否	
22 鱿鱼	¥15.20	25	0	¥380.00	否	是	
25 牛奶	¥15.20	20	0	¥304.00	否	否	
26 辣椒粉	¥10.40	12	0	¥124.80	否	否	
27 盐水鸭	¥26.20	15	0	¥393.00	否	是	
30 辣椒粉	¥10.40	15	0	¥156.00	否	否	
33 白奶酪	¥25.60	6	0.2	¥122.88	否	否	
34 干贝	¥20.80	1	0	¥20.80	否	否	
35 花生	¥8.00	10	0	¥80.00	否	否	
38 苏打水	¥12.00	21	0.25	¥189.00	否	否	
39 山渣片	¥39.40	15	0.25	¥443.25	否	否	
40 蜜桃汁	¥14.40	20	0	¥288.00	否	否	
41 花生	¥8.00	20	0	¥160.00	否	否	
42 白米	¥30.40	2	0	¥60.80	否	否	
43 海鲜粉	¥24.00	15	0	¥360.00	否	是	
44 麻油	¥17.00	12	0.2	¥163.20	否	否	
45 汽水	¥3.60	28	0	¥100.80	否	否	
46 鸡精	¥8.00	36	0.25	¥216.00	否	否	
52 苏打水	¥12.00	20	0	¥240.00	否	否	

图 7-35

可见，在原始表中添加了两列数据，第 1 列是用户运行假设后的模拟结果，第 2 列是置信度体现，置信度长度越长表示可能性越大。

7. 预测计算器

预测计算器会根据检测其他列的值预测某列的特定值（目标值）的相关模式，而这些模式是以积分卡格式存在的，这种格式允许根据其他类的值分配相关分值。运算的结果将生成分数分析报表，使用该报表可分析错误分类成本的影响，还会生成操作性的预测计算器以及打印机就绪计算器。

预测计算器默认使用的是逻辑回归算法。

假设要分析的数据对象是判断商品是否被购买的预测，如图 7-36 所示。运行计算后，将产生三个附加表格：是否购买的预测报表、是否购买的预测计算器、是否购买的可打印计算器。

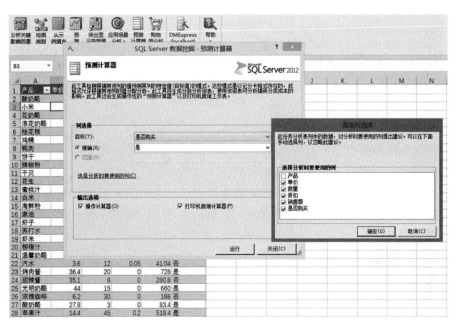

图 7-36

相关报表分析如下：

（1）是否购买的预测报表

如图 7-37 所示，预测报表由四个部分构成：成本与收益、各种分数阈值的利润、分数细分和各种分数阈值的累计错误分类成本。

① 成本与收益部分

该部分体现了与真的正预测、真的负预测、假的正预测、假的负预测四种预测类型对应的分值。真的正预测指的是正确的预测，预测出用户会购买某种商品；真的负预测指的是正确的预测，预测出用户不会购买某种商品；假的正预测指的是错误的预测，预测出用户会购买某种商品，但实际没有购买；假的负预测指的是错误预测，预

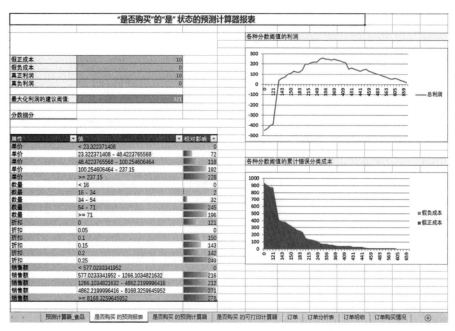

图 7-37

测出用户不会购买某种商品，但实际已购买。

分析者使用预测报表的目标主要是尽可能多地正确预测会购买商品的用户。结合预测的四种类型，真的正预测产生的利润为 10，即真正利润是 10；真的负预测不会产生利润，也不会有任何损失，即不把成本浪费在没有购买意向的用户上，真负利润是 0；假的正预测会将成本浪费在没有购买意愿的用户上，假正成本是 10；假的负预测也不会产生利润，但是可能会损失商品销售的机会，假负成本是 0，如图 7-38 所示。

假正成本		10
假负成本		0
真正利润		10
真负利润		0
最大化利润的建议阈值:		321

图 7-38

属性	值	相对影响
单价	< 23.322371408	0
单价	23.322371408 - 48.4223765568	72
单价	48.4223765568 - 100.254606464	118
单价	100.254606464 - 237.15	192
单价	>= 237.15	228
数量	< 16	0
数量	16 - 34	2
数量	34 - 54	32
数量	54 - 71	245
数量	>= 71	196
折扣	0	121
折扣	0.05	0
折扣	0.1	150
折扣	0.15	143
折扣	0.2	142
折扣	0.25	249
销售额	< 577.0233341952	0
销售额	577.0233341952 - 1266.1034821632	216
销售额	1266.1034821632 - 4862.2199996416	212
销售额	4862.2199996416 - 8168.3259645952	271
销售额	>= 8168.3259645952	278

图 7-39

② 分数细分部分

根据对单价、数量、折扣、销售额的不同取值赋予值不同的范畴，如图 7-39 所示。

如果一个商品的总分大于或等于建议的阈值，预测就是正的，用户购买商品的可能性就大；反之，预测就是负的，用户购买商品的可能性就小。

（2）是否购买的预测计算器

在预测计算器中，主要有属性和取值两部分，根据商品的情况，调整单价、数量、折扣、销售额等取值，就会得到各个分项计算汇总的值，如果汇总的值小于建议的阈值，那么是否购买的预测就是 FALSE，即用户购买商品的可能性比较小，反之则相反，如图 7-40 所示。

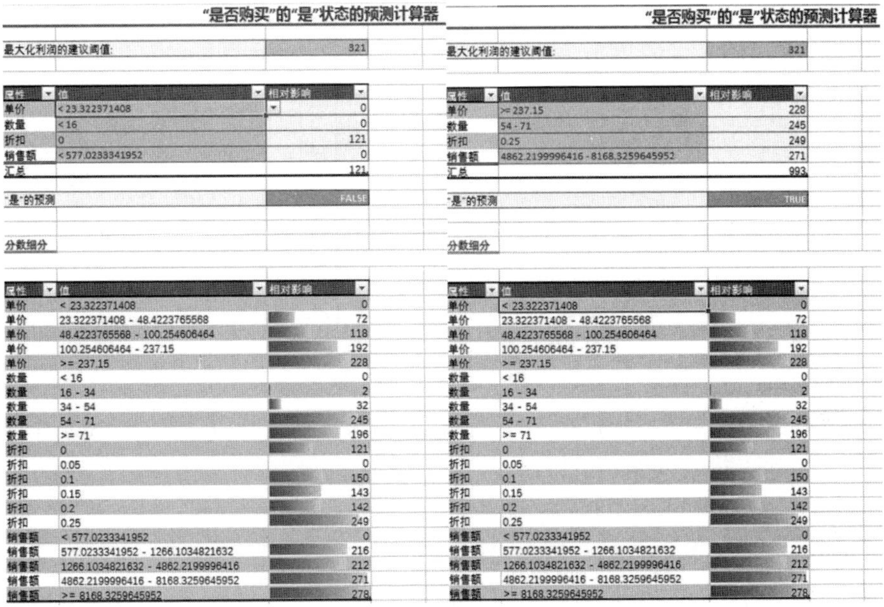

图 7-40

（3）是否购买的可打印计算器

可打印计算器是预测计算器的可打印版本，供脱机用户使用，把各个属性值得分手工相加，与建议的阈值进行比较，为决策者提供一种更为科学的判定手段，预测用户是否购买相关产品，如图 7-41 所示。

8. 购物篮分析

购物篮分析简化了交叉销售的分析过程，可对包含具体事务（如某个订单）的表应用该功能模块。该功能模块能够识别应同时出现的项组，也能够识别可在建议中使用的规则。如果表包含与每个事务中的每一项都关联的"值"列，则该工具还可以计算每个组项的"提升"（lift）。提升是一种度量值，表示相应的组项的值在该关联模式上下文中的增加幅度，具体计算方法是获取两个组项同时出现的概率，然后除以这两个组项单独出现的概率。如果两个组项之间有很强的关联性，提升的值就会比较高。

购物篮分析默认使用的是关联规则算法。

如图 7-42 所示，事务 ID 一般是订单 ID 或其他编号，而且不能选择为其他属性

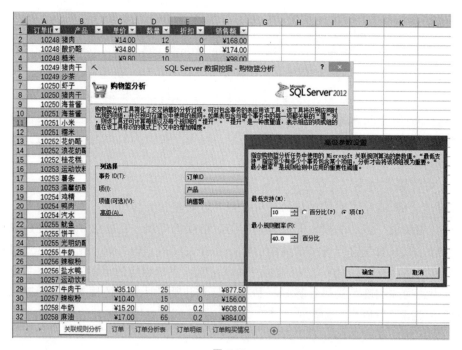

图 7-41

值，否则无意义；项就是指该订单 ID 下购买的产品；项值指的是该产品某个数值类型的属性值，如单价、数量、销售额等，可不选择。

图 7-42

高级参数设置中的最低支持度指的是同时购买某种产品的订单数量；最小规则概率指的是购买了产品 A 的订单中有多大比例会同时购买 B 产品，这样系统才会把产品 A 和 B 作为捆绑的推荐信息进行计算。

如果以图 7-42 所示的参数运行计算，则可能产生如图 7-43 所示的结果，即所提供的参数无法在已有的数据中找到对应的关联规则。

购物篮捆绑销售商品
分析时未标识项的重要项组

购物篮推荐
分析时未标识重要规则

图 7-43

因此，可将最低支持度调整为 2 项，最小规则概率调整为 20%，再运行计算，结果如图 7-44 所示。其中，(a) 图是“购物篮捆绑销售商品”表部分数据内容，(b) 图是“购物篮推荐”表部分数据内容。

购物篮捆绑销售商品

捆绑商品	捆绑大小	销售数量
海鲜酱, 花生	2	8
饼干, 温馨奶酪	2	7
牛奶, 鸭肉	2	6
意大利奶酪, 花奶酪	2	6
山渣片, 鸭肉	2	6
虾子, 鸭肉	2	6
饼干, 花奶酪	2	6
黄鱼, 鸭肉	2	6
黄鱼, 鸡肉	2	6
饼干, 山渣片	2	6
酸奶酪, 温馨奶酪	2	6
牛奶, 温馨奶酪	2	5
蟹, 辣椒粉	2	5
浪花奶酪, 猪肉	2	5
牛奶, 光明奶酪	2	5
苏打水, 鸭肉	2	5
饼干, 牛奶	2	5
海苔酱, 白米	2	5
绿豆糕, 牛奶	2	5
黄豆, 鸭肉	2	5
蛋糕, 白米	2	5
猪肉干, 温馨奶酪	2	5
柠檬汁, 光明奶酪	2	5
花生, 猪肉干	2	5
海苔酱, 鸭肉	2	4

(a)

购物篮推荐

所选商品	推荐	所选商品的销售情	关联销	关联销售的百分比	重要性
鸡	海哲皮	5	2	40.00%	1.44
胡椒粉	盐	13	3	23.08%	1.08
酱油	沙茶	12	3	25.00%	1.07
玉米片	柳橙汁	6	2	33.33%	1.06
花生	海鲜酱	39	8	20.51%	1.01
海鲜酱	花生	24	8	33.33%	0.94
牛肉干	海鲜粉	9	2	22.22%	0.90
蕃茄酱	棉花糖	12	3	25.00%	0.89
麻油	海鲜粉	10	2	20.00%	0.87
德国奶酪	黄豆	14	3	21.43%	0.86
胡椒粉	黄鱼	13	3	23.08%	0.86
干贝	山渣片	6	2	33.33%	0.82
味精	花奶酪	6	2	33.33%	0.79
白奶酪	饼干	15	4	26.67%	0.78
肉松	浓缩咖啡	8	2	25.00%	0.74
德国奶酪	饼干	14	3	21.43%	0.70
胡椒粉	浓缩咖啡	13	3	23.08%	0.70
肉松	温馨奶酪	8	2	25.00%	0.69
麻油	牛奶	10	2	20.00%	0.68
桂花糕	花奶酪	16	4	25.00%	0.67
白奶酪	牛奶	15	3	20.00%	0.66
牛肉干	花奶酪	9	2	22.22%	0.65
胡椒粉	花奶酪	13	3	23.08%	0.65
鸡精	汽水	13	3	23.08%	0.65
麻油	鸭肉	10	3	30.00%	0.64
蛋糕	白米	22	5	22.73%	0.63
德国奶酪	汽水	14	3	21.43%	0.62

(b)

图 7-44

(a) 图中“捆绑商品”指的是一个组项中的产品名称，“捆绑大小”指的是产品的数量，“销售数量”指的是多少个订单中包含了该组项。如果在图 7-42 中设置了项值，则还会有销售平均值和捆绑销售总值两项，以描述组项的价值。

(b) 图中“所选商品的销售情况”指的是用户购买所选商品的数量，比如第 1 条是 5 个事务（如订单），其中同时有 2 个事务购买了推荐商品，那么“关联销售的百分比”就是 40%。重要性属性中的值可看作提升的值，值越大，则产品之间的关联性越强。

图 7-45 是在参数配置中选择销售额作为项值得到的结果。

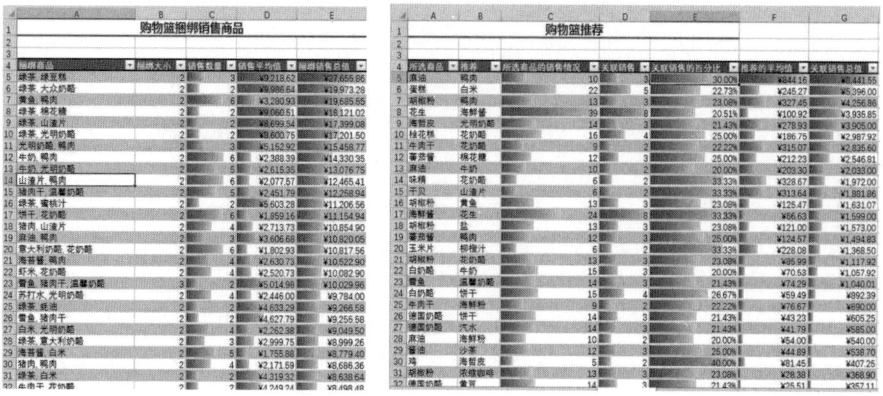

购物篮捆绑销售商品

捆绑商品	捆绑大小	销售数量	销售平均值	捆绑销售总值
绿茶, 绿豆糕	2	3	¥9,218.62	¥27,655.86
绿茶, 大众奶酪	2	2	¥9,986.64	¥19,973.28
黄鱼, 鸭肉	2	6	¥3,280.93	¥19,685.55
绿茶, 棉花糖	2	2	¥9,060.51	¥18,121.02
绿茶, 山渣片	2	2	¥8,699.54	¥17,399.08
绿茶, 光明奶酪	2	2	¥8,600.75	¥17,201.50
光明奶酪, 鸭肉	2	3	¥5,152.92	¥15,458.77
牛奶, 鸭肉	2	6	¥2,388.39	¥14,330.35
牛奶, 光明奶酪	2	5	¥2,615.35	¥13,076.75
山渣片, 鸭肉	2	6	¥2,077.57	¥12,465.41
猪肉干, 温馨奶酪	2	5	¥2,451.79	¥12,258.94
绿茶, 蜜桃汁	2	2	¥5,603.28	¥11,206.56
饼干, 花奶酪	2	6	¥1,859.16	¥11,154.94
猪肉, 山渣片	2	4	¥2,713.73	¥10,854.90
麻油, 鸭肉	2	3	¥3,606.68	¥10,820.05
意大利奶酪, 花奶酪	2	6	¥1,802.93	¥10,817.56
海苔酱, 鸭肉	2	4	¥2,630.73	¥10,522.90
虾米, 花奶酪	2	4	¥2,520.73	¥10,082.90
雪鱼, 猪肉干, 温馨奶酪	3	2	¥5,014.98	¥10,029.96
苏打水, 光明奶酪	2	4	¥2,446.00	¥9,784.00
绿茶, 蚝油	2	2	¥4,633.29	¥9,266.58
雪鱼, 猪肉干	2	2	¥4,627.79	¥9,255.58
白米, 光明奶酪	2	4	¥2,262.38	¥9,049.50
绿茶, 意大利奶酪	2	3	¥2,999.75	¥8,999.26
海苔酱, 白米	2	5	¥1,755.88	¥8,779.40
猪肉, 鸭肉	2	4	¥2,171.59	¥8,686.36
绿茶, 白米	2	2	¥4,319.32	¥8,638.64
牛肉干, 花奶酪	2	2	¥4,249.24	¥8,498.48

购物篮推荐

所选商品	推荐	所选商品的销售情况	关联销售	关联销售的百分比	推荐的平均值	关联销售总值
麻油	鸭肉	10	3	30.00%	¥844.16	¥8,441.55
蛋糕	白米	22	5	22.73%	¥245.27	¥5,396.00
胡椒粉	鸭肉	13	3	23.08%	¥327.45	¥4,256.86
花生	海鲜酱	39	8	20.51%	¥100.92	¥3,935.85
海哲皮	光明奶酪	14	3	21.43%	¥278.93	¥3,905.00
桂花糕	花奶酪	16	4	25.00%	¥186.75	¥2,987.92
牛肉干	花奶酪	9	2	22.22%	¥315.07	¥2,835.60
蕃茄酱	棉花糖	12	3	25.00%	¥212.23	¥2,546.81
麻油	牛奶	10	2	20.00%	¥203.30	¥2,033.00
味精	花奶酪	6	2	33.33%	¥328.67	¥1,972.00
干贝	山渣片	6	2	33.33%	¥313.64	¥1,881.86
胡椒粉	黄鱼	13	3	23.08%	¥125.47	¥1,631.07
海鲜酱	花生	24	8	33.33%	¥66.63	¥1,599.00
胡椒粉	盐	13	3	23.08%	¥121.00	¥1,573.00
蕃茄酱	鸭肉	12	3	25.00%	¥124.57	¥1,494.83
玉米片	柳橙汁	6	2	33.33%	¥228.08	¥1,368.50
胡椒粉	花奶酪	13	3	23.08%	¥85.99	¥1,117.92
白奶酪	牛奶	15	3	20.00%	¥70.53	¥1,057.92
雪鱼	温馨奶酪	14	3	21.43%	¥74.29	¥1,040.01
白奶酪	饼干	15	4	26.67%	¥59.49	¥892.39
牛肉干	海鲜粉	9	2	22.22%	¥76.67	¥690.00
德国奶酪	饼干	14	3	21.43%	¥43.23	¥605.25
德国奶酪	汽水	14	3	21.43%	¥41.79	¥585.00
麻油	海鲜粉	10	2	20.00%	¥54.00	¥540.00
酱油	沙茶	12	3	25.00%	¥44.89	¥538.70
鸡	海哲皮	5	2	40.00%	¥81.45	¥407.25
胡椒粉	浓缩咖啡	13	3	23.08%	¥28.38	¥368.90
德国奶酪	黄豆	14	3	21.43%	¥25.51	¥357.11

图 7-45

7.3 数据快速挖掘——Excel 数据挖掘客户端

Excel 数据挖掘客户端来源于 SQL Server 数据挖掘外接程序（SQL_AS_DM_Addin，针对不同的 Excel 版本有相应的程序版本），是用于预测分析的一组轻型工具，允许数据分析者使用 Excel 中的数据生成分析模型进行预测、建议或浏览。

SQL Server 数据挖掘外接程序中的向导和数据管理工具为以下常用的数据挖掘任务提供了分步说明：

（1）建模前组织和清理数据，包括使用在 Excel 中或任何 Excel 数据源中存储的数据。可创建并保存连接以重用数据源、重复进行试验或将模型重新定型。

（2）探查、抽样和准备。许多经验丰富的数据挖掘人员都认为，一个数据挖掘项目中有 70%—90%的时间用在数据准备上。该外接程序通过在 Excel 中提供可视化效果和向导，可使此任务更快完成。

① 探查数据并了解其分布和特征。

② 通过随机抽样或过度抽样创建定型集和测试集。

③ 找到离散值并删除或替换它们。

④ 重新标记数据以提高分析质量。

（3）提供监督学习或无监督学习分析模式。单击用户友好的向导以便执行某些最常见的数据挖掘任务，包括聚类分析、购物篮分析和预测。该外接程序中包括的众所周知的计算机学习算法为 Naïve Bayes、逻辑回归、聚类分析、时序和神经网络。如果不熟悉数据挖掘，可以使用“查询”向导帮助生成预测查询。高级用户可通过拖放“高级查询编辑器”生成自定义 DMX 查询，或使用 Excel VBA 自动进行预测。

（4）记载和管理。创建数据集并生成一些模型后，可通过生成的数据和模型参数的统计摘要记录工作和见解。

（5）浏览和展现。数据挖掘不是完全自动执行的活动，需要探索并理解结果才能采取有意义的操作。该外接程序可帮助数据分析者探索各种内容，包括在 Excel、Visio 模板中提供交互式查看器，使分析者可自定义模型关系图，还可将图表导出到 Excel 中供进一步筛选或修改。

（6）部署和集成。创建有用的模型，并投入生产，通过使用管理工具将该模型从试验服务器导出到另一个 Analysis Services 实例中。数据分析者还可以将模型保留在服务器上创建它时的位置，使用 Integration Services 或 DMX 脚本刷新定型数据并运行预测。高级用户可使用"跟踪"功能，通过该功能，可看到发送到服务器的 XMLA 和 DMX 语句。

该外接程序安装过程相对简单，如图 7-46 所示。其中 Excel 表分析工具就是 7.2 节所涉及的内容。

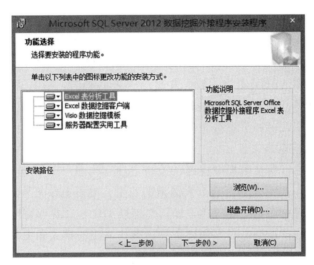

图 7-46

安装完成后，启用 Excel 程序，则可以看到数据挖掘菜单项及其功能模块，如图 7-47 所示，之后的功能调用就在该菜单项下完成。

图 7-47

Excel 数据挖掘模块分为数据准备、数据建模、准确性和验证、模型用法、模型管理、连接等模块。

注意：针对 Excel 2016 版本，微软未提供对应的数据挖掘外接程序，若要在该版本中使用，一般的做法是先安装 Office 2013 版本中的 Excel 模块，然后再安装 Office 2016 版本中的全功能模块，最后安装 SQL Server 数据挖掘外接程序，此时在 Excel 2013 和 2016 版本中都可启用数据挖掘模块。Excel 2019 或 O365 版本也可作类似的操作。

7.3.1　定义问题

若要执行数据挖掘，则应收集相关数据的特定问题，如："是我的客户?""购买了哪些产品?"然后应用一种算法查找数据中的统计关联。通过分析找到的模式和趋势可存储为挖掘模型。

当问题清晰定义后，应该能够明确指出预期模型要达到什么效果，以及如何衡量模型是否实现相关的目标。比如，所定义的目标不是"找到新客户"，而是更加具体的如"找到可能购买产品的、概率至少是 65％的客户群人口统计信息"等。那么，数据分析者就要完成以下几项任务：

（1）数据集应包含至少一个可用于训练和预测的"结果"属性。如果没有此类属性，可以手动标记一些定型数据，也可以使用其他列创建针对该结果的替代数据。

（2）如果想要预测"最佳潜在客户"，则应该使用某种业务规则事先完成现有客户的标记，以便数据挖掘过程中可以从提供的示例中学习。

（3）如果要处理随时间变化的值，并预测将来的趋势，应考虑所需结果的粒度。另外，必须使用相同单位对所要预测的数据进行分析。

（4）对于周期模式，如果没有获得关于每日数据很好的结果，则试用不同时间段，如每周天数、月或甚至节假日。

（5）在启动向导以便在数据中找到新关联之前，再看一下数据并且考虑在数据集中可能存在何种现有关系，是否有令人混淆的变量，是否有重复项或代理。

（6）评估模型成功的指标有哪些，如何知道模型已经"足够好"。

（7）通过数据挖掘模型进行预测还是仅仅查找关注的模式和关联?

7.3.2　数据准备

数据准备不仅在于获取、清理数据。本书之前章节所涉及的主要内容都与数据的获取、清理相关，目的是为数据的后期分析与挖掘提供质量更高的数据。

准备数据的方式还会影响最终解释结果的方式。数据准备涉及（但不限于）以下任务：

（1）明确源数据的存储位置、来源以及处理方式，如果需要可以轻松地重复相关过程。

（2）明确数据的含义、类型和输入数据的分布，探索和检查数据的分布。

（3）清除有错的记录并选择用于数据挖掘的列，同时适当地处理相关 Null 值。

（4）了解数据完整性级别和数据分析任务所需的级别，如按不同的大块时间将值归入统计或聚合值。

（5）确定需要预测的粒度，并适时添加标签以提高结果的可用性。

（6）明确定义的输出，比如在必要时针对不同的模型转换数据类型或将值分类以供分析。

对于利用 SQL Server 数据挖掘外接程序进行快速挖掘，这里主要基于"cnbo"（中国电影票房）、"订单""订单明细"等数据表进行讲解。对原始数据表进行分析、挖掘之前，最好进行相关表的备份。

数据准备包括以下步骤：

1. 数据连接

使用外接程序中的建模和可视化工具需要与 Analysis Services 实例连接，因为这些外接程序依赖 Analysis Services 所提供的算法和数据结构。具体做法请参考 7.2.1 节相关内容。配置后的结果如图 7-48 所示。

图 7-48

2. 浏览数据

浏览数据向导可帮助了解数据类型和数据量。然后，可尝试更改数据的分组方式，或将显示相应内容的图表复制到 Excel 工作簿中进行查看。

如果数据包含连续数值数据，可以在下面两种视图间切换：

（1）线形图。线形图显示在 x 轴和 y 轴上的事例数的数据值。

（2）条形图。条形图将值按照每个值的事例数进行分组。

当向导在数据中找到组时，使用数据值的实际分布。因此，条形图不显示典型的整数数值轴标记，如 10 或 100，所显示的范围可能会像 43521—55603 那样（对于"收入"列）。

如果要按其他范围对数据进行分组，则应当在分析数据前在 Excel 中执行此操作，或者可以使用重新标记的数据重新标记向导。

假设已经调用了 cnbo 表的表分析功能。单击"数据挖掘"菜单，选择"浏览数据"，如图 7-49 所示。系统会自动选择"表"下拉列表中的相关表对象，如果不是在表分析环境下，那么必须手动选择需要浏览的数据区域。

单击"下一步"后，在"选择列"中选择相应的数据列，或者单击数据样本中的属性，表示要浏览该属性值的分布情况，如图 7-50 所示。

当选择"price"（电影平均票价）作为观测值后，默认会将票价分为 8 个数据区间（即"存储桶"为 8），并以"视作数值"的方式进行图表呈现，如图 7-50（b）所示。

如果以"视作离散"的方式呈现，则会将 price 属性值作为 x 轴，y 轴则是 price

值的计数，如图 7-51（a）所示。

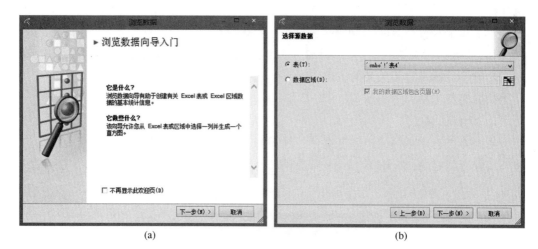

(a)   (b)

图 7-49

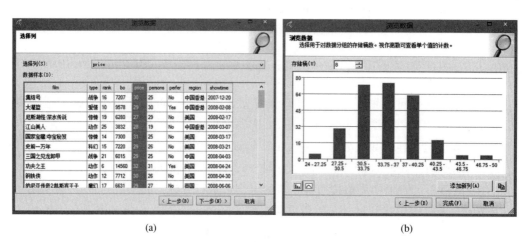

(a)   (b)

图 7-50

在"视作数值"模式下，"添加新列"是激活的状态，单击该按钮，可在"price1"属性后增加一个新列"price2"，里面的数值是一个区间数据，如图 7-51（b）所示。

单击"复制"，可以将图表粘贴到相关的数据表中。

3. 清除数据

"清除数据"选项有两个功能模块：

（1）离群值

离群值即由于以下原因之一具有问题的数据值：

① 值超出预期的范围；

② 数据输入可能有误；

③ 缺少值；

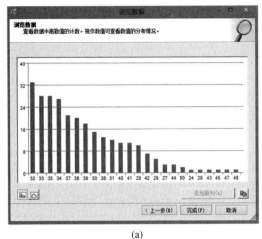

(a)

(b)

图 7-51

④ 数据包含空格或其他 Null 字符串；

⑤ 值是准确的，但与分布范围相距甚远，以致无法显著影响模型。

Excel 数据挖掘客户端能帮助检测这种数据，然后更新值或取消值。例如，将离群值替换为算术平均值，也可删除可能有错的值所在的行。

在 cnbo 数据中，有个别记录不符合正常规律，如缺少上映时间、地区，或者存在重复值问题，这时可以使用离群值功能对这些数据进行标记或将其清除。

如图 7-52 所示，（a）图表示选择了电影类型"type"作为离群值判断的依据，（b）图则表示离群值的阈值设置为"2"，即电影类型总计数没有达到 2 的，会被作出离群标记或其他处理。

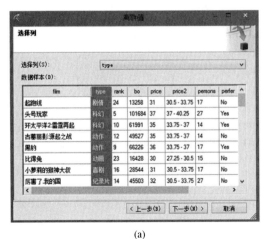

(a)

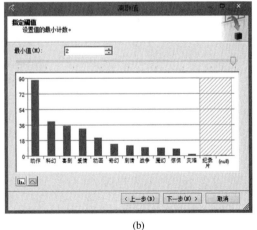

(b)

图 7-52

如图 7-53 所示，（a）图表示选择离群值的处理方式，（b）图表示离群值被修改后存储的位置。

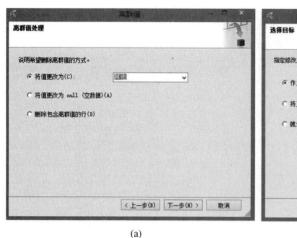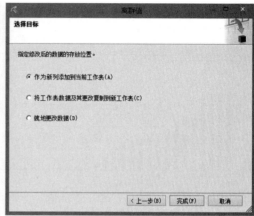

(a)　　　　　　　　　　　　　　(b)

图 7-53

　　如图 7-54 所示，有两部电影被进行了离散值标注，新的标注位于"type2"属性列。

	film	type	type2	rank	bo
204	西游记之大闹天宫	魔幻	魔幻	3	104549
205	霍比特人1:意外旅程	魔幻	魔幻	21	31579
206	哈利·波特与死亡圣器(下)	魔幻	魔幻	6	40245
207	加勒比海盗4:惊涛怪浪	魔幻	魔幻	3	46439
208	哈利·波特与死亡圣器(上)	魔幻	魔幻	10	20987
209	诸神之战	魔幻	魔幻	14	17113
210	哈利·波特与混血王子	魔幻	魔幻	9	15524
211	纳尼亚传奇2:凯斯宾王子	魔幻	魔幻	17	6631
212	厉害了,我的国	纪录片	其他	14	45503
213	赵氏孤儿		其他	12	18004
214	二代妖精之今生有幸	奇幻	奇幻	25	12249
215	悟空传	奇幻	奇幻	21	69653
216	西游伏妖篇	奇幻	奇幻	5	165593
217	长城	奇幻	奇幻	10	97937
218	神奇动物在哪里	奇幻	奇幻	24	58921
219	奇异博士	奇幻	奇幻	18	75165

图 7-54

（2）重新标记

重新标记的原因包括：

① 数据的结果经过编码，如 1 表示男性，2 表示女性。

② 要将数值装入存储桶，并希望为范围提供一个说明性名称。

③ 要简化长名称。

　　如图 7-55 所示，（a）图表示当启用重新标记的功能模块后，选择"type"属性列作为参考列，（b）图则表示将原始标签为空的设置为新标签"其他"。

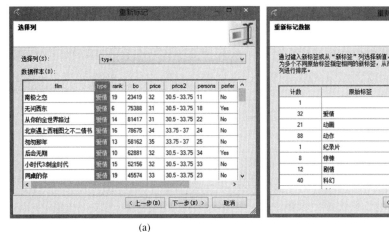

图 7-55

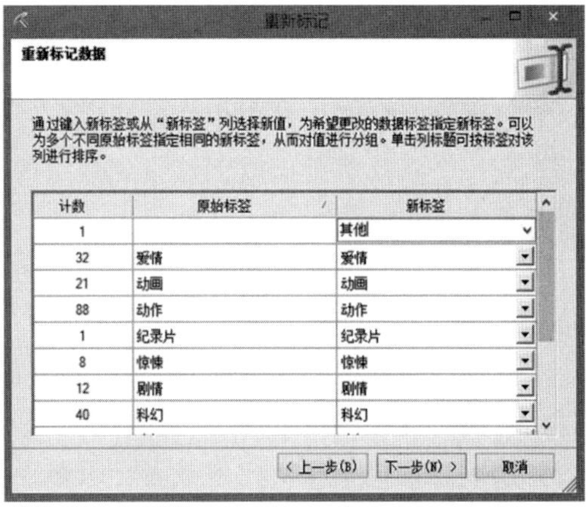

重新标记过的数据如图 7-56 所示。

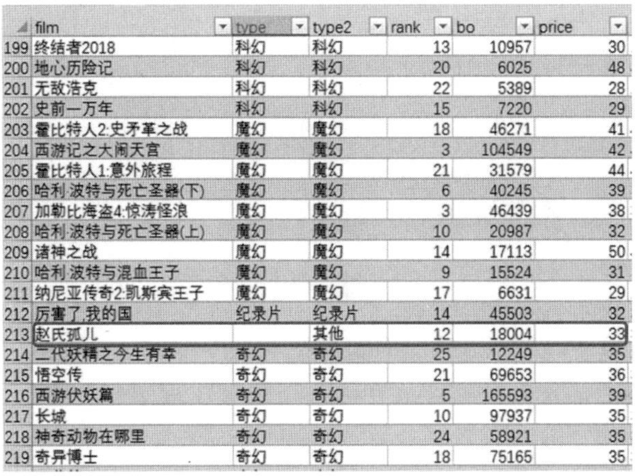

图 7-56

4．示例数据

示例数据功能模块可以轻松地将源数据划分为两个集，一个用于构建（训练）模型，另一个用于测试模型。此向导还提供了一个选项，可用于重新抽样数据以生成能更好地表示目标的新数据集。

为模型的定型和测试创建正确类型的数据是数据挖掘的一个重要部分，但如果没有适当的工具，将非常单调乏味。该向导执行分层抽样以确保定型和测试数据集均衡。

示例数据功能模块的实现通过随机抽样和过度抽样来完成。

（1）随机抽样

随机抽样是确保用于测试模型的数据能准确表示用于创建模型的数据的最佳方式。可对存储在 Excel 或外部数据源中的数据进行随机抽样。

使用随机抽样选项示例数据向导能够自动创建定型和测试数据集，并将其输出到单独的 Excel 工作表以供日后参考。

（2）过度抽样

过度抽样能指定数据中特定的目标值，示例数据向导将收集数据均衡的一组，从而达到一个目标百分比或创建指定数量的行。过度抽样只能用于本地数据表，不能用于外部数据源。

如果使用过度抽样选项，示例数据向导将创建一个包含新均衡的示例数据的新工作表。

这里使用随机抽样功能对 cnbo 表进行随机抽取，如图 7-57 所示，（a）图表示抽样的方法，若在前一个步骤选择的是外部数据源，则过度抽样方法是不能使用的。（b）图表示随机抽样的比例或者记录数。

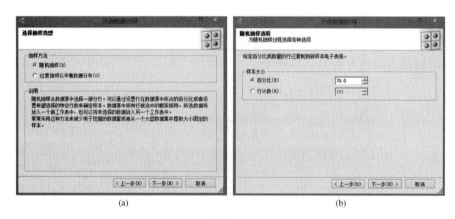

图 7-57

如图 7-58 所示，若以 70％的比例随机抽取 cnbo 数据，则 70％的数据记录会存放在"所选数据"表中，其他数据存放在"未选数据"表中。

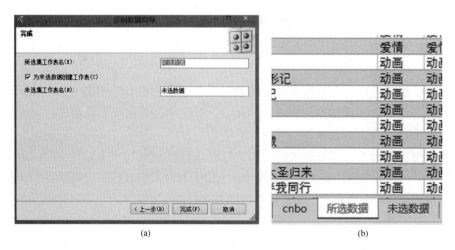

图 7-58

图 7-59 为进行过度抽样的配置，该配置说明电影的产地（region）是中国，要求产地是中国的电影数量必须占 50％，总的样本大小是 273，可调整为如 150。

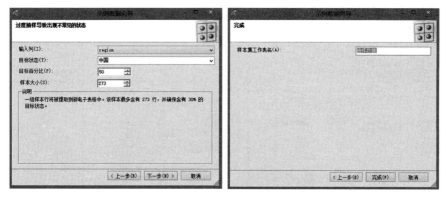

图 7-59

数据随机抽取后不会对原数据表进行修改或删除。

7.3.3 生成模型

数据建模功能主要包括分类、估计、聚类、关联、预测及高级数据建模等。

1. 分类

分类数据挖掘功能可帮助数据分析者生成基于各类数据源中的现有数据的分类模型。分类模型提取数据中具有相似性的模式，有助于对基于值的分组进行预测。例如，分类模型可用于根据收入或消费模式来预测风险。

分类数据挖掘功能使用的主要算法有：

（1）Microsoft 决策树算法

（2）Microsoft 逻辑回归算法

（3）Microsoft Naïve Bayes 算法

（4）Microsoft 神经网络算法

假设要对电影票房（bo）进行分类，而分类依据来自电影类型、票价及每场人均数等属性列，具体步骤如下：

调用数据挖掘中的分类功能，要分析的列是"bo"，"输入列"包括价格 price、场均人数（persons），相关输入列根据实际需要进行挑选，如图 7-60 所示。

单击"参数"后，如图 7-61 所示，可选择决策树、贝叶斯等算法，并在下方的参数列表中对相关参数进行添加或调整。

如图 7-62（a）所示，设置"要测试的数据的百分比"或者"最大行数"（剩下的记录往往用来进行模型的定型）。"最大行数"如果设置为 0，则表示将所有记录都拿来进行测试（可能会影响分析的进程）。（b）图表示可选择"浏览模型""启用钻取""使用临时模型"等功能。

（1）浏览模型是指单击"完成"后，将直接调用如图 7-63 所示的分类结果等

(a)   (b)

图 7-60

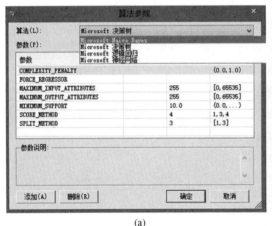
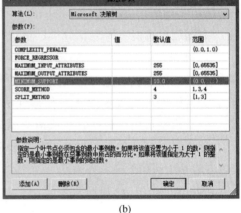

(a)   (b)

图 7-61

模块。

（2）启用钻取是在选择决策树算法时才能使用的功能，选择此选项可以查看已完成模型中的基础数据（关于钻取等数据挖掘概念请参考其他相关资料）。

（3）使用临时模型，这时模型不会被存储到 Analysis Services 数据库中，且 Excel 关闭后无法再次通过浏览功能模块调用。

图 7-63 是利用决策树算法进行数据挖掘的结果，（a）是决策树图，（b）是依赖关系网络图。（a）以 price 为根节点，对 bo 进行了划分，划分的依据是"＞＝36"和"＜36"，价格节点之后无其他分支。（b）图显示出 price 对 bo 的影响是最重要的。

不同的数据集和参数设置都会对决策树的生成产生影响，如图 7-64 所示，这是对另一个数据集的分类，使用的算法也是决策树算法，其根节点是数量，其次是单价……

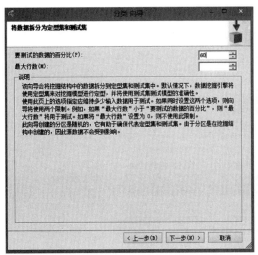
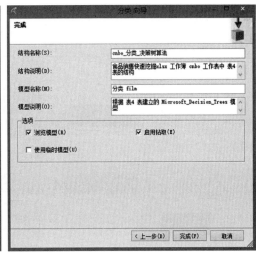

(a)　　　　　　　　　　　　　　　　(b)

图 7-62

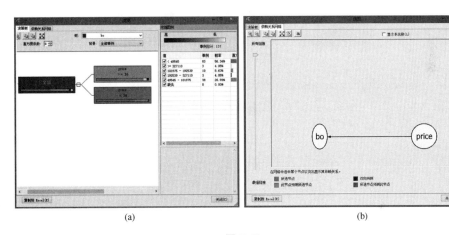

(a)　　　　　　　　　　　　　　　　(b)

图 7-63

图 7-65 则是依赖关系网络图，说明数量和单价对于销售额的影响是最明显的，当滑动左侧的强度链接调整时，可以看到不同的数量和单价对于销售额的影响程度是不同的（数量的重要性更加明显）。

2. 估计

估计数据挖掘功能能够帮助数据分析者创建估计模型。估计模型从数据中提取模式，并使用这些模式预测将会影响结果的因素。

估计用于预测数字结果。例如，如果目标列包含学校的升学率（升学率以百分比表示），则可分析有可能提高或降低升学率的因素，如每个学校的学生数量、学生与教师的比例以及教师数量。

估计数据挖掘功能使用的主要算法有：

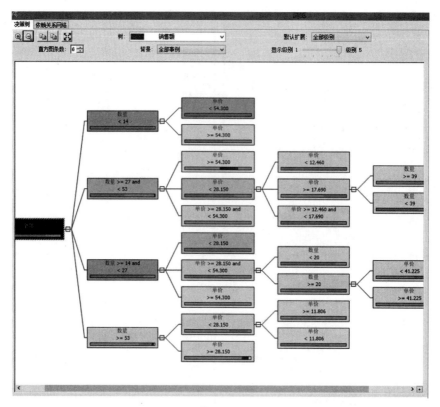

图 7-64

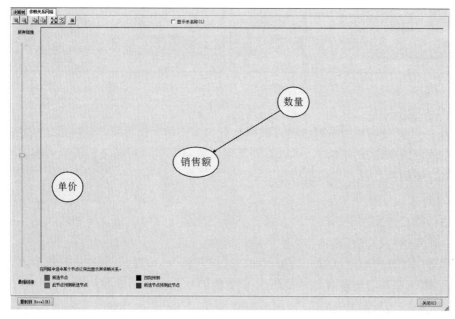

图 7-65

（1）Microsoft 决策树算法

（2）Microsoft 线性回归算法

（3）Microsoft 逻辑回归算法

（4）Microsoft 神经网络算法

仍然以 cnbo 为例，对 bo 进行估计，影响因素包括 type、rank、price、persons、prefer、region 等，分析的列和回归量是 bo，如图 7-66（a）所示。单击"参数"按钮后，可选择相应的算法，如图 7-66（b）所示，不同的算法有不同的参数，也会对之后的模式选择造成影响。

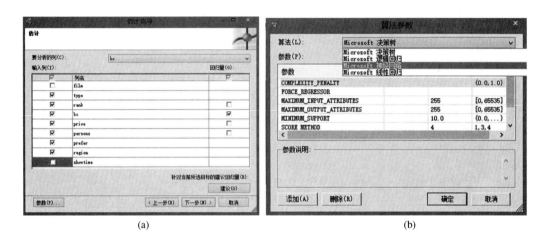

| (a) | (b) |

图 7-66

选择测试的数据百分比为 30%，将结构名称更改为如图 7-67 所示。

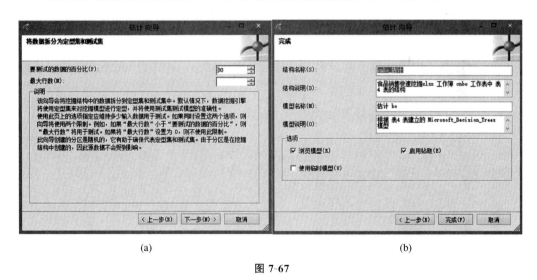

| (a) | (b) |

图 7-67

完成后，决策树如图 7-68 所示，依赖关系网络如图 7-69 所示。这两张图是相互关联的。依赖关系网络图中 rank 属性对于 bo 的影响最大，因此可以将它看作根节点；而 region 的影响最小，所以，其位置往往在决策树图中分支的最右边子节点上。单击每个节点，在右侧的挖掘图中，会显示不同的系数和直方图，在右下角则呈现了 bo 和当前节点的关系方程式。

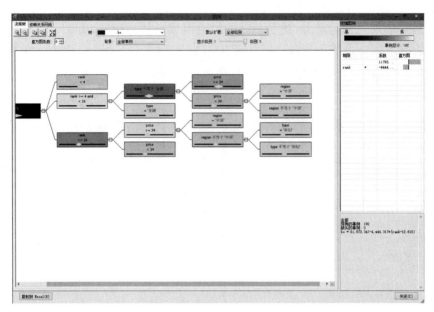

图 7-68

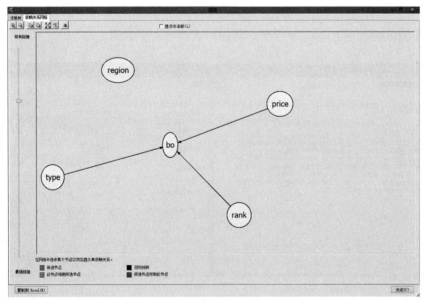

图 7-69

3. 聚类

聚类数据挖掘功能帮助数据分析者建立模型，检测共享类似特征的行并对这些行进行分组，以最大限度地增加这些组之间的距离。此功能对于查找各种类型数据中的模式非常有用。

聚类分析向导使用 Microsoft 聚类分析算法，可以进行广泛的自定义。该向导可用于现有的数据，包括 Excel 表、Excel 区域或 Analysis Services 查询。不过，检测类别工具无法自定义，必须使用 Excel 表中的数据。

聚类数据挖掘功能使用的主要算法有：

（1）K-means 算法——可缩放或不可缩放

（2）期望最大化（EM）算法——可缩放或不可缩放

以 cnbo 为例，选择除 film、rank、showtime 三列外的其他列作为输入参数，并将 30％的数据作为测试数据，如图 7-70 所示。

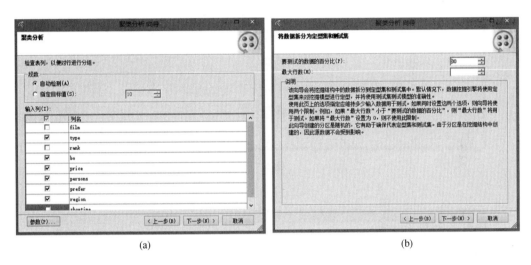

(a)   (b)

图 7-70

在聚类数据挖掘中，无法选择算法，只能对参数进行一定的修改，运行后的结果如图 7-71 所示。分类关系图共有 8 个分类，分类颜色越深，说明所占比例越大。当鼠标置于分类上悬停时，通常会显示该分类的比例。

分类剖面图为分析者提供直观的各属性变量在不同分类中的占比情况，如图 7-72 所示，其右侧显示图例和相应的属性变量在该分类中的具体属性值。

分类特征图显示各分类的显著特征，如总体特征是以 prefer 和 region 进行划分的，如图 7-73 所示。

但如果查看分类 4，则会发现 region 属性变量比 prefer 属性变量更加重要，如图 7-74 所示。

分类对比图则显示某分类与其他类之间的主要区别，如分类 1 与分类 4 的区别主要在于 prefer、persons 两个属性变量，如图 7-75 所示。

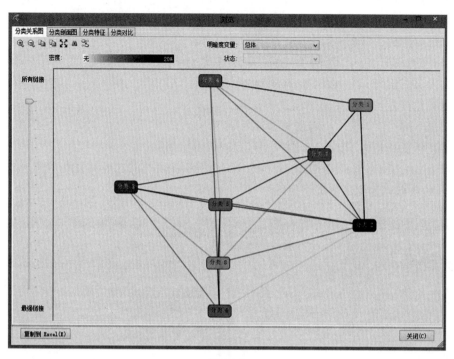

图 7-71

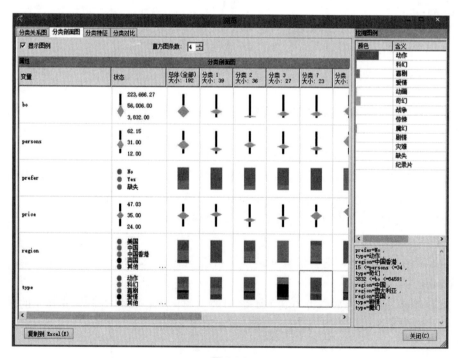

图 7-72

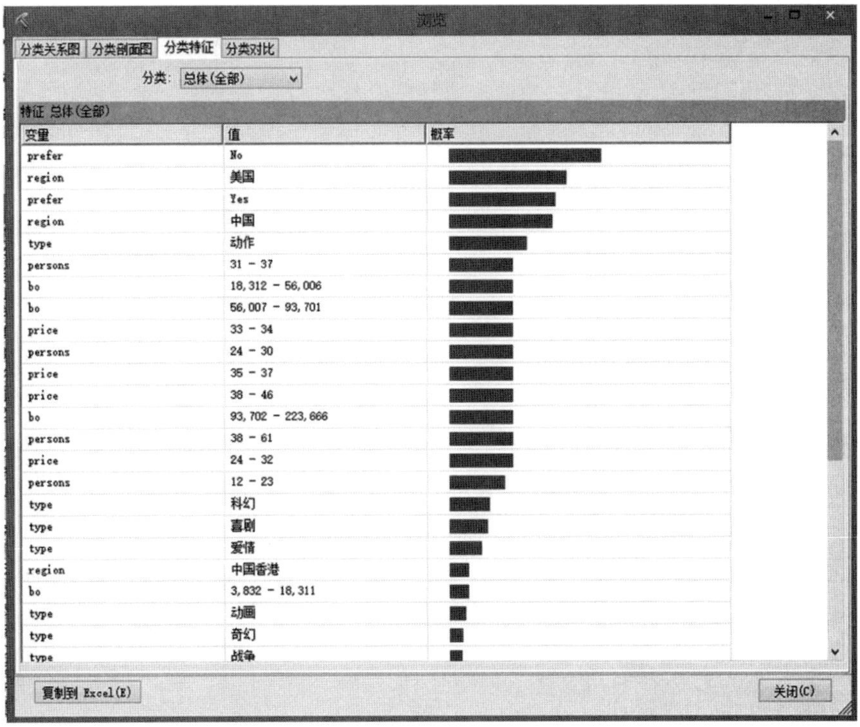

变量	值	概率
prefer	No	
region	美国	
prefer	Yes	
region	中国	
type	动作	
persons	31 - 37	
bo	18,312 - 56,006	
bo	56,007 - 93,701	
price	33 - 34	
persons	24 - 30	
price	35 - 37	
price	38 - 46	
bo	93,702 - 223,666	
persons	38 - 61	
price	24 - 32	
persons	12 - 23	
type	科幻	
type	喜剧	
type	爱情	
region	中国香港	
bo	3,832 - 18,311	
type	动画	
type	奇幻	
type	战争	

图 7-73

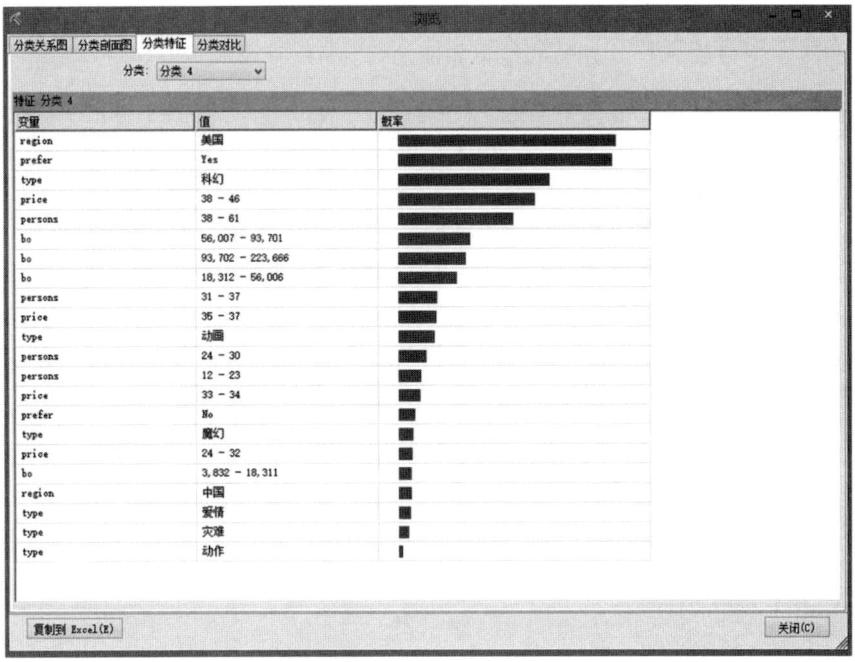

变量	值	概率
region	美国	
prefer	Yes	
type	科幻	
price	38 - 46	
persons	38 - 61	
bo	56,007 - 93,701	
bo	93,702 - 223,666	
bo	18,312 - 56,006	
persons	31 - 37	
price	35 - 37	
type	动画	
persons	24 - 30	
persons	12 - 23	
price	33 - 34	
prefer	No	
type	魔幻	
price	24 - 32	
bo	3,832 - 18,311	
region	中国	
type	爱情	
type	灾难	
type	动作	

图 7-74

浏览

分类关系图 | 分类剖面图 | 分类特征 | **分类对比**

分类 1: 分类 1   分类 2: 分类 4

分类 1 和 分类 4 的对比分数

变量	值	倾向于 分类 1	倾向于 分类 4
prefer	Yes		▇▇▇▇▇
prefer	No	▇▇▇	
persons	12 − 31	▇▇▇	
persons	32 − 72		▇▇▇▇
type	动作	▇▇	
price	31 − 40	▇▇	
price	41 − 50		▇▇
bo	12,125 − 98,451	▇	
type	科幻		▇
bo	98,452 − 339,536		▇

复制到 Excel(E)　　　　关闭(C)

图 7-75

若指定分类的数目而非系统自动分类，如图 7-76（a）所示，将 cnbo 中的数据根据一定的输入列分成 5 类，分类的结果如图 7-76（b）所示。

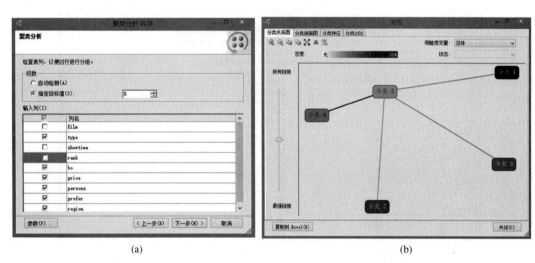

(a)　　　　　　　　　　　(b)

图 7-76

4. 关联

关联数据挖掘功能帮助数据分析者使用 Microsoft 关联规则算法来创建数据挖掘

模型。该模型常用于创建推荐系统。其工作方式为先运用 Microsoft 关联规则算法扫描由事务或事件组成的数据集，然后找到经常一起出现的组合，可能有数千个组合，但是可自定义该算法以查找更多或更少以及仅保留最有可能的组合。

关联分析可应用于许多方面，最常见的是应用于购物篮分析，该分析可找到经常一起购买的个别产品，数据分析者、管理者、决策者等可以使用这些信息，并根据客户已经购买的物品向其推荐产品。

以订单明细表 _ 关联为例，启用关联数据挖掘功能，如图 7-77 所示。

(a)　　　　　　　　　　　　　　　　(b)

图 7-77

产生的结果有规则、项集和依赖关系网络。"规则"中，包括规则的描述、概率和重要性，重要性的得分越高，规则的质量越好，如图 7-78 所示。

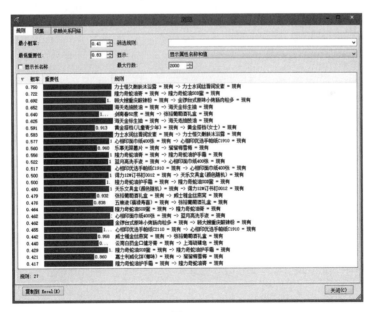

图 7-78

项集是指由项组成的集合，比如，事务 ID1 的项为 {牛奶，糖果，大米}，那么该项集就是 3-项集。在"项集"中，可以看到项集内容、大小和出现的次数（支持度），支持度越高，形成的项集就越稳定。最小项集的调整会影响到最后生成的项集数量。具体如图 7-79 所示。

图 7-79

在依赖关系网络中，呈现的是所有节点及它们之间的相互依赖关系，通过调节左边的链接滑块，对依赖关系和链接的强弱程度进行查看，滑块越往下滑动，关系的强度就越强，如图 7-80 所示。

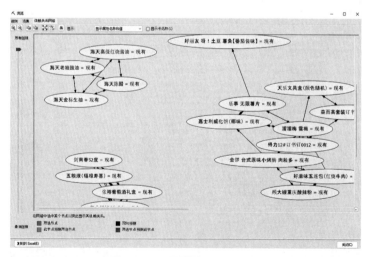

图 7-80

5. 预测

预测数据挖掘功能可以预测时序中的值。预测向导使用 Microsoft 时序算法，该算法是一个用于预测连续列（如产品销售）的回归算法。

每个预测模型都必须包含一个事例序列，即区分序列中不同点的列，比如，使用历史数据来预测几个月内的销售情况，会用一系列日期作为事例序列。

可以从预测模型中创建预测信息，而无须提供新的输入数据。

预测数据挖掘功能使用的主要算法有：

（1）ARIMA 算法

（2）ARTXP（一种回归模型）算法

（3）ARTXP 和 ARIMA 混合算法

以订单明细_预测表为例，启用预测数据挖掘功能，如图 7-81 所示。

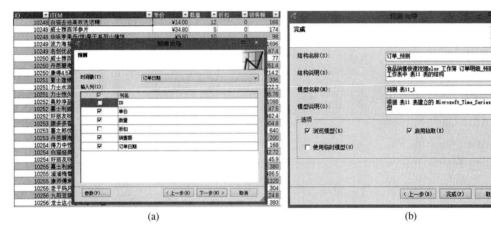

(a)　　　　　　　　　　　　　　(b)

图 7-81

在"图表"选项中，可看到单价、数量、销售额三个属性变量（也可以对单个对象进行预测）的历史数据（实线部分）、预测数据（虚线部分），如图 7-82 所示。

通过增加"预测步骤"（即往后预测的时间延长），虚线部分会继续往右延展，当光标置于虚拟的某个位置时，右侧的"挖掘图例"中的"时间戳"及相关预测值会发生变化，如图 7-83 所示。

6. 高级数据建模

（1）创建挖掘结构

创建挖掘结构向导可帮助数据分析者生成新的数据挖掘结构并将其作为多个挖掘模型的基础。通过该向导，可以选择保留要用作测试集的数据部分，可以按照一致的测试标准对所有使用相同数据的模型进行评估。

使用高级数据建模可直接进行分析，而不一定要创建模型的数据集分组。在希望尝试使用不同算法时，此功能非常有用。

启用"高级数据建模"中的"创建挖掘结构"，如图 7-84 所示，对目标表中的相关字段进行设置，如要有唯一值的 ID 作为 key（键），如果之后的工作要开展预测等与时间序列相关的要有 key time（时间键）。

"包括"或"不使用"某个属性可根据实际需要进行调整，如图 7-85 所示。

· 313 ·

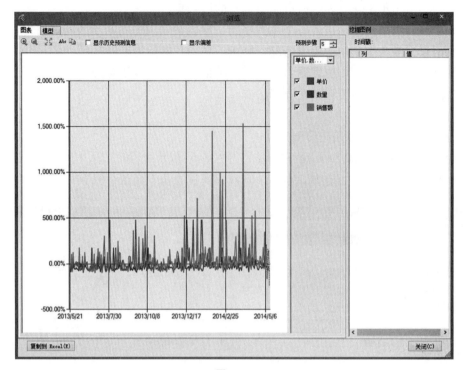

图 7-82

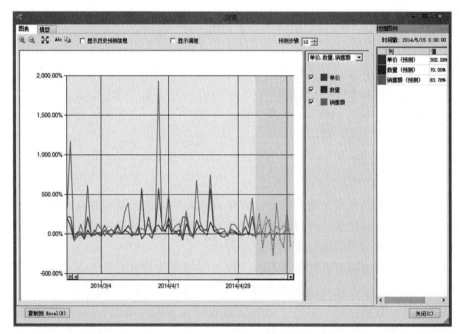

图 7-83

不带任何模型的数据挖掘结构是为了提高之后的数据挖掘工作效率，将来只要将

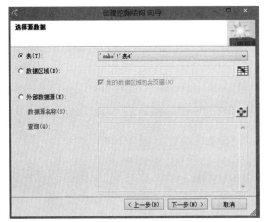
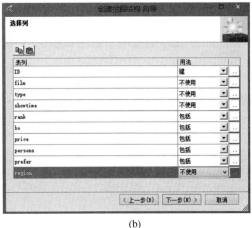

(a)　　　　　　　　　　　　　　　　　(b)

图 7-84

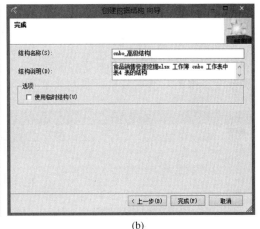

(a)　　　　　　　　　　　　　　　　　(b)

图 7-85

模型嵌入数据挖掘结构中即可得到想要的挖掘结果。

注意：创建挖掘结构时，也可以建立可用于验证所有模型的随机选择的测试数据集。这样做十分方便，可以针对公共数据集轻松地比较模型准确性，只需选择选项，将数据拆分为定型集和测试集并指定要为测试保留，通常数据的相应百分比为 30%。

（2）将模型添加到结构

通过将模型添加到结构向导，可以选择现有的数据挖掘结构，并为该结构创建新的数据挖掘模型。同时，可以在结构中添加多个挖掘模型、更改参数或选择不同的数据挖掘算法，并自定义输出。

当单击"将模型添加到结构"，向导即启动，可帮助创建新的挖掘模型使用于现有的挖掘结构。此选项十分有用，因为通过它可以比较基于相同数据的模型或创建自定义模型。

启动"将模型添加到结构"功能，选择已经创建的数据挖掘结构，如图 7-86 所示，再根据实际需求对算法进行选择。

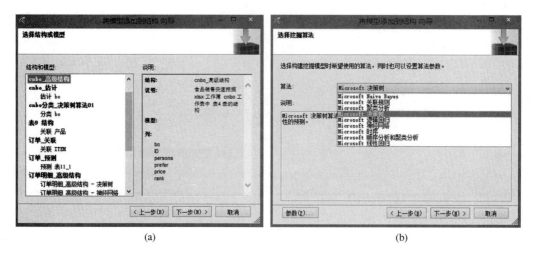

(a)　　　　　　　　　　　　　　　(b)

图 7-86

选择算法后，再根据算法的要求对实际需要的属性变量进行选择，比如，ITEMID 是订单编号，在决策树算法中可能不需要，就重新设置为"不使用"，因为没有涉及预测，所以订单日期也不使用，如图 7-87 所示。

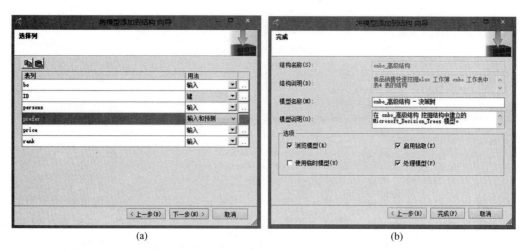

(a)　　　　　　　　　　　　　　　(b)

图 7-87

运行后的结果如图 7-88 和图 7-89 所示。

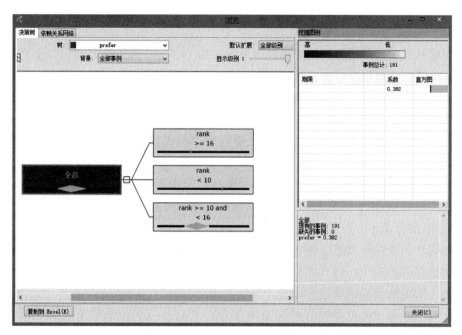

图 7-88

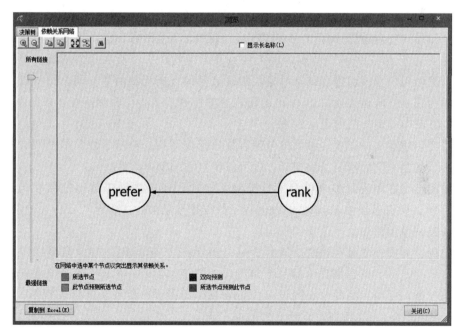

图 7-89

若需要其他模型，则重新运行"将模型添加到结构"功能，继续添加聚类分析、关联规则分析、神经网络分析等模型到数据挖掘结构中。

7.3.4　模型准确性与验证

测试和验证模型是数据挖掘过程中很重要的一步。将挖掘模型部署到生产环境之前，必须了解挖掘模型对于实际数据的执行情况。数据挖掘外接程序包含的工具有助于对生成的模型进行测试，以及使用模型创建预测查询和建议。

Excel 数据挖掘外接程序中的准确性和验证是一组工具集，包括准确性图表、分类矩阵、利润图和交叉验证四个主要功能模块，用来评价所创建模型的质量和精确程度。

在具体的数据挖掘中，当进行模型训练时，往往先保留一部分实际数据（以及产生的历史数据），用于模型测试，并逐步修正，以求得更好的精确度。

1. 准确性图表

准确性图表向导可帮助创建预测查询，并通过创建提升图或散点图来评估数据挖掘模型的性能。其中，提升图有助于区分同一结构中几乎相同的两个模型，从而帮助确定哪个模型能够提供最佳的预测。

比如，假设公司市场部要开展定向邮寄活动，从以往的活动中，他们推算应有10%的答复率。在数据库的一个表中，存储了一个包含10000名潜在客户的列表。按照正常答复率计算，预计将有1000名客户答复。但是，由于他们只能承担向5000名客户邮寄广告的费用，因此市场部使用挖掘模型来寻找最有可能答复的5000名目标客户。如果该公司随机选择5000名客户，则估计只能收到500个积极答复，因为正常情况下只有10%的客户答复，这正是提升图中的随机线所表示的情况。但是，如果市场部使用挖掘模型确定邮寄对象，假设该模型完美无缺的话，则公司可以预期实现这样的结果：向模型建议的1000名潜在客户邮寄广告，会收到所有客户的答复，这正是提升图中的理想线所表示的情况。

若要创建准确性图表，必须参考现有数据挖掘结构。对基于该数据挖掘结构的多个模型，只要它们的预测对象相同，就可以衡量它们的准确性。

使用准确性图表对多个模型进行准确性对比，最好先创建数据挖掘结构，如图 7-90 所示，假设已经为 cnbo 数据表创建了数据挖掘结构，并将聚类分析、神经网络、决策树三种模型添加到了该挖掘结构。

启用"准确性图表"功能，如图 7-91（a）所示，选择创建好的高级结构及其下的所有模型，或者只选择其中的一个模型，如图 7-91（b）所示，选择该挖掘结构下的所有模型，并将预测的挖掘列设置为 prefer（表示用户会不会选择去观影，1 代表会，0 代表不会），要预测的值设置为 1。

数据源则选择"来自挖掘结构的测试数据"，也可以选择表或其他数据区域及外部数据源，如图 7-92 所示。

完成后，生成了一份独立的准确性图表，如图 7-93 所示，左边那条线是最理想模型的线性呈现，用了 42% 的数据就获取了 100% 的正确率，如图 7-93。右边那条线是无模型的线性呈现，即随机正确，有 50% 的正确率。

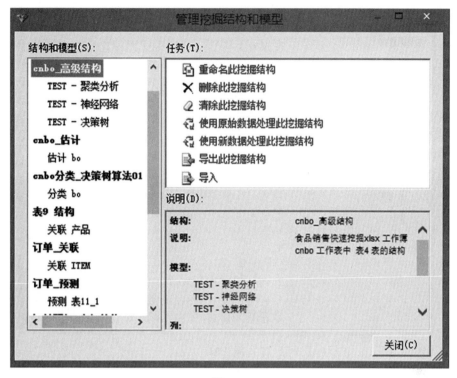

图 7-90

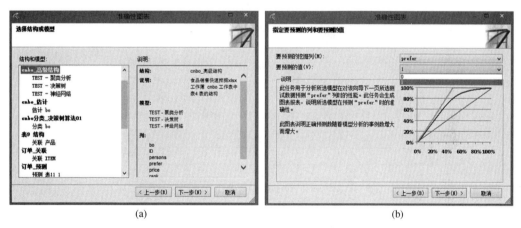

(a)　　　　　　　　　　　　　　(b)

图 7-91

聚类分析模型用 51% 的数据获取 100% 的正确率，决策树用 48% 的数据，神经网络用 44% 的数据，这说明神经网络提升图表现是最好的，模型的提升能力也是最强的，如图 7-94 所示。

因此，对于客户观影的预测，最好用神经网络模型来进行。

2. 分类矩阵

分类矩阵向导帮助数据分析者创建预测查询，以评估分类模型的性能。其输出是

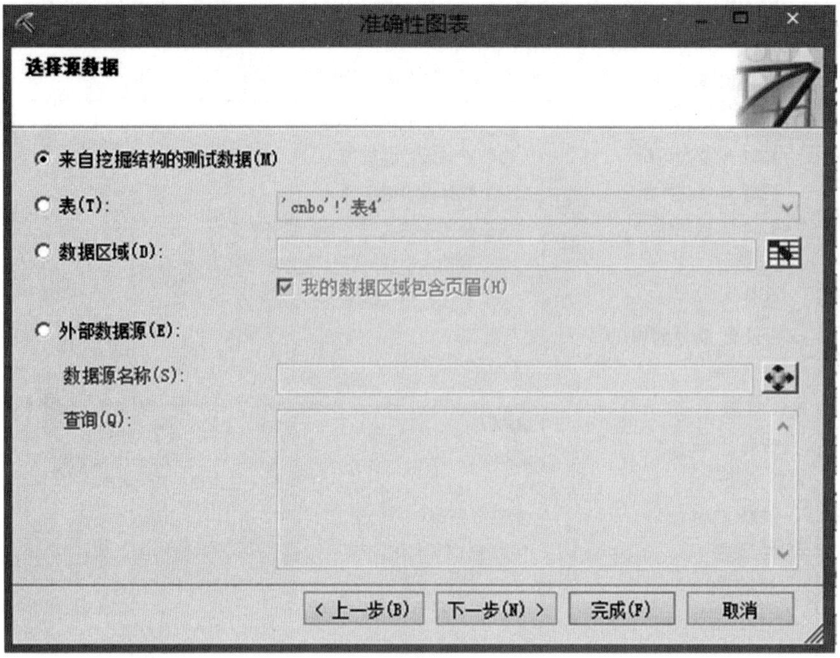

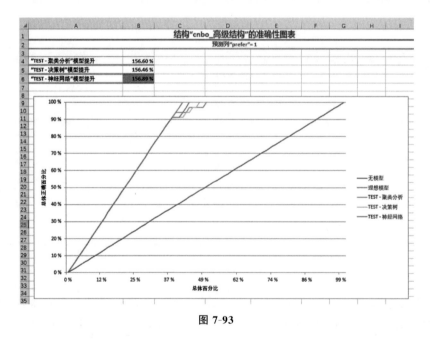

图 7-92

图 7-93

一张图表，汇总了模型所作出的准确预测及不准确预测。该矩阵是一个重要的工具，因为它不仅可显示模型正确预测某一值的频率，而且还显示模型最经常预测错的值。

假设要设计一个客户忠诚度计划，然后将客户分配到合适的类别，以便可以使用合适的激励级别，实现三个级别的奖励计划。例如，基于铜卡、银卡和金卡设计了一

	百分位数	理想模型	TEST - 聚类分析	TEST - 决策树	TEST - 神经网络
51	16 %	38.24 %	38.24 %	38.24 %	38.24 %
52	17 %	41.18 %	41.18 %	41.18 %	41.18 %
53	19 %	44.12 %	44.12 %	44.12 %	44.12 %
54	20 %	47.06 %	47.06 %	47.06 %	47.06 %
55	21 %	50.00 %	50.00 %	50.00 %	50.00 %
56	22 %	52.94 %	52.94 %	52.94 %	52.94 %
57	23 %	55.88 %	55.88 %	55.88 %	55.88 %
58	25 %	58.82 %	58.82 %	58.82 %	58.82 %
59	26 %	61.76 %	61.76 %	61.76 %	61.76 %
60	27 %	64.71 %	64.71 %	64.71 %	64.71 %
61	28 %	67.65 %	67.65 %	67.65 %	67.65 %
62	30 %	70.59 %	70.59 %	70.59 %	70.59 %
63	31 %	73.53 %	73.53 %	73.53 %	73.53 %
64	32 %	76.47 %	76.47 %	76.47 %	76.47 %
65	33 %	79.41 %	79.41 %	79.41 %	79.41 %
66	35 %	82.35 %	82.35 %	82.35 %	82.35 %
67	36 %	85.29 %	85.29 %	85.29 %	85.29 %
68	37 %	88.24 %	88.24 %	88.24 %	88.24 %
69	38 %	91.18 %	91.18 %	91.18 %	91.18 %
70	40 %	94.12 %	94.12 %	91.18 %	91.18 %
71	41 %	97.06 %	94.12 %	91.18 %	91.18 %
72	42 %	100.00 %	94.12 %	91.18 %	94.12 %
73	43 %	100.00 %	94.12 %	94.12 %	97.06 %
74	44 %	100.00 %	97.06 %	94.12 %	100.00 %
75	46 %	100.00 %	97.06 %	97.06 %	100.00 %
76	47 %	100.00 %	97.06 %	97.06 %	100.00 %
77	48 %	100.00 %	97.06 %	100.00 %	100.00 %
78	49 %	100.00 %	97.06 %	100.00 %	100.00 %
79	51 %	100.00 %	100.00 %	100.00 %	100.00 %
80	52 %	100.00 %	100.00 %	100.00 %	100.00 %

图 7-94

个模型，该模型分析客户并预测正确的类别，分析者将对试用数据使用分类矩阵以确定模型在为所有客户预测正确类别方面的表现。

来自分类矩阵的表可告知分析者基于模型分配给每种类别的客户数，并将该结果与实际针对每种奖励级别注册的客户数进行比较，如图 7-95 所示。

	铜卡（实际数）	金卡（实际数）	银卡（实际数）
铜卡	94.45%	15.18%	1.70%
金卡	2.72%	84.82%	0.00%
银卡	1.84%	0.00%	93.80%
"正确"	95.45%	84.82%	98.30%
分类不当	4.55%	15.18%	1.70%

图 7-95

（1）每列显示测试数据集中的实际值。

（2）每行显示预测值。

（3）从矩阵的左上角到右下角沿对角线排列的粗体值显示了模型预测的正确情况。

（4）对角线之外的所有其他值都表示错误。有些错误是假正，表示模型预测客户会加入金卡计划，但事实并非如此。根据具体业务领域，误报成本可能非常高昂。有些错误是假负，表示模型预测客户无意加入某计划，但客户实际却加入了该计划。根据具体工作领域，这种丧失机会的成本也可能十分高昂。

假设对 cnbo 的神经网络算法模型进行分类矩阵分析，调用分类矩阵功能，并设置要预测的挖掘列，如图 7-96 所示。当完成设置后，生成了单独的"分类矩阵"表，如图 7-97 所示。可以看到，对于 0 的预测有 100% 的正确率，对于 1 的预测有 91.18% 的正确率，其中有 3 个被预测为 0，错误率是 8.82%。

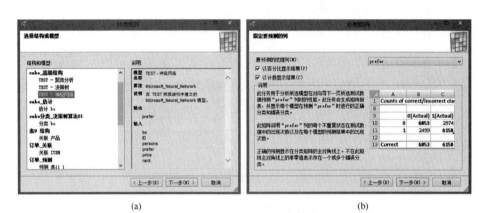

(a)　　　　　　　　　　　　　(b)

图 7-96

模型"TEST - 神经网络"的正确/错误分类的计数

	A	B	C
2	预测列"prefer"		
3	列对应于实际值		
4	行对应于预测值		
6	模型名称:	TEST - 神经网络	TEST - 神经网络
7	正确总计:	96.30 %	78
8	错误分类总计:	3.70 %	3
10	模型"TEST - 神经网络"的百分比结果		
11		0(实际)	1(实际)
12	0	100.00 %	8.82 %
13	1	0.00 %	91.18 %
15	正确	100.00 %	91.18 %
16	分类错误	0.00 %	8.82 %
18	模型"TEST - 神经网络"的计数结果		
19		0(实际)	1(实际)
20	0	47	3
21	1	0	31
23	正确	47	31
24	分类错误	0	3

图 7-97

7.4　小　　结

　　数据挖掘是数据分析的高级模式，也是进入大数据分析的必由之路。数据挖掘不仅仅在于陈述事实，而且还在于发现、发掘隐藏在数据中更有价值的信息，即不同对象的关系，包括趋势、相似性、关联等。利用 Excel 进行数据快速挖掘，可以帮助学习者在短时间内了解和掌握一定的数据挖掘理论、技能。

　　通过在 Excel＋SQL Server Analysis Services 模式下学习数据挖掘，有助于学习者更加系统地掌握利用其他软件，如 Python 等进行大数据分析的技能，以及了解和把握机器学习理论与技能。

## 第 8 章

数据可视化与决策支持

在数据驱动大背景下，对于体量庞大、关系复杂的数据而言，分析的可视化结果——图表，带给用户的不仅仅是视觉感官上的良好体验，更重要的是在规范、科学的数据整理和分析之后，能够高效、准确、简洁地传递数据之间存在的关系，在一定的条件下，还能够洞见隐藏在数据中的趋势或隐性关系。

本章介绍数据可视化的概念、特征，以及数据可视化与数据分析分享之间的关系，探讨如何利用在线或离线的数据可视化方式，强化决策过程与效果。

8.1　数据可视化概述

1. 数据可视化概念

信息可视化（或可视化）是对抽象数据的视觉表示的研究，以加强人类的认知。抽象数据包括数字和非数字数据，如文本和地理信息。它与数据可视化、信息图表和科学可视化有关。一种定义是，选择空间表示（如图形设计的页面布局）时它是信息可视化，而当给出空间表示时它是科学可视化。

1999 年，斯图尔特·卡德（Stuart K. Card）、约克·麦金利（Jock D. Mackinlay）和班·施奈德曼（Ben Schneiderman）等学者对信息可视化给出了如下定义：使用基于非物理的、抽象的交互式视觉表示来增强认知。

综上所述，本书将数据可视化概括为：将数据或经过处理、分析后的数据，在美学、人文科学、数字科学的支持下，融合语境与语义，转换成图或表的格式，以更直观的方式展示和呈现数据及数据之间的关系，并从中获取能够解释决策、支撑决策的相关价值的过程。

本书将数据可视化与信息可视化视同一个概念。

2. 数据可视化特征

优秀的数据可视化结果必须有助于培养或确保用户具有重要的洞察能力，一个好的数据可视化作品应该具有以下几个特征：

（1）指导性，即价值性。数据可视化过程及结果具有较高的价值，能给用户带来更多正确的、有价值的信息。

（2）可扩展性。数据可视化过程应是开放的，结果应是可扩展的，即它应是动态的，根据后台数据和用户需求的变化而变化。

（3）愉悦性。数据可视化的结果往往比抽象的数据更加吸引用户，而且比传统的数据呈现更具有交互特征。

（4）可达性。数据可视化的结果是可以用各种方式访问，如 PC 端、移动端，甚至印制在纸质上。

（5）分享性。在互联网、信息技术、数据技术等支撑下，数据可视化可快速开发和部署，以供更多用户使用，并接受检验。

8.2　数据分析流程

有效的数据可视化结果来自规范的 SOP（标准操作流程）。数据可视化流程主要包括 5 个步骤，如图 8-1 所示。

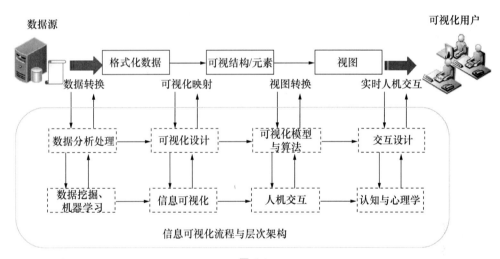

图 8-1

1. 连接数据源

数据源类型、格式的多样化，决定了获取数据方法的多样化，因此一般化的数据源获取方案成为首选。（相关方案请参考本书第 2 章）

2. 数据转换

数据获取后，往往需要加工，如清洗脏数据，计算一些数据指标，对数据进行过滤、分组汇总、排序、合并以及规格化等操作。（相关内容请参考本书第 3—4 章）

3. 可视化映射

可视化映射指的是在完整理解业务的基础上，以及在理解和把握数据的前提下，从逻辑上探讨数据及分析结果可视化的可能性、途径和方法，为视图转换提供模型支

持。它包括对数据的计算、分析和挖掘。（相关内容请参考本书第5—7章）

4．视图转换

经过以上步骤，基本可以了解需要呈现给用户的有哪些数据指标、哪些信息内涵，以及最终以离线还是以在线的方式进行交付，哪些敏感数据需要隐藏或剔除等，这些都必须慎重考虑，所以选择合适的图表技术和类型成为关键。

5．实时人机交互

应根据用户的需求，提供不同的模式，为用户与数据之间架起链接，如 APP 方式、Web 方式、视频方式、静态图表方式等，都可能是人机交互的接口。

8.3　数据可视化分享方法

数据可视化分享指的是将数据分析的结果或者过程通过互联网等方式进行传播、应用的过程。根据分享途径不同，本书将数据可视化分享分为两大类：离线分享与在线分享。

8.3.1　离线分享

离线分享往往是将数据分析的结果直接以图表文件的方式进行分享，如 PDF、PBIX、PNG、SVG 等文件格式，或者将其印刷后以纸质方式进行分享。此类分享的主要特点是数据和结果静态化，不能实时交互，在呈现最终交付结果报告时较多使用此方法，在此不作赘述。

8.3.2　在线分享

数据在线分享成为互联网时代的基本需求，特别是在协同业务中，实时数据分析分享成为必要。根据用户或系统的设置，数据的在线分享模式可分为以下三种：

1．实时刷新

实时刷新通常基于用户的需求和后台技术的支撑，当用户访问数据分析分享页面时，能够获取后台最新的数据状态，如访问股票交易网站等。

2．周期刷新

周期刷新通常根据用户的需求以及系统提供的参数设置功能，将数据刷新的周期设置为所需的长度，如 Excel 中根据 Power Query 对远程数据的请求，即可设置刷新周期。

3．交互刷新

交互刷新通常根据用户的需求，设置更加复杂的筛选参数，获取自己所需的数据。

8.4　数据可视化实践

本章结合 Excel 及相关的 Power Map、Power BI 等系列工具，对数据及分析结果的可视化过程进行讲解，并生成一定格式的可视化结果。Excel 中常规的可视化图表方法在本书中不再赘述。

8.4.1　利用 Power Map 生成分析报告

Microsoft Power Map for Excel（以下简称"Power Map"）是一种三维数据可视化工具。使用 Power Map 可以在三维地球或自定义地图上绘制地理和时态数据，显示这些数据，并创建可以与其他人分享的视觉浏览。其主要功能如下：

（1）映射数据：利用 Microsoft Bing Map（需要连接 Internet）工具，以三维格式通过 Excel 表格或 Excel 数据模型直观地绘制上百万行的数据。

（2）发现见解：通过查看地理空间中的数据并依据时间戳数据在一段时间内的变化，获得对数据或业务的新理解。

（3）共享故事：捕获屏幕截图并构建电影化引导式视频演示，进行更加广泛的共享。

Power Map 是微软云端商业智能解决方案（Power BI）中的一个组件，可以使用在 Excel 2013 版本上，以 COM 加载项的方式提供调用。（相关内容可参考本书 5.3.1 节）

本节以"出入库信息汇总"为例说明 Power Map 的使用方法，如图 8-2 所示。

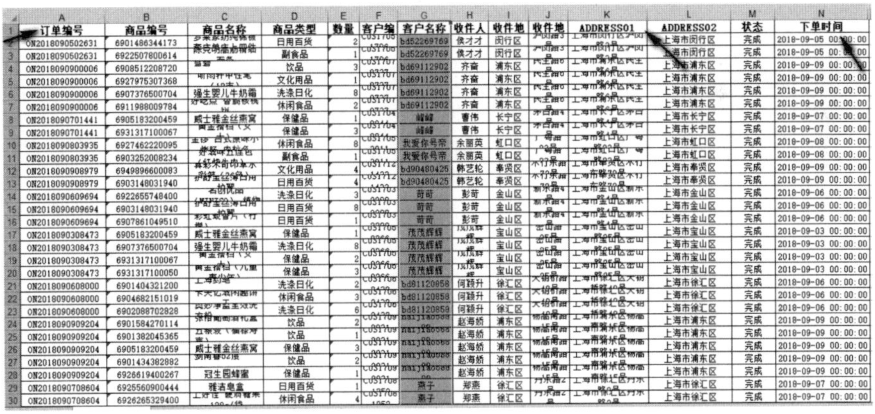

图 8-2

在互联网支持下，光标置于数据所在的工作表内，单击"插入"工具选项中的"三维地图"，如图 8-3 所示。

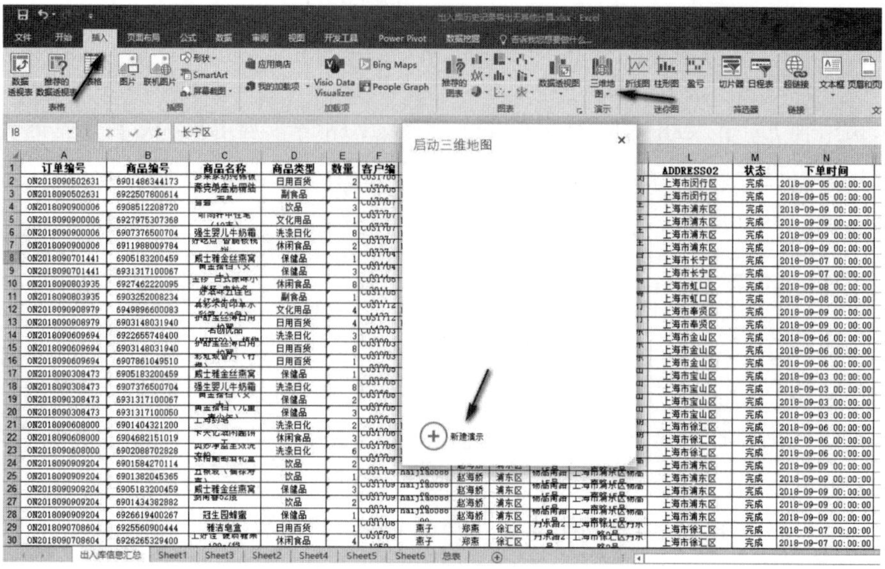

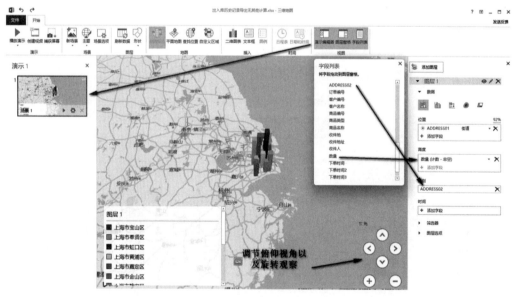

图 8-3

单击"新建演示",进入 Power Map 三维地图绘制配置、呈现界面。

1. 利用 Power Map 完成静态数据展示

Power Map 展示静态数据的主要根据是地址信息,如 ADDRESS01 或者 AD-RRESS02,对销售数量进行聚合计算并呈现在地图上,如图 8-4 所示。

图 8-4

可在"位置"选项中通过经纬度、XY 坐标、城市、国家/地区、街道等数据进行地图定位。

2. 利用 Power Map 完成动态数据展示

利用 Power Map 进行动态数据展示，一般借助于字段类型是日期时间型的数据，如图 8-5 所示。将"下单时间"拖曳到"时间"选项中，在主展示区下方就会出现播放图标轴。单击播放按钮后，图中的柱状图会随着时间的变化而变化。

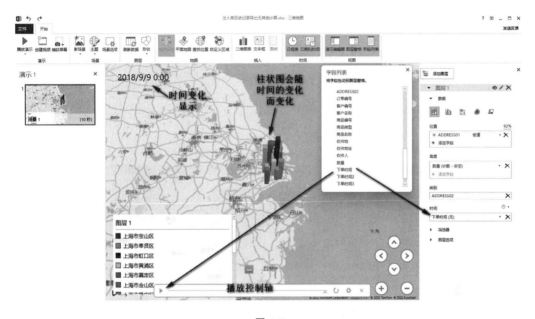

图 8-5

3. 将 Power Map 可视化导出为视频

根据上一步骤中的设置，单击工具栏上的"创建视频"，即可将动态地图数据的展示过程转换为不同参数格式的 MP4 文件，如图 8-6 所示。

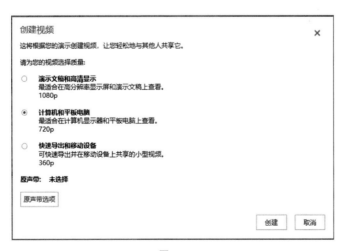

图 8-6

8.4.2　利用 Power BI 生成分析报告

微软 Power BI 是软件服务、应用和连接器的集合体，能够从 Excel 电子表格、本地或远程数据库链接（获取）数据等对象，也可进行丰富的建模和实时分析，以及自定义开发。它既可以作为用户的个人报表和可视化工具，还可用作项目组、部门或整个企业背后的分析和决策引擎。Power BI 可让用户轻松地链接到数据源，直观看到（或发现）重要内容，与任何所希望的人进行共享。

本节将以 Power BI 桌面版及本书第 5—7 章中所使用的销售系列数据表为数据源进行建模，然后再用 Power BI 进行多角度、多维度的可视化呈现。

1. Power BI 工作界面简介

Power BI 工作界面如图 8-7 所示。

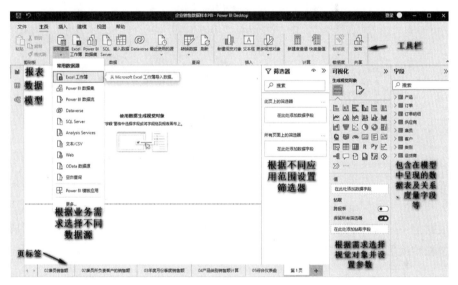

图 8-7

（1）顶部菜单和相应的条带工具栏，主要有文件、主页、插入、建模等功能菜单。

（2）底部页标签，可根据需要增减、改名等。

（3）左侧工具栏为报表、数据和模型。选择报表后，即可在报表工作区添加、删除、调整相关报表；选择数据后，可在右侧列出所有相关的数据表及其字段，并以二维表的方式呈现数据（包括计算字段或度量值）；选择模型后，在主工作区呈现的是如图 8-8 所示的表对象、关系及其度量值等。

（4）字段，与左侧数据呈现的内容基本一致，主要是数据表、计算字段等；

（5）可视化，在左侧选择报表后呈现，包含各种图表插件，并可以通过选择工具栏上的"更多视觉对象"加载所需的其他图表插件，如图 8-9、图 8-10 所示。

（6）筛选器，在加载字段后的报表中，可根据筛选的粒度不同设置筛选的字段。比如，在此视觉对象上设置筛选器，那么，应用的效果就只会体现在某个视觉对象

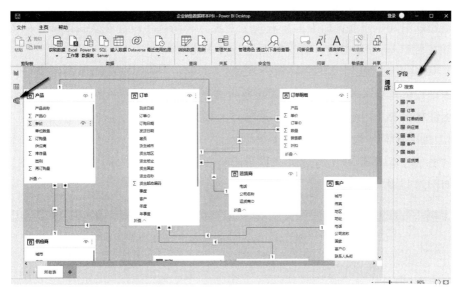

图 8-8

图 8-9

图 8-10

（即可视化插件）上，如指定的某个柱状图等；如果要在当前页面上设置筛选器，那么影响的范围则是当前页面上的所有视觉对象（与筛选字段存在直接或间接的关系）。

下文在 Power BI 中针对销售数据进行可视化分析。

2. 链接数据

链接数据可参考本书第 5—7 章的操作方法，或如图 8-7、图 8-8 所示，将 Excel 工作表链接到 Power BI 的模型中，并建立起必要的关系。

3. 创建计算字段与度量值

这里参考本书第 5—7 章相关计算字段和度量值的构造方法在 Power BI 中进行构造，如图 8-11 所示。

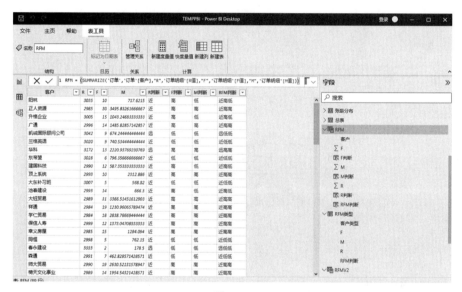

图 8-11

本节对所构建的计算字段和度量值进行汇总，如表 8-1 所示。

表 8-1　计算字段汇总

产品表

计算字段和度量值名称	公式
产品销售金额（计算列）	＝CALCULATE(SUM('订单明细'[销售额]))
累计金额（计算列）	＝SUMX(FILTER('产品','产品'[产品销售金额]>＝EARLIER('产品'[产品销售金额])),'产品'[产品销售金额])
EARLIER 排序（计算列）	＝COUNTROWS(FILTER('产品','产品'[产品销售金额]>＝EARLIER('产品'[产品销售金额])))
累计百分比（计算列）	＝[累计金额]/SUM('产品'[产品销售金额])
ABC 分类（计算列）	＝IF('产品'[累计百分比]<0.5,"A",IF('产品'[累计百分比]<0.7,"B","C"))

（续表）

订单表

计算字段和度量值名称	公式
是否大单（计算列）	= IF(SUMX(FILTER('订单明细','订单明细'[订单 ID]='订单'[订单 ID]),'订单明细'[销售额])>=1000 && SUMX(FILTER('订单明细','订单明细'[订单 ID]='订单'[订单 ID]),'订单明细'[数量])>=50,1,0)
大单数量（度量值）	= SUM('订单'[是否大单])
大单比例（度量值）	= '订单'[大单数量]/COUNT('订单'[是否大单])
客户数（度量值）	= DISTINCTCOUNT('订单'[客户])

订单明细表

计算字段和度量值名称	公式
R 度（计算列）	= TODAY()−RELATED('订单'[订购日期])
销售额中位值（度量值）	= MEDIAN('订单明细'[销售额])
销售额平均（度量值）	= AVERAGE('订单明细'[销售额])
销售额最大值（度量值）	= MAX('订单明细'[销售额])
销售额最小值（度量值）	= MIN('订单明细'[销售额])
销售额求和（度量值）	= SUM('订单明细'[销售额])
年累计 YTD（度量值）	= TOTALYTD([销售额求和],'订单'[订购日期])
季度累计 QTD（度量值）	= TOTALQTD([销售额求和],'订单'[订购日期])
月度累计 MTD（度量值）	= TOTALMTD([销售额求和],'订单'[订购日期])
订单计数（度量值）	= COUNTA('订单明细'[销售额])
订单非重复计数（度量值）	= DISTINCTCOUNT('订单明细'[订单 ID])
财年累计 YTD（度量值）	= TOTALYTD([销售额求和],'订单'[订购日期],'订单'[订购日期]<TODAY(),"6-30")
R 值（度量值）	= MIN('订单明细'[R 度])
F 值（度量值）	= DISTINCTCOUNT('订单明细'[订单 ID])
M 值（度量值）	= DIVIDE([销售额求和],[F 值])
RFM（度量值）	= COUNTROWS(SUMMARIZE('订单','订单'[客户],"R",'订单明细'[R 值],"F",'订单明细'[F 值],"M",'订单明细'[M 值]))

创建 RFM 表[在左侧菜单为"数据"的状态下，单击"新建表"，通过 DAX 表达式创建的计算表包括 R、F、M 三个计算列]

RFM＝（SUMMARIZE('订单','订单'[客户],"R",'订单明细'[R 值],"F",'订单明细'[F 值],"M",'订单明细'[M 值])），如图 8-12 所示

RFM 表

R 判断（计算列）	= IF([R]>AVERAGE([R]),"远","近")
F 判断（计算列）	= IF([F]>AVERAGE([F]),"高","低")
M 判断（计算列）	= IF([M]>AVERAGE([M]),"高","低")
RFM 判断（计算列）	= RFM[R 判断]&RFM[F 判断]&RFM[M 判断]

RFM 类型表，如图 8-13 所示

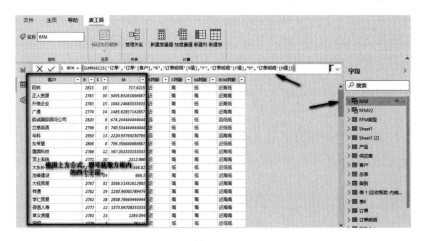

图 8-12

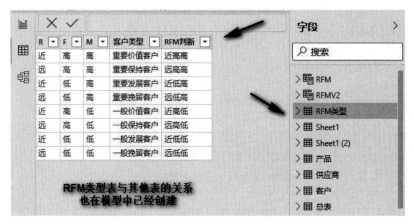

图 8-13

4. 创建可视化图表

在所有表及关系、计算字段和度量值已经创建的基础上，可通过以下几个例子说明 Power BI 实现数据分析可视化的过程及关键点。

利用 Power BI 可视化组件进行数据分析可视化呈现和深化分析的关键步骤如下：

（1）进一步了解业务需要，选择合适的可视化组件；

（2）选择数据维度并通过拖曳、选择等方式与可视化组件建立链接；

（3）调整可视化组件的呈现模式，包括格式设置、筛选模式等；

（4）根据需要发布或导出可视化项目以便分享。

主要可视化组件展示类型如下：

（1）柱状图——雇员销售额

柱状图是数据可视化过程中最常用的模式之一，如图 8-14 所示，将订单明细中的销售额与雇员表中的雇员姓名置于 X 轴和 Y 轴，即可获得所有雇员的工作业绩。

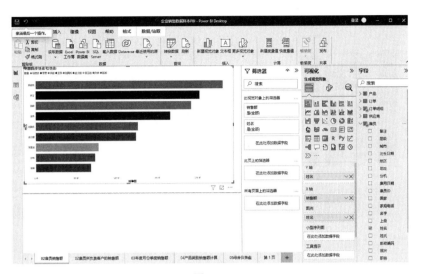

图 8-14

　　若需要对图例、标题等进行设置，则通过调用"格式"工具进行调整，如图
8-15、图 8-16 所示。

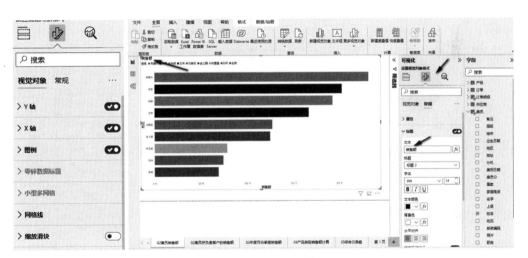

图 8-15　　　　　　　　　　　　　　　　图 8-16

　　其他数据可视化模式的配置操作基本相似，除个别情况，以下有关格式设置的内
容将不再单独讲解，请读者参考其他相关资料。

　　（2）堆叠柱状图——雇员所负责客户的销售情况

　　堆叠柱状图由堆叠网格和垂直列（条块）组成，其中包括多个分组或经堆叠的数
据。每列代表量化数据。柱状图包含多个垂直条块，每个条块再细分成多个组成部
分。每个组成部分显示着其在整个条块和整个统计图中所占的比例，如每个雇员的总
销售额及其负责的客户的购买金额，如图 8-17 所示。

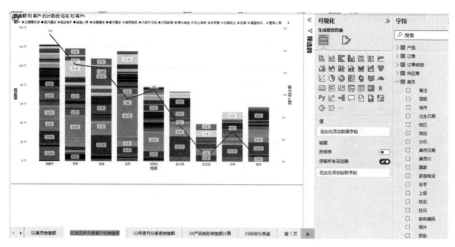

图 8-17

（3）饼图、漏斗图——年度、季度和月份销售额

饼图主要用于描述量、频率或占比之间的相对关系；漏斗图用于业务流程比较规范、周期长、环节多的单流程单向分析，通过使用漏斗图对各环节业务数据进行比较，能够直观地发现和说明问题所在，进而作出决策，如图 8-18 所示。

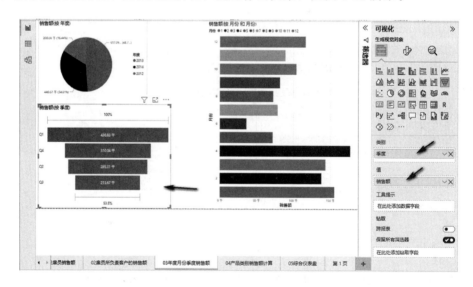

图 8-18

（4）树状图——产品类别销售额

树状图可用于层次结构定量数据的可视化，其中包含的矩形会使用颜色表示关系，而"树叶"矩阵则使用区域表示数量，如图 8-19 所示。

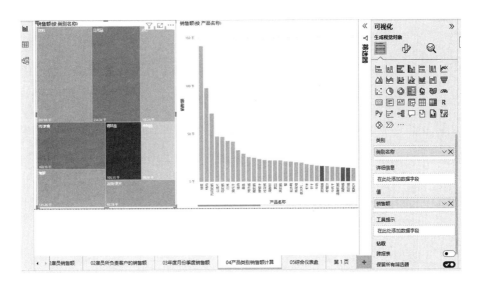

图 8-19

（5）RFM 分析

RFM 分析属于用户分类、价值分析模型，具体含义如下：

① R：recency，即每个客户有多少天没回购了，可以理解为最近一次购买到现在隔了多少天。

② F：frequency，即每个客户购买了多少次。

③ M：monetary，代表每个客户的平均购买金额，这里也可以是累计购买金额。

具体计算过程请参考本书第 6 章相关内容。RFM 分析可视化结果如图 8-20 所示。

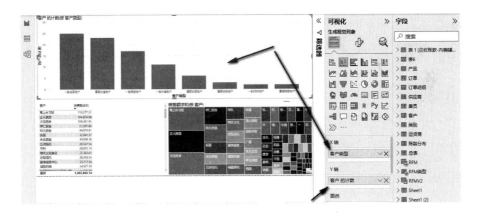

图 8-20

（6）ABC 分类

ABC 分类方法请参考本书第 6 章相关内容，其可视化结果如图 8-21 所示。

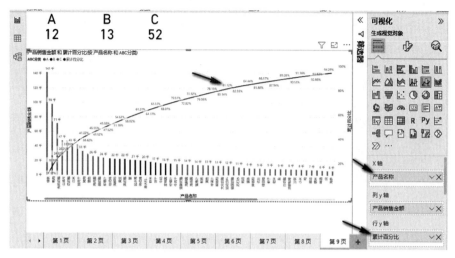

图 8-21

（7）综合仪表盘

本综合仪表盘将饼图、环形图、柱状图、散点图、地图以及表等可视化组件置于仪表盘页面中，如图 8-22 所示。其中，表组件起到即时筛选器的作用。当单击其中的某个或某些雇员姓名时，其他可视化组件所呈现的结果也会相应发生变化，这时，表组件起到在当前整个页面的筛选作用（而非仅在当前视觉对象上进行），如图 8-23 所示。右下方加载了一个以月份为播放轴的动态散点图，单击轴上的播放按钮，可以观察在 1—12 月份之间各类产品的销售额变化情况，如图 8-24 所示。

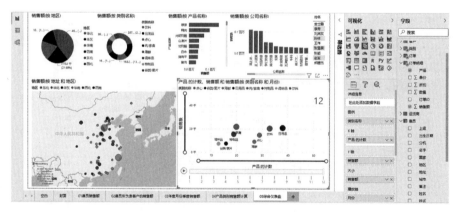

图 8-22

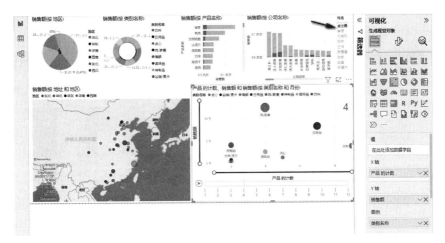

图 8-23

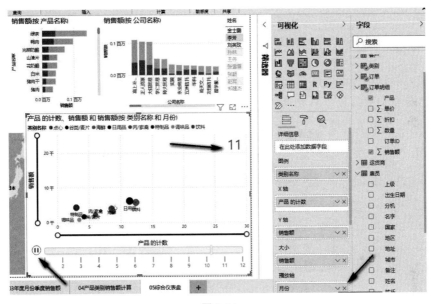

图 8-24

8.5　数据分析在线分享

在大数据时代，数据资源共享是互联网的主要功能之一。在一些特定环境下（如 2020 年新冠疫情开始在全球蔓延），在线协同业务使得数据分析在线分享愈发重要。

利用 Power BI Desktop 创建的数据可视化结果，通过导出功能可以获得 PDF 等文件格式。如果使用发布功能，可将 Power BI 文档发布到 Web 服务器，并获得链接地址，可直接分享链接地址或将其内嵌到其他 Web 页面，成为其他人可以浏览的对象。

如果要将 Power BI 发布到 Web 服务器，则需要先注册微软账号并登录不同节点的 Power BI 服务器，如图 8-25 所示。

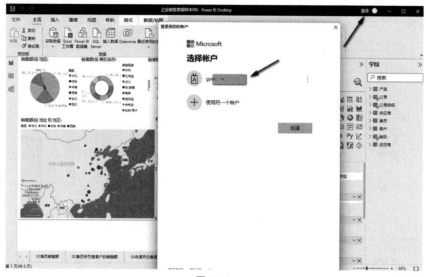

图 8-25

接着，可以选择自己的工作区，工作区相当于逻辑容器，可以分门别类地对需要进行在线分享的数据分析对象进行规范管理，如图 8-26 所示。

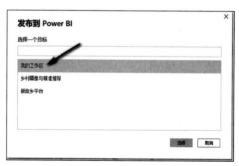

图 8-26

发布成功后，可以直接单击如图 8-27 所示的提示，进入如图 8-28 所示的工作区，在工作区内可以选择访问报表、数据表、仪表盘等对象。

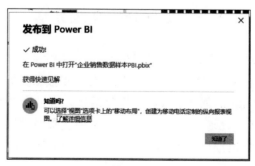

图 8-27

图 8-28

在如图 8-29 所示的界面，可对不同的页进行进一步设置。

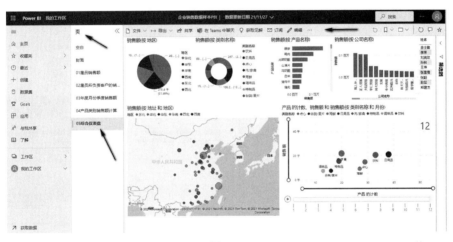

图 8-29

8.5.1 Web 方式分享

Power BI 支持将处理后的可视化对象（报表、仪表盘等）通过 Web 的方式分享，如图 8-30 所示，单击 Power BI 在线工作区中的"文件"菜单，选择发布到网站或门户（需要账号登录访问）、发布到 Web（公共）（可匿名访问），均可获得该报表或仪表盘的超链接地址，如图 8-31、图 8-32 所示。

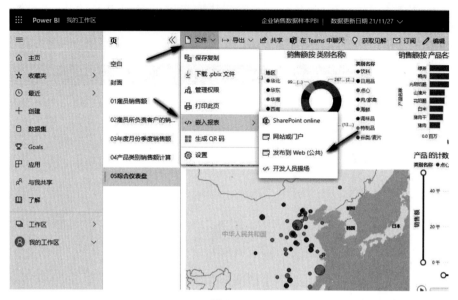

图 8-30

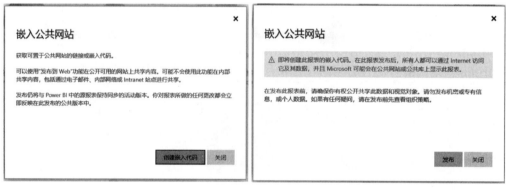

图 8-31   图 8-32

通过超链接地址即可访问共享的可视化对象，如图 8-33、图 8-34 所示。

8.5.2　移动端方式分享

如果需要用移动端方式共享给不同用户，在 Power BI Desktop 设计环境下，初始就要采用移动布局的方式进行数据分析可视化设计，如图 8-35 所示。

8.5.3　Python 数据分析共享

Python 下可对数据或数据分析的结果进行可视化，主要工具有 Matplotlib、Seaborn、Pyecharts、Plotly。其中，前两者主要生成的是本地的可视化对象，后两者可更轻松地生成共享交互的 HTML 页面。下面以 Plotly 为例讲解数据分析共享的主要步骤。

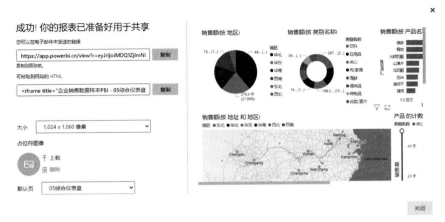

图 8-33

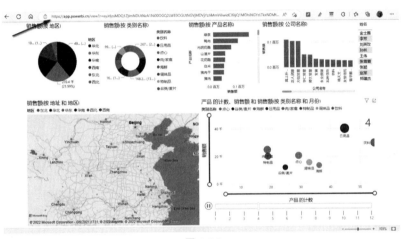

图 8-34

　　Plotly 是一个可在 Python 下调用的交互式、开源的第三方绘图库，涵盖统计、金融、地理、科学和三维等用例。它通过 JavaScript 构建，具有基于 Web 轻松交互式的可视化效果。所以，它的图形呈现可以方便地显示于 Jupyter Notebook（基于 HTML）、独立的 HTML 中（直接或嵌套于后端服务器显示），还可以通过 Plotly 平台实现 Web 页面的直接生成（简而言之就是对成熟的 Plotly 代码进行简单的输出转化，仅需要用业务逻辑的 Python 语句，即可自动构建完整的 Web 应用）。

　　在 Python 环境下（如使用 Jupyter Notebook 进行 Python 代码编写），调用相应的代码库：

```
import numpy as np
import chart_studio
import chart_studio. plotly as py
from plotly. graph_objects import Scatter, Layout, Figure

chart_studio. tools. set_credentials_file(
    username = ´FZU * * * * * * ´,     ＃替换为在 ploty chart studio 上注册的账号
```

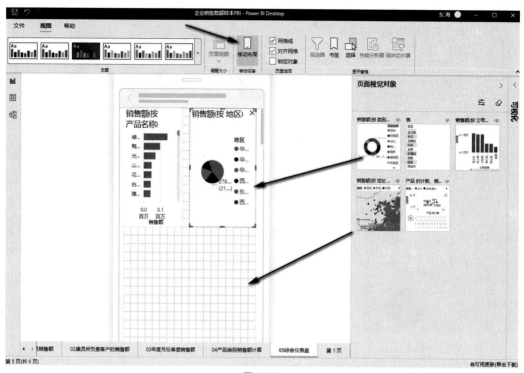

图 8-35

```
    api_key = ´0 * * * * * ´        ## 替换为在 ploty chart studio 上注册账号的密码
)

)
#时间区间选择器
fig = px.line(df2, x = xdate, y = y4, title = ´新冠疫情死亡人数变化曲线图
(US)_时间序列滑块与选择器´)
fig.update_xaxes(rangeslider_visible = True,
                rangeselector = dict(
                buttons = list([
                    dict(count = 1,label = "1d",step = "day",stepmode = "back-
                    ward"), #选择 n 天、n 月的数据
                    dict(count = 5,label = "5d",step = "day",stepmode = "back-
                    ward"),
                    dict(count = 1,label = "1m",step = "month",stepmode = "
                    backward"),
                    dict(count = 3,label = "3m",step = "month",stepmode = "
                    backward"),
                    Ddict(count = 6,label = "6m",step = "month",stepmode = "
                    backward"),
```

$$\text{dict}(count = 1, label = \text{"1y"}, step = \text{"year"}, stepmode = \text{"backward"}),$$

$$\text{dict}(step = \text{"all"})$$

```
                ])
            )
        )
```

fig.show()　#无在线编辑连接

py.iplot(fig)　#有在线编辑连接,直接发布到 Plotly Chart Studio 官方平台上,为后续 Web 共享做准备

在 Jupyter Notebook 页面下，生成如图 8-36 所示的可视化图表。

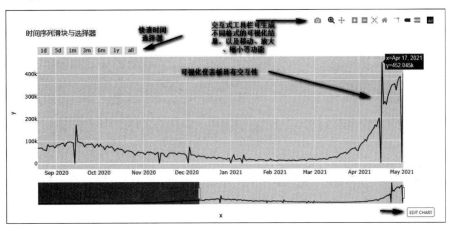

图 8-36

单击图 8-36 中的"EDIT CHART"，即可进入 Plotly Chart Studio 官方平台的个人空间（需要注册，类似 Power BI 工作区），对已经发布的图表、数据等进行再次编辑，如图 8-37 所示。

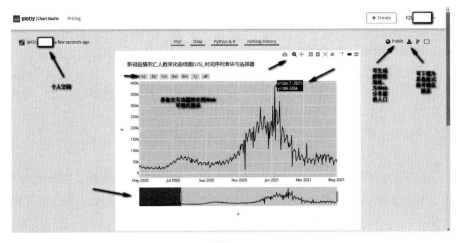

图 8-37

如图 8-38 所示，可将发布在 Plotly Chart Studio 平台上的可视化对象分享给其他用户。

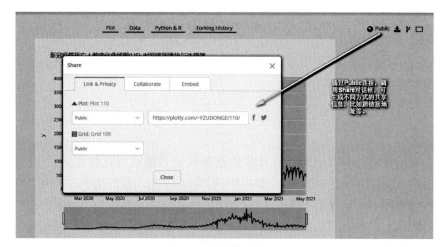

图 8-38

8.6 数据分析的安全分享

数据分析可视化的结果可通过各种途径分享给其他用户使用，为协同业务的开展大大节约了成本。但在分享过程中要注意以下几点，不要泄漏不该泄漏的信息：

（1）谨慎选择共享支撑平台。对于企业数据分析可视化结果的共享，在基于第三方平台时，要注意到是否涉及原始数据库、表等对象的操作，或是否需要将原始数据也同步到第三方平台。

（2）控制分享维度的数量。尽可能通过维度的上卷、下钻、转换、规格化等方式，对重要维度的原始信息包括格式进行一定的隐藏，以免使用者通过分享的对象获取更多的维度。

（3）控制敏感数据的分享。比如，对身份证号码、住址、邮箱地址等，有必要采取截取、替换、掩盖、加密等方式进行敏感性信息的剔除。

（4）控制分享的范围。数据分析可视化的分享是为了协同业务，如果是面向公众进行分享，则应该遵循最小化原则，即只分享公众用户最小化的需求信息。

8.7 小　　结

一图胜千言的例子不胜枚举。使用合适的图表表达正确的数据，描绘有价值的数据关系，这是数据分析可视化的终极目标。所以，不管是使用 Excel 传统可视化功能，还是使用 Power Map 或 Power BI 功能，抑或使用 Python＋第三方可视化库来表达数据分析所要呈现的业务理解，对数据格式与关系的把握都是核心。

参 考 文 献

黄章树、吴海东主编：《数据库原理及应用综合实践教程》，厦门大学出版社 2016 年版。

谢帮昌主编：《Excel 在大数据挖掘中的应用》，厦门大学出版社 2016 年版。

〔美〕Gordon S. Linoff 编著：《数据分析技术——使用 SQL 和 Excel 工具》，陶陌明译，清华大学出版社 2017 年版。

《SQL Server 技术文档》，https：//docs. microsoft. com/zh-cn/sql/sql-server/? view＝sql-server-ver15，2022 年 2 月 20 日访问。

《Analysis Services 文档》，https：//docs. microsoft. com/zh-cn/analysis-services/? view＝asallproducts-allversions，2022 年 2 月 20 日访问。

《数据分析表达式（DAX）参考》，https：//docs. microsoft. com/zh-cn/dax/data-analysis-expressions-dax-reference，2022 年 2 月 20 日访问。

Data Never Sleeps 7. 0，https：//www. domo. com/learn/infographic/data-never-sleeps-7，2022-02-20.

Data and Information Visualization，https：//en. wikipedia. org/wiki/Data _ and _ information _ visualization，2022-02-20.

Stuart K. Card，Jock D. Mackinlay，Ben Schneiderman，*Readings in Information Visualization：Using Vision to Think*，Morgan Kaufmann，1999.